ネイティブが教える

日本人研究者のための国際学会プレゼン戦略

エイドリアン・ウォールワーク
［著］

講談社

First published in English under the title
English for Presentations at International Conferences
by Adrian Wallwork, edition: 2

日本の科学者の皆さんへ

日本では、2000年以降20人の科学者がノーベル賞を受賞しています（2022年5月現在）。1949年から1999年にかけては、他の分野の受賞者を含めてもわずか8人でした。近年、日本の科学や文化が国際的に評価されてきているのは明らかです。

本書の目的は、日本の科学者の皆さんが国際的な学会で効果的なプレゼンテーションを行うことをお手伝いし、日本の科学の存在感をさらに強固にすることです。この目的のために、メッセージを明確に伝えるためのプレゼンテーションスキルについて考察するとともに、学会での人的ネットワークの構築のしかたについて解説いたします。

本書は3つの基本的ガイドラインに基づいて構成されています。

（1）プレゼンテーションの基本スキル

第1章では、プレゼンテーションは単に情報を発信したり研究結果を共有したりするだけではなく、以下のような重要な役割も担っている場であることを解説します。

- 国際学会で自分の存在感を高める
- オーディエンスに自分の論文を読んでみたいと思わせる
- 海外の研究グループとの共同研究のきっかけを作る
- 他の研究者に連絡をとりたいと思わせる記憶に残るプレゼンターになる

第2章では、TED（ted.com）からプレゼンテーションのスキルを学びます。言語面のスキルはもちろんのこと、コミュニケーションのスキルアップも目指します。

（2）リハーサルを行うことの重要性

多くの日本人科学者にとって、プレゼンテーションは緊張を強いられる体験でしょう。第3章では、あらかじめスクリプトを用意しておくことの重要性と、そうすることで予定していた内容を思い描いていたとおりの話し方で伝えられることを学びます。また、リハーサルを行い、どこにポーズを置くか、またどの言葉を強調するかなど、声の出し方についても学びます。これらは、第13～15章と、役に立つ表現集を収載した最終章でも紹介しています。

第4章と第5章では、スライドの準備について解説します。第6～11章では、オーディエンスの注意の引きつけ方から質疑応答セッションの対応まで、プレゼンテーションの各段階の上手な進め方について解説します。

(3) 海外の研究者とのネットワーク(人脈)づくりと社交術

第16章と第17章は、おそらく皆さんにとって非常に重要ではないかと思います。これら2つの章では、海外の他の研究者との人脈づくりの方法と社交術について解説しています。私見ですが、これら2つの分野は日本人科学者があまり重要視せず、対策が疎かになっている分野ではないでしょうか。ネットワーキングは、優れた研究者になるためには非常に重要です。研究を行って根本的な変化をもたらす画期的な結果が得られても、それが誰の目に触れることも誰の耳に届くこともなければ、その研究を実施した意味はありません。

ネットワーキング上手になるためには、コミュニケーション術を上達させなければなりません。具体的には、誰にどのような質問をすればよいか、キーパーソンに自分の研究を売り込むための面談をどのようにして申し込めばよいかなどのスキルを身につける必要があります。そのための準備を万全に整えてプレゼンに臨むことが必要です。実際、あらかじめ適切な質問を準備しておくこと、また自分の研究について尋ねられたときのために適切な答えを準備しておくことは、プレゼンテーションそのものと同じくらい重要です。

末筆ながら、皆さんの研究とプレゼンテーションが成功することを、また本書が皆さんの今後のキャリアに少しでもお役に立てることを心から願っています。

2022年5月

エイドリアン・ウォールワーク

はじめに

本書は*English for Academic Research*シリーズの1冊で、さまざまな学問分野で国際的に活躍する研究者のために書きました。特にこの1冊は、プレゼンテーションの準備と実際の発表に焦点を当てており、プレゼンテーションで使われる書き言葉と口頭表現を広く深く解説しています。そのため、スライド作成に関わる技術やデザイン的な要素については詳細を省きました。

本書は、これまでにプレゼンテーションをしたことのない方はもちろんのこと、英語の上級者やネイティブスピーカーでプレゼンスキルを向上させたい研究者も対象としています。また、本書で示すガイドラインのほとんどは、英語だけでなく他の言語にも応用することができます。

アカデミック英語（EAP: English for academic purposes）を教える教師の皆さまには、*English for Academic Research: A Guide for Teachers*（未邦訳）と併用することをお勧めします。

本書で学ぶこと

本書では、次の角度から研究者のためのプレゼン戦略を学びます。

- 他の人のプレゼン（TEDなど）を評価するポイントを知る
- 緊張や恥ずかしさの問題を克服する
- 構成に優れ、関心を引きつけるプレゼンを準備し、練習する
- オーディエンスに記憶してほしい重要な点を強調する
- 短くて言いやすいセンテンスを使い、英語のミスを回避する
- オーディエンスの注目を集め、維持する
- プレゼンの各段階で伝えるべきポイントを整理する
- 発音を改善する
- 役に立つ表現を学ぶ
- オーディエンスからの質問に対応する
- 自信を持ち、記憶に残るプレゼンをする
- 人的なネットワークを築き、新しい研究機会を作り出す

本書の構成

第1～5章は**準備編**で、TEDを分析するなど他者から学び、伝えるべきポイントを決め、プレゼンに役立つスライドの作成方法を学びます。第6～11章は**構成編**で、冒頭の挨拶から質疑応答までの各パートに分けて解説します。第12～15章は**練習編**で、声の出し方などのスキルアップと緊張への対応について学びます。第16～19章は**交流編**で、国際学会でのネットワーキング（人脈づくり）やポスター発表について学びます。第20章は**役に立つ表現のまとめ**です。

各章の構成

各章は3つのパートで構成されています。

(1) ファクトイド

このセクションは各章のテーマへの導入です。中には章の内容とは直接関係のない、興味を引きつけるために書いたファクトイドもあります。アカデミック英語を指導される先生方は授業開始時のエクササイズとして使うとよいでしょう。すべての統計値と引用は真実に基づいていますが、場合によっては私がその情報源を検証できなかったものも含まれています。

(2) ウォームアップ

ウォームアップは、さまざまな練習問題を解きながら各章のテーマについて考えるためのものです。読者の皆さんが独自に学習できますし、アカデミック英語を学ばれている方ならEAPの先生とともに授業の中で考えていただきたいと思います。ウォームアップの最後にその章で学習することの概要を示しています。

(3) 本論

各章の本論はセクションに分かれ、各セクションで具体的な問題点を取り上げてその解決策を解説しています。

本書活用のアドバイス

本書は必ずしも最初から読む必要はありません。興味を引くテーマがあればそこから先に読み進めてください。各章はいくつかのセクションで構成され、さらに各セクションはパラグラフに分かれ、要点も箇条書きに整理しています。そのため、自分に必要な情報を見つけやすく、また理解しやすいはずです。目次も学習したことのチェックリストとして活用してください。

英語版第1版との違い

英語版第1版とこの第2版とは大きく異なる点が2つあります。まず、各章の冒頭にファクトイドとウォームアップを設けました。そして、章を4つ増やし（第16～19章）、ネットワーキング、ポスター発表とその準備、ノンネイティブのオーディエンスにプレゼンをするテクニックについて解説しました。

EAPやEFLの先生方へ

EAP（アカデミック英語）やEFL（外国語としての英語）の先生方は、英語が非母語の研究者がアカデミアで遭遇する典型的な問題について学ぶことができるでしょう。さらに、ファクトイド、引用、ウォームアップを使って、刺激的で楽しい授業を行うことができるでしょう。

*English for Academic Research*シリーズには教師用ガイドブック*English for Academic Research: A Guide for Teachers*があり、それぞれの本の利用方法について説明しています。

実際のプレゼンテーションから引用

例文のほとんどを実際のプレゼンから引用しました。もともとのプレゼンに修正を加えている例文もあります。創作した例文もわずかにありますが、ほとんどが実際のデータを使っています。ファクトイド内のデータは、私の知る限りにおいてすべて真実です。例文のデータもほぼすべてが真実です。

本シリーズの他の書籍

本書を含む*English for Academic Research*シリーズは、英語を母語としない科学者の英語のコミュニケーション能力向上を目的としています。このシリーズには本書以外にも次の書籍があります。

English for Academic Research: A Guide for Teachers
*English for Writing Research Papers**
*English for Academic Correspondence***
English for Interacting on Campus
*English for Academic Research: Grammar, Usage and Style****
English for Academic Research: Grammar Exercises
English for Academic Research: Vocabulary Exercises
English for Academic Research: Writing Exercises

* 邦訳：『ネイティブが教える　日本人研究者のための論文の書き方・アクセプト術』（講談社、2019）

** 邦訳：『ネイティブが教える　日本人研究者のための英文レター・メール術』（講談社、2021）

*** 邦訳：『ネイティブが教える　日本人研究者のための論文英語表現術』（講談社、2024）

CONTENTS

第1章

プレゼンテーションの重要性

ファクトイド

conference（会議）の語源：ラテン語のferreは「養い育む」を意味する古代サンスクリット語の言葉が起源。conferreで「一緒に運ぶ」を意味する。そこからconferenceは、「新しい考えを育むために人と会うこと」を意味するようになった。

*

congress（会合）の語源：中世のイギリスでは「戦い」を意味したが、ラテン語ではただ「ともに歩く」という意味だった。

*

debate（討論）の語源：古代においてdebateは「たたく」または「粘度を下げるために力強く混ぜること」を意味した。その後、「何かを深く調べる」という意味を持つようになった。

*

forum（フォーラム）の語源：古代ローマの公共の「中央広場」という意味で、商業活動に加え、判事が事件の判決を下す場だった。今日では、討論を要するイベントや会議を意味する。

*

keynoteとplenaryの違い：keynote（基調演説）は、会議のテーマに対する熱意を作り出すために著名な専門家が行うプレゼンテーションのことである。音楽用語としてのkeynoteは音階の第1音、主音を意味する。plenary（本会議）は「完全な」を意味するラテン語のplenusが語源で、完全な（つまり全参加者の）出席が期待されているプレゼンテーションやスピーチを意味する。

*

meeting（会議）の語源：「インフォーマルな会議」を意味する。meetingはラテン語やギリシャ語ではなく、実はゲルマン語が起源であり、他のゲルマン語やアングロサクソン系の単語と同様に親しみやすさや温かい語感を持つ。ゲルマン語起源の例は他に、presentationに対してtalk、conversationに対してchat、discourseに対してspeech、receptionに対してwelcomeなどがある。meetは本来、「偶然に出会う」、「こちらに向かって歩いてくる人を見つける」、または「その人と直面する」という意味だ。

*

poster session（ポスター発表）の語源：ラテン語のponereは「置く」を意味する。poster sessionで口頭発表の代替として研究を図や写真を使って説明することを意味するようになった。

*

presentation（発表）の語源：ラテン語のpraesumは「私は正面にいる」を意味し、動詞presentの本来の意味は「人の目の前に何かを置く」、または「誰かを立たせること」であった。

*

symposium（シンポジウム）の語源：権威ある会議（研究要旨の受理率が低い）。古代ギリシャ語でsymposiumは「飲み会」を意味した（sumpotēsは「飲み友達」の意）。夕食後に他にも客を招き、哲学、政治、文学などの問題についてテーブルを囲んで話し合った。

1.1 ウォームアップ

「論文を上手にプレゼンテーションすることは楽しい経験であり、上品なパフォーマンスであり、オーディエンスにとっても記憶に残るショーになりうる。私はこれまで学術分野でキャリアを重ね、何千ものプレゼンテーションを見てきた。ほとんどが忘却の彼方に消え失せたが、一生記憶に残りそうなものもある。その差を生み出すのは、PowerPointのスライドを見事に使いこなすことではなく、話すスキルの高さであることに疑いはない」

オスモ・ペコネン（フィンランド人作家／数学者）

上記の引用を読み、以下の質問に答えよう。

1. あなたにとって国際学会でプレゼンをすることがなぜ重要か？
2. プレゼンをせず参加するだけでも、学会はあなたのキャリアに役立つか？
3. スライドと話し方のどちらが重要か？
4. どのようなプレゼンを見てみたいか？

5. 他人のプレゼンを見ていてよくある失敗だと思うのはどのようなものか？自分も同じ失敗をしていないか？
6. プレゼンが上手な人には生まれ持った才能があるのか、それとも勉強してうまくなったのか？

本書は、国際的な場でプレゼンを行う皆さんの役に立つことを第一に考えて編集している。本書を通して、プレゼンは決して恐れるようなものではないことを明らかにしたい。まず伝えたいポイントは3つだ。

(1) 自分の英会話力のことをくよくよ悩まない。英語を話しているときにミスを犯しても、オーディエンスのほとんどは気にしないか、人によっては気づきさえしない。ただし、ライティングの間違いは気づかれやすいかもしれない。存在しない英語を創作してはならない。正しいとわかっている英語だけを使って書こう。

一般的に、センテンスを短くすればするほど間違いは少なくなるが、文字数が少ないほど、文法ミスやスペルミスは目立つ。以下は実際にプレゼンの最後に使われたスライドだが、オーディエンスによい印象を残すことはできなかった。

- End（終了）
- Thank!（ありがとう！）
- Any question?（ご質問は？）

上記はそれぞれ“The end”, “Thanks”, “Any questions?” が正しい英語だ。

(2) できれば2種類のスライドを用意する。

1. ダイジェスト版

プレゼン中にオーディエンスに見せるバージョンで、詳細を省き、文字数を最小限にして主要な結果を記載する。本書ではダイジェスト版のスライドだけを扱う。

2. 完全版

詳細を記入し、文字数やスライド数も増やしたバージョン。プレゼンの最初に、オーディエンスに対して完全版のスライドをどこからダウンロードできるか伝える。タイトルスライド（表紙）や結論のスライドに記載してもよい。オーディエンスは自分のスマートフォンにスライドをダウンロードしてプレゼン中に確認できるため、理解しやすくなる。

(3) できれば、ダイジェスト版か完全版のどちらかを自分のスマートフォンに入れ、手で持ちながらプレゼンをする。企業ではすでに受け入れられている方法で、学術大会でも徐々に増えている。プレゼンター（発表者）は、スマートフォンに目をやることで今どこを話しているか、これから何を話すべきかを確認することができる。メリットは明らかであり、不安は大幅に解消されるだろう（➜ **13.6節、15.2節**）。

本章では学会でプレゼンするメリットを分析する。良いプレゼンと悪いプレゼンの違いについても広く説明する。ポスター発表については**第18章**に示す。

1.2 知名度を高めてキャリアを一歩前進させるためのプレゼンテーション

学会発表を行うことで、あなたは他者の目にとまる存在となり、研究の成果を周りに伝えることができる。その結果、研究に対するフィードバックを得たり、新しい人脈とつながったり、他の研究グループと共同研究を行ったり、より優れた研究を実施するための資金を得られるチャンスが増えたりする可能性がある。

また、研究の着想や、推察、否定的な結果、継続中の研究など、論文に書いていない情報を伝える機会ができることで、オーディエンスからの質問は活発になり、有益なフィードバックを得られる可能性もある。

学会前に行われる審査手順を活用できるだけでなく、プレゼンの実績をグラント（研究助成金）の申込書や進捗報告書、履歴書に記載することができるだろう。

1.3 学会に参加するだけでプレゼンしないのはもったいない

プレゼンを行うと、他の研究者とのネットワーキングの機会が増える。プレゼン後に、もう少し詳しく話を聞きたいと声をかけられたり、さらには共同研究を提案されたりすることもある。直接会って話す機会を、自分のほうからではなく相手からのアプローチによって実現できる。アプローチがなかったとしても、プレゼンを行ったことであなたは目立つ存在となっているため、会話を始めるときの自己紹介がずっと楽になるだろう。

1.4 優れたプレゼンテーションに共通する特徴

オーディエンスを引きつける優れたプレゼンには、共通する特徴がある。

- 内容の専門性が高く、プレゼンターは自信に満ち、信頼できる
- 今回特別に準備されたように見える内容で、オーディエンスの興味を引きつける
- スライドの詳細な情報は最小限に抑えられ、有用でおもしろい画像が使用されている
- 興味深く、好奇心を刺激し、しかもにわかには信じられない内容
- 内容をスムーズに理解できる（重要な点は2～3個で、実例が多く、理論的になりすぎない）
- フレンドリーで、熱意があり、適度にインフォーマルな話し方
- コミュニケーションを重視し、オーディエンスを楽しませる

1.5 悪いプレゼンテーションに共通する特徴

オーディエンスががっかりするプレゼンにも共通する特徴がある。

- 明らかに事前の練習が不足している
- わかりにくいオープニングで、構成は乱れ、結論がない

- オーディエンスとのコミュニケーションどころか、独り言のように話す
- スライドを棒読みしているだけ
- 文字や図表類で埋め尽くされた、どれもこれも同じようなスライド
- アニメーションに頼っている
- オーディエンスの反応を無視し、自分の言いたいことしか話さない
- 専門的すぎる、詳細すぎる
- 早口すぎる、話し方が単調、話が長い
- テーマに対する関心が希薄

1.6 プロフェッショナルなプレゼンテーションとは

オーディエンスのことを第一に考えた発表がプロフェッショナルなプレゼンだ。提示する情報をオーディエンスがどのように受け取る可能性が高いかをよく考えよう。

効果的なプレゼンの鍵は、オーディエンスに覚えてもらいたい重要なポイントを数点にしぼり、それをプレゼン中におもしろく、できれば熱意を込めて強調することだ。

そして、大切なのはリラックスして話すことだ。リラックスするためには十分に準備し、英語ではなくプレゼンの内容に集中しよう。プレゼンは英語の試験ではないため、完璧な英語を話す必要はない。現実的になり、100%の正確性を目指さない。そうしなければ、研究の価値を伝えることよりも、英語に対する不安のほうが勝ってしまうだろう。

第2章 TEDから学ぶ

1
2
3
4
5
6
7
8
9
10
11
12
13
14
15
16
17
18
19
20

ファクトイド

TEDはTechnology, Entertainment, Designの略で、1回限りのイベントとして1984年に開催されたのが始まりだ。

＊

「広める価値のあるアイデア」というスローガンのもと講演会を開催している。

＊

当初はテーマをテクノロジーとデザインに限定していたが、現在は科学、文化、学術なども含み、とても真面目なものもあれば、面白おかしいものもある。

＊

プレゼンターに与えられる時間は最長18分。ストーリー性を持たせるなどの創造的で人を引きつける方法を用いて考えを伝える。

＊

Try something new for 30 days（マット・カッツの30日間チャレンジ）、*8 secrets of success*（成功の8つの秘密）、*How to start a movement*（社会運動はどうやって起こすか）は短編TEDのランキング上位の3本で、いずれの長さも3分30秒以内だ。

＊

2,000本以上の動画がウェブサイトで無料公開され、世界中で10億回以上再生されている。

＊

TEDは辞書の見出し語に採用されている。I watched two TEDs today（今日、TEDを2本見ました）、Did you watch that TED on ...?（～についてのTEDを見ましたか？）のように使う。

＊

何百万人ものノンネイティブスピーカーが、英語または母語で字幕やスクリプトを見ながらTEDを視聴している。Open Translation Projectは、英語を母語としない45億人にTEDを翻訳して届けることを目標としたプロジェクトだ。TEDは書籍にもなり、シリーズ化されている。

2.1 ウォームアップ

以下の質問の答えを考えてみよう。

1. ウェブサイトに記載されているTEDのミッションを以下に抜粋した。このミッションはどの程度重要で、どの程度達成可能か？

 「TEDはグローバルコミュニティです。世界を深く理解したいと願うあらゆる分野と文化の出身の皆さんを歓迎します。私たちは態度や生き方、そして究極的には世界を変化させることのできるアイデアの力を強く信じます。世界中の傑出した思想家からの無償の知識を集めた情報センターと、好奇心の強い魂がお互いのアイデアを交換するコミュニティをTED.comに作ります」

2. TEDのプレゼンを見たことがあるか？　あれば、どの動画が一番好きか？
3. TEDのプレゼンには、自分の大学や国の会議でよく見るプレゼンと異なる点があるか？　次の会議でTED流のプレゼンをしてみたいと思うか？　その理由は？
4. TEDのサプライズミーやプレイリストなどの機能を使ったことがあるか？
5. 英語で視聴しているか？　字幕つきを見ているか？
6. TED流のスタイルや構成を真似てプレゼンをしたことがあるか？
7. TEDを自分の話し方や発音の改善にどのように役立てられるか？
8. 他のプレゼンターから学ぶことは可能か？　人は自分の過ちに気づきにくいものか？

本章では、典型的なTEDのプレゼンを分析しながらTEDの特徴を解説する。さまざまなプレゼンターのスライドやプレゼンスタイルを評価するためのチェックリストも収載した（TEDのプレゼンターだけでなく、他の研究者や、もちろんあなた自身にも使える）。

TEDには、パソコンやスマートフォンにダウンロードしたTEDアプリからアクセスできる。**2.3〜2.6**節に記載したTEDの動画を実際に見ることで、本章の理解がさらに深まるだろう。TEDの他にも、オンライン上にはプレゼンに特化したサイトがある。例えば以下のサイトではスライドを共有できる。

- https://www.slideshare.net
- https://www.authorstream.com/slideshows

このようなサイトは、自分と研究分野が近い人がどうスライドを作成しているか参考にできるため便利だ。他人の作り方を研究してみると、細かい情報を詰め込んだスライドは伝わりにくいことがわかるはずだ。

2.2 TEDから動画を選び、よい点を真似しよう

TEDの検索画面から見たいプレゼンを選び、英語字幕のオン・オフも選ぼう。字幕をオンにするとすべての単語が表示されるため、リスニングの補助になるだけでなく、一文に何ワードを使っているかを視覚的に確認できて便利だ。一文が短いほどプレゼンターは発話しやすく、オーディエンスにとっては理解しやすいことがわかるだろう。

英語の書き起こし（transcript）をダウンロードできるほか、言語によっては翻訳を読むこともできる。この機能のおかげで、役に立ちそうな表現を記録しやすい。書き起こしを読みながら動画を視聴し、プレゼンターの真似をすることによって、英語の発音や抑揚を学ぶことも可能だ。

TEDのプレゼンのお手本として、まずジェイ・ウォーカーの*The world's English mania*（ジェイ・ウォーカーが語る世界の英語熱）（➔**19.2節**）を見ていただきたい。準備が重要なこと、短い文をはっきり、ゆっくり話すことが優れたプレゼンに重要なことがわかる。この動画は5分にも満たず、字幕がなくても理解しやすいだろう。

2.3 TEDから学ぶスライドの使い方

TEDのプレゼンターには動き回る人が多いと思っている読者がおられるかもし

れない。しかし、経済学者のアレフ・モリナーリは、*Let's bridge the digital divide!*（情報格差を埋めよう）のプレゼン中に、オーディエンスを楽しませようと動き回ることもステージを走り回ることもない。ただ、情報を伝達する方法と重要なデータに注目させる方法は心得ている。そしてそれこそ、国際学会で優れたプレゼンをするときに必要なすべてである。この他にも、動き回らないプレゼンの良い手本としてジェイ・ウォーカーがいる（➔**19.2節**）。

アレフ・モリナーリは50億人がインターネットを使えないと訴え、これにどう対処すべきかをTEDで発表している。この動画が視聴される頃には古くなっている部分があるかもしれないが、データの正確さではなくその示し方に注目しよう。

例示と統計データ

モリナーリは情報格差の犠牲者の具体例を示すことから始める。次に、統計データの提示に進む。世界の人口は「6,930,055,154」人と記載したスライドを出す。

ここで、モリナーリはなぜ「7bn」（70億人）と書かなかったのか。それは、正確な数字を見せることで地球上には実に多くの人々が住んでいることを強調でき、同時に一人一人の存在に意識を向けられるからだ。スクリーン上では長い数字の方がドラマチックに見える。しかし、口頭ではnearly seven billion people（70億人近く）と言っている。この数字を正確に読み上げることに意味はないと考えたからだ。次に、インターネットにアクセスできる人を「2,095,006,005」人とスライドに示した。スクリプトは以下のとおりだ。

Out of these, approximately two billion are digitally included, this is approximately 30% of the entire world population, which means that the remaining 70% of the world, close to five billion people, do not have access to a computer or the Internet ... five billion people, that's four times the population of India.

このうち約20億人がインターネットにアクセスできています。これは世界の人口の約30%で、つまり残りの70%、ほぼ50億人はコンピュータもインターネットも使えない生活をしています。（中略）50億人はインドの人口の4倍です。

モリナーリのプレゼンテーションから学べること

1. 統計データをシンプルにわかりやすく示す（余計な周辺情報を入れない）
2. 統計データを3つの角度から伝え（整数、百分率、インドとの比較）、オーディエンスが情報を多角的に理解できるようにしている。その目的は、提示した数字の真の重要性を納得させることだ
3. 統計データが意味していることと、それをどのように解釈すべきかを伝える

文字、背景、フォント

モリナーリのスライドは背景が黒、文字が黄色で非常に見やすい。さらに、1ワードか2ワードだけのスライドがほとんどだ。最も文字数の多いスライドは、情報格差の定義を示す最初のスライドで19ワードだ。半分以上が写真だけのスライドで、モリナーリの話を効果的に補っている。各スライドに記載された情報を理解するために2秒もかからないだろう。スライドを読んでいる人もいれば話を聞いている人もいる状況ではなく、オーディエンスはみな100%の集中力で話を聞いたはずだ。

プレゼンスタイル

想像でしかないが、モリナーリはかなり内向的な性格なのだと思う。それは（個人的な意見だが）オーディエンスを見るよりもスクリーンを見ている時間の方が長すぎるからだ。また、キーワードを強調しようと努力しているが、それでも声は単調だ。これら2つの要因が相まって、オーディエンスは興味を失うかもしれない。しかし、モリナーリは躍動感に欠けるこのプレゼンを他の部分で補っている。

- 明確で論理的な構成
- 優れたスライド（わかりやすくて話を追いやすい）
- プロフェッショナルな姿勢

このようにしてモリナーリはオーディエンスの信頼を得ることができた。オーディエンスはプレゼンターを理解し、話を聞きたくなるだろう。プレゼンの結論自体はインパクトに欠けているのだが（熱のこもった声には聞こえない）、彼がプロジェクトに対して本気であり、とても誠実だとオーディエンスに見えることで、プレゼン全体としてはポジティブな印象を与えている。

2.4 TEDから学ぶ最小限のスライドを使って演台から話す方法

TEDのウェブサイトに掲載されている動画*The forgotten history of autism*（忘れられていた自閉症の歴史）の概要は次のとおりだ。

「数十年前、自閉症について見識のある小児科医はほとんどいなかった。例えば、1975年には自閉症だと推定された小児は5,000人に1人だったが、今日、自閉症スペクトラムは68人中1人に見られる。この急激な増加の理由は何だろうか。スティーブ・シルバーマンは『自閉症の認識向上に絶好の風が吹いた』と指摘する。それは、この疾患に前向きに取り組む2人の心理学者がいたこと、大衆文化が予想外の盛り上がりを見せたこと、そして新しい臨床的検査だ。しかし、これを十分に理解するためには、1944年に先駆的な論文を発表したオーストリア人のハンス・アスペルガー医師の時代まで歴史を振り返る必要がある。論文が発表されても自閉症が正しく理解されることはなく、再び注目されるまでに長い時間を要した」

このプレゼンでは、グラフのスライド1枚と写真のスライド3枚の合計4枚しか使っていない。

完全原稿を使ったスピーチ

スティーブは最初から最後まで演台から動かず話している。何度も素早く手元を見て、次に何を言うべきかを確認している。TEDでも原稿を見ながらスピーチをしている人がいるのだから、学会で同じように原稿を見ながらスピーチをしても問題はないだろう。ただし、できればメモを見るだけにとどめる方がよい（**スマートフォンの利用➔13.6節、15.2節**）。

構成

構成は明快で論理的だ。(1) 自閉症に関する問題の提示、(2) 誤った考えがどこでどのように広まったか、(3) 誤った考えはどのように修正されたか、(4) 自閉症の肯定的側面と社会に大きく寄与する能力の多様性、という流れで進む。

アイコンタクト

スティーブは数秒間ごとに顔の向きを変えてオーディエンス全体を見わたしている。オーディエンスの集中力を維持するためには、常にアイコンタクトを取ることが欠かせない。

グラフ

このプレゼンで使われたグラフは1つだけだ。素早く理解してもらうために、情報を極めてシンプルにしたグラフである点を確認しよう。

ボディランゲージ

演台の前に立っていると体を使う機会は少なくなるものだが、スティーブは手を効果的に使って要点を強調している（3分54秒、5分34秒、7分9秒、12分45秒参照）。

声の出し方

あらかじめ用意したスクリプトを読む場合、一本調子になりがちだ。しかしスティーブは、声の出し方を変えることで強調すべきポイントにオーディエンスの関心を引きつけようとしている。その話し方を確認しよう。

2.5 国際学会でのフォーマルなプレゼンテーション

もし、スティーブが同じプレゼンを国際学会で行うことになれば、次のスライドの数を増やすだろう。

統計データ

この発表では多くの統計データを引用している。ノンネイティブスピーカーにとって、数字を素早く理解することは難しい。thirteenとthirtyなど紛らわしい数字もあるため、スライドで視覚的に伝えるとわかりやすい。

写真

この発表ではダスティン・ホフマン主演の有名な映画「レインマン」を例に出している。映画ポスターの写真を見せるとよいかもしれない。翻訳された映画を見たために原題を知らず、翻訳されたタイトルしか知らない人や、ダスティン・ホフマンの名前を違う音で覚えている人がいるかもしれないからだ。写真を見せることで誤解を防げるだろう。

引用

引用のスライドを増やす。スティーブの引用は厳選され簡潔だが、これをスライドで提示したほうがオーディエンスには理解しやすいだろう（変化を作り出す効果もある）。

演台から話すと、オーディエンスの視線を引きつけにくくなる。特に外国語のプレゼンは聞く側の負荷が大きいため、視線が逸れがちだ。スライドを増やすことでオーディエンスは注目するだろう。

2.6 TEDに学ぶ演台からの話し方

スキ・キムのプレゼン *This is what it's like to go undercover in North Korea*（北朝鮮に潜伏してわかったこと）は次のように始まる。

In 2011, during the final six months of Kim Jong-Il's life, I lived undercover in North Korea.

I was born and raised in South Korea, their enemy. I live in America, their other enemy.

Since 2002, I had visited North Korea a few times. And I had come to realize that to write about it with any meaning, or to understand the place beyond the regime's propaganda, the only option was total immersion. So I posed as a teacher and a missionary at an all-male university in Pyongyang.

The Pyongyang University of Science and Technology was founded by Evangelical Christians who cooperate with the regime to educate the sons of the North Korean elite, without proselytizing, which is a capital crime there. The students were 270 young men, expected to be the future leaders of the most isolated and brutal dictatorship in existence. When I arrived, they became my students.

2011 was a special year, marking the 100th anniversary of the birth of North Korea's original Great Leader, Kim Il-Sung. To celebrate the occasion, the regime shut down all universities, and sent students off to the fields to build the DPRK's much-heralded ideal as the world's most powerful and prosperous nation. My students were the only ones spared from that fate.

2011年、金正日（キムジョンイル）が没する直前の6ヵ月間、私は北朝鮮に潜伏して暮らしていました。
私は韓国で生まれ育ちました。北朝鮮にとっては敵国です。今はアメリカに住んでいますが、アメリカも同様に敵国です。
2002年以降、私は北朝鮮を数回訪れていました。しかし、価値のあることを書き、北朝鮮政府のプロパガンダ以上のことを理解するためには潜入するしかないと考え、私は平壌（ピョンヤン）の男子大学に教師兼宣教師として潜入しました。
平壌科学技術大学は、北朝鮮のエリート子息を教育するために政府とキリスト教系福音派が協力して設立した学校ですが、布教活動は行われていません。北朝鮮では布教活動は死罪に値します。270人の若い男子学生たちが、この世で最も孤立した、冷徹な独裁国家の未来のリーダーとなることを期待されていました。彼らは私の最初の生徒となりました。
2011年は、北朝鮮の建国の父である金日成（キムイルソン）の100回目の誕生年に当たる特別な年でした。これを記念し、世界で最も強力で繁栄した国家として大々的に喧伝されてきた国家の理想を実現するため、政府は全大学を閉鎖して生徒を農地に送りました。私の生徒はこの運命から逃れることのできた唯一の学生でした。

この動画を選んだのは、心を揺さぶられる感動的で興味深いプレゼンであるだけでなく、明快な英語スピーチの素晴らしい例だからだ。スキ・キムはネイティブスピーカーではないが、このプレゼン中、ほぼ完璧な英語を話している。

この動画を見て、スキがどの程度ゆっくり話しているか（約100ワード/分）、どのように各単語をはっきりと発音しているか、参考にしよう。スキはスティーブ・シルバーマン（➔**2.4節**）と同じくあらかじめ準備したスクリプトを読んでいる。

一つ一つのセンテンスは比較的短い。平均17ワードで、長いセンテンスが一つだけあるが（4パラグラフ目の最初の文が34ワード）、自然に息継ぎできる文構造になっている（who ..., which ...）。7ワードのセンテンスが2文あり（I live in ... と When I arrived ...）、ドラマチックなプレゼンを演出する効果を生み出している。

スキは簡単に音読できるスクリプトを作っている。また、それぞれのパラグラフを短く構成しているため、パラグラフを一つ読み終えるたびに、一文ごとのポーズ（小休止）よりも長めのポーズを入れることを忘れにくい。

自然科学系研究者でも人文系研究者でも、あらかじめ用意したスクリプトを使う利点はある（➔**第3章**）。いずれにせよ、説得力があり、感動的なこのプレゼンをぜひ参考にしていただきたい。

2.7　3つのTEDプレゼンテーションから学べること

（1）体を大きく動かすことがよいプレゼンの鍵ではない

2.3～2.6節で取り上げた3人のプレゼンターで激しく動く人はいない。ユーモラスでも笑えるエピソードを話そうとしているわけでもない（どちらもリスクの高い行為だ）。この3人を選んだ理由の一つがこれだ。

大きく動き、人を楽しませることは素晴らしい。しかし、必要不可欠ではない。いわゆる「天性のプレゼンター」でなかったとしても、優れた発表をすることはできる。

（2）スライド数は少なくてよい

TEDのほとんどのプレゼンターは最小限のスライドしか使わず、人によってはまったく使わない。自然科学系研究者は比較的多くのスライドを使う傾向にあるが、TEDを見て、いつ、どのような場合にスライド数を減らすことが可能か学ぼう。

人文系研究者の場合、必ずしもスライドを使う必要はないかもしれない。しかし、プレゼンターとオーディエンスの両者に負担がかかるだろう。オーディエンスはプレゼンターの声だけに集中しなければならず、すぐに集中力が途切れてしまうかもしれない。それでもTEDには、スライドを使わずに話すだけのプレゼンターも多い。そのようなプレゼンから多くを学べるだろう。

（3）準備をするほど信頼性が高まり記憶に残りやすくなる

3人のプレゼンターに共通していることは、みな、事前に十分な準備をしていることが明らかな点だ。オーディエンスは論理的な流れをはっきりと感じ、かなりの時間をかけて準備したプレゼンであることを理解するだろう。オーディエンスからプレゼンターへの信頼は厚くなり、プレゼン内容が記憶に残りやすくなる。

実際、「信頼」と「印象の強さ」はあなたが目指すべき目標ではないだろうか。この2つの要素を向上させるために次の点を心がけよう。

- シンプルな言葉選び
- 大きく、明瞭で、適度にゆっくりとした声
- シンプルなスライド
- 明快で論理的な構造

2.8 TEDのスタイルでプレゼンすべきか

次に参加する学会でTED流のスタイルを使ったプレゼンを行えるようにすべきだろうか。おそらくそれは違うだろう。TEDのプレゼンはオーディエンスに興味深いメッセージを伝えることが目的であり、研究成果の重要ポイントを伝えるものではない。自然科学系の研究であれば、内容はもっと専門的になり、スライド数も増やす必要があるだろう。人文系の研究であれば、TEDのプレゼンターほどおもしろい話にはならないかもしれない。

もう一つTEDと異なるのは、国際学会でプレゼンをすることの目的が情報を伝えることや楽しませることだけではない点だ。自分を売り込み、共同研究の可能性のあるチームに自分の研究を伝え、そのチームの研究所でのインターンシップに招いてもらうための努力もすべきだろう。

2.9 ノンネイティブの英語が批判されることは少ない

TED.comでは、視聴者がプレゼンについて感想を共有することができる。興味深いのは、プレゼンの内容に関する感想がほとんどで、伝え方についてはほとんど触れられないことだ。プレゼンターがノンネイティブであっても同様だ。

典型的な例として、有名なフランス人商品デザイナーによる*Design and destiny*

（フィリップ・スタルクがデザインを熟考する）がある。スタルクの発表を見れば、英語の発音のよさは必ずしも重要でないことがわかるだろう。最初に彼は、自分の英語力の低さについて "You will understand nothing with my type of English.（私の話す英語はまったく理解できないでしょう）" と自虐的に断っている。

はっきり言って彼の発音はひどい。最初の100ワード中20％以上の発音が間違っている（例：hereがere、thatがzat、usuallyの*u*の発音がuniverseの「ユ」ではなくunderの「ア」）。複音節の単語のアクセントも間違い続けている（例：comfortable、impostor）。文法ミスも続き、複数形のsが抜け、動詞の使い方も間違っている。

それでもオーディエンスは彼の話し方ではなく話す内容に興味があるため、英語力の低さは問題となっていない。実際、この動画のコメント欄で英語力の低さについて指摘している人はいない。それよりも、「見事でした！」「素晴らしかった！」「今まで見たTEDの中で一番レベルが高かった」などと多くの視聴者が書いている。注意すべきなのは話す速度だ。彼はゆっくり話しているが、もし早口であれば発音の悪さのせいで理解されにくかっただろう。

最後にもう一度強調しておきたい。ある程度の質のプレゼンを行うことができれば、オーディエンスはプレゼンターの英語の話し方よりもプレゼンの内容に興味を持つ。

2.10 TEDを視聴後に覚えていることを書き出す

TED（や他のサイト）で5～6本の動画を見た後に、内容、プレゼンター、プレゼンスタイルについて覚えていることを書き出そう。提示された情報のうち覚えている内容がどれほど少ないかに驚くことだろう。この記憶のエクササイズを1週間後にもやると、視聴したプレゼンの数すら思い出せないかもしれない。しかし、プレゼンターから受けた印象やプレゼンスタイルの記憶は長く続くだろう。

つまり、プレゼンに複雑な説明や大量のデータを詰め込んでも意味はないということだ。オーディエンスはそう簡単に内容を覚えられない。記憶に残ることといえば、提示された内容を理解できなかったときの欲求不満体験だ。常にオーディエンスがポジティブな体験をしたと思えるプレゼンを心がけよう。

2.11 プレゼンテーションを評価する

TEDに限らず、他人のプレゼンから学べることは多い。次ページに記載した評価シートを使って、気に入ったプレゼンスタイルとその理由について考えてみよう。そして、自分のプレゼンに取り入れられないか考えてみよう。

さらに、オーディエンスの反応についても分析してみよう。オーディエンスの集中力は途切れなかったか。あなたの集中力はどうだったか。あなたの集中力が途切れ始めた時点と理由を分析する。もし見るのをやめたのなら、どの時点で、なぜ見るのをやめたのかを分析しよう。

2.12 TEDで英語プレゼンを学ぶための評価シート

オンラインで英語を学ぶための最高の方法を作ったTEDには感謝しかない。もちろんこれは元来の目的ではないが、素晴らしいサービスから生まれた素晴らしい副産物だ。なお、TEDからの使用許可については巻末に記した。

プレゼン評価シート

	プレゼンターとして目指すこと	避けたいこと
要点の提示	□要点をすぐに説明する。オーディエンスは聞くべき理由がすぐにわかる	□要点が後になってわかる。プレゼンがどこに進んでいくのか先が読めない
速さ	□要点はゆっくり、わかりきったことは早口で。ペースを変化させ、間を挟む	□最初から最後までペースは変わらず、間は取らない
ボディランゲージ	□オーディエンスを見て、手を動かし、スクリーンから離れて立ち、スクリーンの端から端まで動く	□スクリーン、PC、天井、床を見る。動かない。スクリーンの前に立ちふさがる
構成	□新しいテーマが前のテーマと自然につながっていく	□つながりや移り変わりがわかりにくい
堅苦しさ	□自然で、熱意があり、誠実	□ロボットのような話し方。用意された原稿を読んでいるよう
スタイル	□物語性があり、次に何が起こるのか聞きたくなる。IやYouなどの代名詞や能動態の動詞が多い	□専門的で、受動態が多い
言語	□ダイナミックで形容詞が多く、接続語句(also、in addition、moreover、in particularなど)は少ない	□非常にフォーマル、感情に訴える形容詞がない、接続語句が多い
オーディエンスとの関わり	□オーディエンスと関わり、楽しませることで集中力を途切れさせない	□オーディエンスに向いて話していない。独り言を言っているよう
スライドの文字	□少ない、または文字はない	□文字が多い
図表	□シンプルまたは複雑な図表を段階的に少しずつ提示する	□複雑な図表
抽象的か具体的か	□具体例を挙げる	□抽象的な理論に終始する
統計データ	□にわかには信じられない、興味深い事実を示す	□事実や統計データをほとんど、またはまったく使用しない
終了後	□触発される、前向きになる	□関心を持てない

第3章

スクリプトを用意する

ファクトイド：科学界の女性

ノーベル賞：ノーベル賞を受賞した女性は、1901～1960年は4.2年に1人、1961～2000年は2.4年に1人、2000年以降は0.75年に1人だ。

*

中国：陸盈盈（ルーインイン）博士が、浙江（チェーチャン）大学の化学生物工学部の教授になったのは弱冠27歳のときで、男性も含めておそらく世界で最も若い教授だった。中国の高等教育機関では、43～52%の教師が女性だ。

*

イランとイギリス：人口はイランが約6,500万人、イギリスが約7,800万人だが、イランにはイギリスの2倍以上の女子大学生がいる（イラン210万人、イギリス90万人）（訳注：日本語版刊行時点で、イランの人口はイギリスを上回る）。

*

日本：博士課程の女性の割合が世界で最も低い国の一つだ（30%）。さらに研究者（18%）と教授（18%）に占める女性の割合も非常に低い。

*

韓国：75%を超える女性が大学に進学する。イ・ソヨンは韓国人女性として初めて宇宙に行き、韓国ではおそらく最も有名な女性科学者だ。

*

ラトビア：科学分野の研究者に占める女性の割合と博士号を持つ女性の割合が世界最高だ（ラトビア60%、アメリカ53%、ドイツ45%）。

*

スペイン：研究者の約3人に1人が女性で、そのうち上級の地位に就いているのは20%未満だ。学士号または博士号を持つ女性の割合は55～64歳では18%だが、25～34歳では47.5%に増える。

*

アメリカ：男性より女性の学位取得者が多い分野は、保健衛生（女性85%、男性15%）、行政学、教育学、心理学、言語学で、男性の方が多い分野は数学、統計学、建築学、物理学、コンピュータサイエンス、工学（男性83%、女性17%）だ。

3.1 ウォームアップ

本章を科学界の女性に捧げる。本章の執筆は偶然から始まった。本書やこのシリーズの執筆のためにおもしろいファクトイドをせっせと探していた期間に、私は多数の有名な科学者のことを知った。その99%はアメリカ、イギリス、ドイツ、フランス、イタリアの科学者で、女性の割合は1%未満だった。

このこと自体は驚くことではない。しかし、本書の執筆中にイランやバルト三国出身の女性研究者に教える機会があった。彼女らによると、母国の科学分野で働く女性の割合は非常に高く、なんと女性の学生数の割合が世界中で最も高いのがイランだという。そこから疑問はふくらんだ。

- 検索エンジンは英米から発信される情報を優先的に表示しているのではないか（現実が大きく歪められ、単一の文化的視点から情報提供されている可能性があり、大きな懸念がある）
- 博士課程の留学生（男女）に母国の科学分野における女性の役割を母語で検索させてみると、どれほど興味深い結果が得られるだろうか

そこで、極めて小規模で簡単な調査を実施した（国籍の異なるわずか10人の博士課程の学生、研究者、教授が対象）。結果はファクトイドに示したとおりであり、また本章の主要部分でも例として引用した。

(1) 以下の6点は、科学分野における女性の地位の現状と、今日の若い研究者がそれをどのように感じているかについて調査した研究内容だ。あなたがこの研究を実施したと想像しながら読んでみよう。あなたはいくつかの要点を選んでプレゼンの冒頭で1分間にまとめて話すことにしたとする。プレゼンは社会学の国際学会で行う予定で、出席者には男性も女性もいる。どの要点を選ぶべきか、そしてプレゼンの最初の1～2分に具体的にどのように発言すべきかを考えてみよう（他に調べたことがあればそれを使ってもよい）。

1. **科学アカデミー**：ロシア科学アカデミーの会員は454名で、そのうち女性は9名しかいない。マリー・キュリーは女性であることを理由にフランス科学アカデミーへの入会を許されなかった（数学者で物理学者のイヴォンヌ・ショケ・ブリュアが最初）。

2. **19〜20世紀の有名な女性科学者**：カロライン・ハーシェル、メアリー・サマヴィル、リーゼ・マイトナー、イレーヌ・ジョリオ・キュリー、バーバラ・マクリントック、ドロシー・ホジキン、マリー・キュリー。
3. **博士課程の男女500名対象の調査**：上に挙げた名前の中で2人以上を知っていたのはわずか10%。
4. **編集委員会とピアレビュー**：学術誌の編集者は大半が男性で、その大多数が、同じく大多数が男性の査読者に選別の仕事を依頼している。
5. **国会／議会に占める女性の割合が高い上位5ヵ国**：ルワンダ63.8%、ボリビア53.1%、キューバ49.9%、セイシェル43.8%、スウェーデン43.6%。なお、最下位はイエメンの0%。
6. 「世界中が沈黙に包まれているなら、たった一人の声でも力強い」（2014年ノーベル賞受賞者のマララ・ユスフザイ）

(2) スクリプトを書き終えたら、どの部分でスライドを使い、スライドに何を載せるかを考えよう。

(3) 上記の問題（1）と（2）を飛ばしたい場合は、自分の研究をプレゼンすると仮定して、次の質問に答えるかたちで導入部分のスクリプトを書いてみよう。

- 現状はどうなっているか？
- なぜこれが問題なのか？
- どうすべきなのか？
- その理由は？
- それによるデメリットは？
- そうしなかった場合にどうなるか？

本章ではスクリプト（プレゼン原稿）の書き方を解説する。読者の中には、スクリプトを書くのは時間の無駄だと考える人がいるかもしれない。しかし、スクリプト作成には大きなメリットがある（納得できないとき ➔**2.4〜2.6節**）。スクリプトを作る理由は次のとおりだ。

- 英語ができる仕事仲間（または有料サービス）に原稿をメールで送り、校正を頼むことができる。その結果、少なくとも文法や語彙に間違いがないと確認できるだろう。自信が生まれ、緊張感を緩和できるはずだ。

- 仕事仲間に実際のプレゼンを見る手間を取らせることなく確認してもらうことができる。プレゼン内容がわかりやすいか、おもしろいかを素早く判断してもらえる。
- プレゼンソフト（PowerPointなど）のスライド下のメモ欄にスクリプトを挿入できる。プレゼン中に何を言うのか、PCモニターで確認できるようになる。
- スマートフォンにスクリプトを送信すると、プレゼン中に手元でセリフを確認できる（➔**13.6節、15.2節**）。

3.2 スクリプトを作成する

本節ではスクリプトを使うメリットと、何をどのように書くべきかの明確な判断基準を解説する。

通常、科学分野のプレゼンで、プレゼンターが演台に立ったままスクリプトを読み上げることはない。しかしながら人文科学ではよく行われている（スクリプトの使用 ➔**2.4〜2.6節**）。

純粋に科学的な研究だけを発表する場合、スクリプトを書く理由は決して一字一句を覚えるためではない。スクリプトを暗記するのはお勧めしない。暗記したスクリプトは不自然であり、また「セリフ」を忘れるとパニックに陥る可能性があるからだ。

スクリプトが便利な理由

- スライドの最もよい構成と順序を判断しやすくなる
- 削除するスライドの有無を判断しやすくなる
- プレゼン内容がオーディエンスにとって本当に必要か判断しやすくなる

もちろん、話す内容を逐一書き出す必要はない。ただし、典型的な10分のプレゼンに必要な語数は1,200〜1,800ワード程度でしかない。方法や結果を説明するときなど特に技術的な部分については、簡単なメモで十分かもしれない。すでに内容を深く理解し、必要な英語の正しい語彙も知っているため、最も話しやすいからだ。

プレゼンの最初と最後は技術的な内容が少ないため、プレゼンターはその大部分を即興で話そうとする。このとき、経験の浅いプレゼンターが使う語句の20%は冗長であることが多い。これでは、オーディエンスの役に立つ情報を与えることはできない。重要なポイントを説明し、強調するための時間が20%も減るという計算にもなる。導入部分と結論部分で何を説明すべきか明記したスクリプトを作成しよう。

3.3 論文に書いた文章を読み上げない

スクリプトを作る最も簡単な方法は、論文からコピー&ペーストすることだろう。しかし、論文とプレゼンでは表現方法が大きく異なる。

論文は比較的フォーマルで、センテンスは長く、詳細に書くことが多い。論文とプレゼンのスタイルの違いを探してみよう。

元の論文

The period of the Union of Soviet Socialist Republics (1922-1991) provided ample opportunities for women to enter higher education in all fields and sectors, including natural or physical sciences (e.g. chemistry, biology, physics, or astronomy). In 1985 the number of female undergraduate students stood at 40%, with 10% undertaking a doctorate.

The post-Soviet period is witnessing a so-called feminization of science, in which there has been an emigration of highly trained or qualified scientists. Notable individuals who decided to leave Russia include Pavel Durov (the founder of VKontakte Russia's version of Facebook), and the economist Sergei Guriyev. In contrast, female Russian scientists have remained in Russia and the number of female researchers in such underrepresented areas of sciences as physics, maths, and life sciences has shown a marked tendency to increase.

（ソビエト社会主義共和国連邦（1922〜1991年）の時代に、自然科学や物理科学（例：化学、生物学、物理学、天文学）などすべての学問領域で、女性に対する高等教育の門戸が大きく開かれた。1985年には学士課程の学生の40%が女性で、そのうち10%が博士号を取得した。

プレゼンのスクリプト

The Soviet period was not all bad news. Women were able to get into higher education in all fields, including hard sciences, in a way that was unimaginable in Western Europe. In 1985, six years before the break up of the USSR, the number of female students was 40%.

What is changing in the post-Soviet period is the feminization of science. There has been a brain drain with male researchers going abroad. And it's not just the academics who leave. Chessmaster Garry Kasparov left in 2013. He was followed the next year by the founder of Russia's version of Facebook. But the women tend to stick with the motherland. Consequently, the number of female researchers in previously underrepresented areas of sciences such as physics, maths, and the life sciences is growing.

（ソビエト連邦時代のすべてが悪かったわけではありません。女性は自然科学を含めて全分野の高等教育を受けることが可能でした。西欧では想像すらできなかったことです。ソビエト連邦崩壊の6年前の1985年、女子学生の割合は40%でした。

ソビエト連邦崩壊後、「科学の女性化」と呼ばれる時代に入り、高度な教育を受けた、または資格を有した科学者が国外へ移住した。ロシアを去った有名人にパーヴェル・ドゥーロフ（ロシアのFacebookに当たるVKontakteの創業者）とセルゲイ・グリエフ（経済学者）がいる。一方で女性科学者はロシアにとどまったため、物理学、数学、生命科学など男性中心だった科学分野での女性研究者の数が顕著に増加した）

ソビエト連邦崩壊後に起こったのが、科学の女性化です。男性研究者が海外に出て、頭脳流出が起こりました。流出したのは研究者だけにとどまりませんでした。チェスの王者のガルリ・カスパロフは2013年にこの地を去りました。その翌年、ロシア版Facebookの創業者も後を追いました。しかし、女性は母国にとどまる傾向がありました。その結果、男性中心だった物理学、数学、生命科学などの科学分野を専門とする女性研究者の人数が増加しています）

2つの文章の文字数は同じだが、スタイルと内容は大きく異なる。右欄の「プレゼンのスクリプト」には次の特徴がある。

- 聞いてわかりやすい言葉づかい（最初の文を比較してみよう）
- 全体的にセンテンスが短く、プレゼンターが言いやすい
- あまりフォーマルではない言葉を使用（論文のemigration of highly trained or qualified scientistsに対してbrain drain、has shown a marked tendency to increaseに対してis growing）
- 細かな情報が少ない（ソビエト連邦に関する正確な年号、ロシア版Facebookの創業者の氏名など）
- オーディエンスの興味を引きつける事実や、オーディエンスが想像しやすい事実を示している（頭脳流出の例として、専門性の高い分野で活躍するグリエフよりもオーディエンス全体にとって有名なロシア人のカスパロフを挙げた）
- ナラティブスタイル（物語調）で伝えている

3.4 1センテンスに1つのアイデア

1つのセンテンスで表現するのは1つのアイデアまでにする。プレゼンターにとっては話しやすく、オーディエンスにとっては理解しやすい。言いやすい単語を使い、フレーズは短くし、可能な限りシンプルな英文にしよう。

次の表を見てみよう。修正前はこれが1文で文字数は75ワードだ。目で読む場合には難しくないだろう。しかしプレゼンでこれほど長いセンテンスを使うと次のような問題が生じる。

- プレゼンターの息が文の最後まで続かない
- オーディエンスは最後に近づくにつれて理解できなくなる

✕ 修正前	○ 修正後
Although most academies of science around the world are now open to women, this has not always been the case, as exemplified by Marie Curie whose application to join the French Academy in 1911 was rejected despite her having won a Nobel Prize in 1903 but heavily influenced by the fact that not only was she a woman but was also of Polish origins and rumored to be Jewish (though in reality she was not). (現在、世界中の大部分の科学アカデミーが女性に門戸を開いていますが、以前からこの状況だったわけではなく、1911年にフランス科学アカデミーへの入会を断られたマリー・キュリーの例があり、彼女は1903年にノーベル賞を受賞していたにもかかわらず、女性であるという事実だけでなくポーランド出身であったことも強く影響し、ユダヤ教徒だといううわさもありました（が実際にはそうではありませんでした）)	Most academies of science around the world are now open to women. This has not always been the case. A classic example is Marie Curie whose application to join the French Academy in 1911 was rejected. This was despite her having won a Nobel Prize in 1903. In fact it was heavily influenced by the fact that not only was she a woman, but was also of Polish origins. She was also rumored to be Jewish, though actually her father was an atheist and her mother a devout Catholic. (現在、世界中の大部分の科学アカデミーが女性に門戸を開いています。しかし、以前からこの状況だったわけではありません。1911年にフランス科学アカデミーへの入会を断られたマリー・キュリーはその典型例です。1903年にノーベル賞を受賞した後ですらこの状況でした。実際の原因としては、キュリーが女性であったことに加えてポーランド出身だったことも強く影響していました。彼女の父親は無神論者で、母親は敬虔なカトリック教徒であったにもかかわらず、キュリーはユダヤ教徒だといううわさもありました)

修正のポイント

- 長い1文を短い4文に分割したため、話すときに自然なポーズを入れることができる
- ポーズを挟み、語句を短くしたことで、ドラマチックになった

長いセンテンスの分割方法 ➔『ネイティブが教える 日本人研究者のための論文の書き方・アクセプト術』（講談社）第4章

3.5 価値のあることだけを簡潔に伝える

アメリカ独立宣言の代表起草者のトーマス・ジェファーソンは次のように述べている。

「すべての才能の中で最も価値のある才能は、1つの言葉で済むところに2つ以上の言葉を使わないことだ」

単語の数が増えるデメリット

- 間違えた英語を使う確率が高まる
- 重要な専門的情報をオーディエンスに伝える時間が減る

以下はプレゼンの導入部分から削除した方がよいセンテンスの例だ。削除しなければ、重要な情報をオーディエンスに提示するタイミングが遅れることになる。

> The work I am going to present to you today is ....
> （本日発表する研究は〜）

> My presentation always begins with a question.
> （私はいつもプレゼンの初めに問いかけをすることにしています）

> I have prepared some slides.
> （スライド資料を準備しました）

> This presentation is taken from the first draft of my thesis.
> （今回の発表は私の学位論文の第1稿を元にしています）

The title of my research is ....
（研究のタイトルは～）

次の例文は、［　］内を削除して大幅に短くできる。

Testing [can be considered an activity that] is time consuming.
（試験には時間がかかります［試験は時間がかかる活動だと考えられます］）

The main aim of our research [as already shown in the previous slides] is to find new methodologies for calculating stress levels. [In order to do this calculation,] we first designed ....
（［前のスライドですでに示した］研究の主な目的は、ストレスレベルを計測する新しい手法を見つけることです。［この計算を行うために］最初に～を設計しました）

次の例文はもっと簡潔に表現できる。

Another thing we wanted to do was ⇒ We also wanted to
（もう一つ行いたかったことがありました ⇒ ～もしたいと思いました）

In this picture I will show you a sample ⇒ Here is a sample
（こちらの写真で標本を示します ⇒ こちらが標本です）

Regarding the analysis of the samples, we analyzed them using
⇒ We analyzed the samples using ....　または
Let's have a look at how we analyzed the samples.
（標本の分析については～を使って分析をしました
⇒ ～を使って標本を分析しました／
標本をどのように分析したのか見てみましょう）

冗長さを避ける方法 ➔『ネイティブが教える 日本人研究者のための論文の書き方・アクセプト術』（講談社）第5章

3.6 言いづらいセンテンスを簡潔に

まずは次のセンテンスを音読してみよう。

In 2016, Kay proved that most people speak at a speed of one hundred and twenty to two hundred words per minute, but that the mind can absorb information at six hundred words per minute.
（2016年、ケイは、大部分の人は1分間に120〜200語の速さで話すものの、頭では1分間に600語の情報を理解できることを証明しました）

どのくらい読みやすかっただろうか。多くの数字に加え、音の繰り返し（twenty to two hundred）もあるため読み上げにくいだろう。発音しやすい文章を書くことが重要だ。スクリプトを作成することで、例のような簡単には発音できないセンテンスを見つけやすくなる。スクリプトを音読し、言いにくかったフレーズに下線を引き、自然に話せる形になるまで書き直してみよう。この例文には2つの修正方法がある。

修正例1

In 2016, Kay proved that most people speak at a speed of ***nearly*** two hundred words per minute. ***However***, the mind can absorb information at six hundred words per minute.
（2016年、ケイは、大部分の人は1分間に200語近くの速さで話すことを証明しました。しかし、頭では1分間に600語の情報を理解できます）

修正例2

In 2016, Kay proved that most people speak at a speed of around two hundred words per minute. However, the mind can absorb information at six hundred words per minute—***that is four hundred words more than the speed of speech***.
（2016年、ケイは、大部分の人は1分間に200語ぐらいの速度で話すことを証明しました。しかし、頭は1分間に600語の情報を吸収できます。これは話すよりも400語も多い数です）

修正例1 では数字を概数で示し、文章を2つに分けた。**修正例2** では同じ事実を別の角度から示すことで、オーディエンスの記憶に残りやすくした。

3.7 専門用語やキーワードを統一する

重要な概念を、2つ以上の言葉（同義語など）を使って指してはならない。複数の言葉が使われていれば、オーディエンスはそれぞれに特別な意味があると考え、どのような違いがあるのかを気にしながら聞く可能性がある。例えば「ジェンダー研究」という用語を使った後に、前置きなく「ジェンダー・ポリティクス」、「フェミニスト研究」、「女性研究」などという用語を同様の概念を示すために使ってはならない。「ジェンダー研究」と「フェミニスト研究」に違いがあるならその違いを説明すべきで、もし同じ意味ならどちらか1つの用語を使う。

3.8 同義語は非専門用語に使う

同じ言葉を不必要に繰り返す失敗を防ぐことができるのも、スクリプトを書く理由の一つだ。次の例では、修正前にaimを2文で3回使っているが、2文目のaim(s)は同義語に言い換えられないだろうか。

× 修正前

The ***aim*** of this research project was to estimate the number of female editors of international journals with an ***aim*** to reveal possible shortcomings due to male predominance. In addition, this study ***aims*** to look into the effects of ....

（本研究プロジェクトの目的は、男性優位が原因で起こる問題の可能性を解明することを目的として国際的学術誌の女性編集者数を推定することでした。さらに、本研究では〜の影響を調べることを目的としています）

○ 修正後

We wanted to / Our ***aim*** was to estimate the number of female editors of international journals. Secondly, we were interested in revealing possible shortcomings due to male predominance. Our final objective was to look into the effects of ....

（私たちの目的は、国際的学術誌の女性編集者数を推定することでした。第二に、男性優位が原因で起こりうる問題を解明することでした。最後の目的は〜の影響を調べることでした）

修正後のスクリプトでは、次の方法を用いてキーワード以外の言葉が繰り返される問題を解決している。

- **同義語や類義語を探す**：最初のaimはobjectiveやtargetに書き換えた
- **削除する**：2番目のwith an aimは削除しても意味が変わらない

3.9 名詞よりも動詞を使う

名詞（または動詞＋名詞の組み合わせ）よりも動詞を使った方がセンテンスは短くなり、動きが生まれ、オーディエンスは理解しやすくなる。

> X is meaningful for an understanding of Y. ⇒ X will help you to understand Y.
> （XはYの理解のために重要だ ⇒ XはYを理解するために役に立つ）

> When you take into consideration .... ⇒ When you consider ....
> （考慮に入れると ⇒ 考慮すると）

> This gives you the possibility to do X. ⇒ This means you can do X. / This enables you to do X.
> （Xをするための可能性を与える ⇒ Xをできるということだ／Xができるようになる）

3.10 抽象名詞を避ける

situation、activities、operations、parameters、issuesなどの抽象名詞は具体的にイメージしにくく、記憶に残りにくい。削除しても問題ない場合が多い。

> Our research [activity] focused on ....
> （私たちの研究［活動］は～に焦点を当てました）

スクリプトに-ability、-acy、-age、-ance、-ation、-ence、-ism、-ity、-ment、-ness、-shipで終わる単語が多く使われている場合は、削除、または具体的な名詞や例に置き換えられるものがないか検討した方がよい。

3.11 漠然とした数量表現や曖昧な形容詞を避ける

some、a certain quantity、a good number ofなど漠然とした数量表現は正確な数字に書き換える。

> I am going to give you a few examples ⇒ three examples
> （数点の例を挙げます：数点の ⇒ 3つのに修正する）

> We have found some interesting solutions to this problem ⇒ four interesting solutions
> （この問題の解決策としていくつかの興味深い方法を発見しました：いくつかの ⇒ 4つのに修正する）

オーディエンスは数字の方が好きだ。

- 数字を具体的に把握できるとプレゼンの内容に引き込まれ、集中力が高まる
- 立体的な情報となり、記憶に残りやすくなる

例の数は少ない方がよい。例が多ければ、いったいいつまで話す気なのやらとオーディエンスは思うだろう。多い場合は次のように伝える。

> We believe that there are possibly 10 different ways to solving this problem. Today I am going to outline the top two.
> （この問題の解決には10通りの解決策が考えられます。今日はその中から上位2つをお話しします）

3.12 スクリプトを書くメリット

スクリプトが完成したらスライド資料を準備しよう。スライドはスクリプトを思

い出すときに役に立つ。スクリプトは見ずにスライドを見ながら話す練習をしよう。スクリプトを準備することには、他にも次のようなメリットがある。

1. 発音できない単語を見つけられる
2. 滑らかに話せない、理解されにくい、長い、または複雑な文を見つけられる
3. 例を挙げた方がよい箇所がわかる
4. スライドとスライドの関連性を明確にすべきところがわかる
5. 冗長な箇所や不必要な繰り返しを削除できる
6. オーディエンスの関心が低くなりそうな箇所を特定できる
7. オーディエンスが理解できない可能性のある用語の有無を確認できる
8. さらに力強くダイナミックにメッセージを伝えるための方法を検討できる
9. 一つの説明に過度に時間がかかり、他が短くなりすぎていないかを検証できる
10. 所要時間を見積もることができる

なお、スマートフォンのデータを取り込んで、プレゼン中にスクリプトを思い出す補助として使うこともできる（➔**13.6、15.2節**）。

3.13 スクリプトの文字スタイルを変更し、音読練習をする

スクリプトが完成したら、次の例のように文字装飾を加える。全文に装飾を加える時間はないかもしれない。しかし、オーディエンスがあなたの声に耳を傾け、第一印象がつくられるイントロ部分については少なくとも準備しておこう。また、結論部分も装飾すべきだ。強調しようと思っている部分や、発音が難しい単語についてもヒントを書いておくとよいだろう。

First of all / thank you **very** much / for **coming** here today. My name's **Esther Kritz** / and I am currently doing **research** into **psycholinguistics** [sy/my] / at **Manchester** University. / / I'd like to show you / what **I** think / are some INCREDIBLE results / that I got while ….

皆さん、本日はお越しくださりありがとうございます。私の名前はエスター・ク

リッツです。現在、マンチェスター大学で心理言語学を研究しています。〜中に得た驚くべき結果をお見せしたいと思います。

記号と装飾文字の使い方

スラッシュ(/)	ポーズを入れたい箇所に挿入する。プレゼンの最初の30~60秒の部分に入れるだけで構わない。特にプレゼン開始時の最初の数秒間は、緊張のため早口になってしまうことが多い。速く話しすぎるとオーディエンスは何を言われているのか理解できないかもしれない。ポーズを挟むことで、スピードを落とし、息継ぎを促す効果がある。呼吸することで体はリラックスする。
ダブルスラッシュ(//)	長めのポーズを示す。重要なフレーズの合間にポーズを挟むことでオーディエンスの気持ちを引きつけ、オーディエンスが理解するための時間を取ることができる。長めのポーズはドラマチックな効果を生み出すこともできる。
太字(ボールド)	少し強調したい単語をこのスタイルにする。特別に強調したいというほどではないが、前後の単語よりは重要性が高い単語に使う。すべての単語に均等な重みを置いて話すと単調になり、オーディエンスにとっては退屈だ。この話し方は避けよう。太字で示す単語の例としては、重要な名詞、数字、形容詞、動詞、いくつかの副詞(significantly、unexpectedlyなど)がある。一般的にアクセントを置かないのは、キーワード以外の名詞、冠詞、接続詞、大部分の副詞、そして代名詞である(I gave it to **her** not to you. のように2者を比べるときなどは除く)。
大文字	特に強調したい単語の文字をすべて大文字にする(例:INCREDIBLE)。声を高めたり、速度を落としたり、声の調子を変化させたりして強調する。話の内容にオーディエンスの気持ちを引きつけることができるだろう。特に強調した方がよい単語は数字や形容詞などだ。
下線	アクセントを置く音節を示す。
[角括弧]	単語の音や音節のヒントを示す。例に挙げたpsycholinguistics [sy/my] は、まず"p"を発音しないことを示し、続く"sy"は"my book"の"my"のように発音するという意味だ。自分のわかる言葉で似た音や単語があればそれを書いてもよい。

3.14 スクリプトを使ってスライドのノートを作る

多くのプレゼンのソフトにはノート機能がある。スクリプトを使って、各スライドを見せながら話すときの言葉をノート欄に入力しよう。入力が終わったらスライド画面とともに印刷し、プレゼンをするときは手元に用意しておく。頻繁に紙をめくらなくてもよいように、1ページに複数のスライドを印刷する。何を言うか忘れたときや、今どこを話しているかわからなくなったときには手元に用意したノートを参照できるため、自信が生まれる。ノートを見ながらリハーサルをするのもよい。

3.15 スライドをいつ、どの順番で使うかの判断にスクリプトを活用する

これまであなたが、スライドを作成してからリハーサルを行うというプレゼンの準備をしてきたのなら、話す内容はスライドに左右されていただろう。それよりもまず話す内容を決めて、その後に話を補助するためのスライドを作る方が賢明だ。

次の例は、章の始めの「ウォームアップ」で示した問題の（2）につながるスクリプトだ。自分が作ったスクリプトと比較してみよう。スライドの説明を［　］内に示した。

[*No title slide*] Herschel, Somerville, Meitner, Curie-Joliot, McClintock, Hodgkin - what do these names mean to you?

Have a look at them again on this slide [*slide with names: Herschel etc*].

OK, let's try this slide [*slide with the following names: Darwin, Newton, Einstein*]. OK, so you recognize these guys, right? And you know why? Because they are men. But you don't recognize these ones [*shows slide with Herschel, Somerville etc and their photos*].

Now look at this slide [*names of scientific units e.g. Celsius, Ohm*]. Are you getting the picture?

All men again. Did you know that no female scientist has ever had a scientific unit name after her?

The aim of my research was to investigate women's position in science and how it is perceived by today's young scientists [*title of the presentation, presenter's name, etc*]. We conducted surveys of 500 PhD students at our university over a three-year period. We gave them the names of the female scientists that I gave you just now. Only 10% were able to recognize two names or more [*a table of results*], their list actually included Marie Curie as well. And only two students knew that Marie Curie had not even been accepted into the French scientific academy. And not much has changed. There are 454 members of the Russian academy, but only nine are women [*a table showing numbers of women and men in various scientific academies around the world*].

When we asked our students who is the most famous female scientist in your country, most were unable even to name a female scientist, let alone a famous one. The students that managed to think of a female scientist all tended to nominate physicists, mathematicians and chemists [*photos, names and nationalities of these female scientists*]. And ironically these are exactly the subjects which women tend to study the least.

Something has got to change. I mean it's changed in politics. Over fifty per cent of the Bolivian government is made up of women [*graph highlighting the rising number of women in politics in Bolivia, India, Israel and the US*].

So what's stopping women gaining a greater share in science?

[タイトルスライドなし] ハーシェル、サマヴィル、マイトナー、ジョリオ・キュリー、マクリントック、ホジキン……この人たちの名前は皆さんにとってどのような意味を持ちますか？
では、こちらのスライドをご覧ください [名前のスライド：ハーシェルなど]。
はい、ではこちらのスライドに移りましょう [ダーウィン、ニュートン、アインシュタインの名前のスライド]。はい、この人たちのことはご存じですね？ なぜ知っていると思いますか？ それは全員男性だからです。でもこちらの名前の人はわからないと思います [ハーシェル、サマヴィルなどの名前と写真のスライド]。
次にこちらのスライドをご覧ください [セルシウス、オームなど科学的な単位名]。
話の流れが見えてきましたか？

こちらもすべて男性の名前です。実は女性科学者の名前にちなんだ単位名は存在しないことをご存じでしたか？
研究の目的は、科学分野における女性の地位と、それが今日の若い科学者にどのように認知されているかを調べることでした［演題、プレゼンター名など］。私たちは3年間にわたり、自分たちの大学に通う博士課程の学生500名を対象に調査を行いました。調査では今、皆さんにお見せしたのと同じ女性研究者の名前を示しました。2人以上の名前がわかった学生はたった10％しかいませんでした［結果の表］。調査時にはマリー・キュリーの名前を含めていたにもかかわらずです。マリー・キュリーがフランス科学アカデミーへの入会を認められなかったことを知っていたのはわずか2名でした。その頃から今日まで状況はあまり変わっていません。454名在籍しているロシア科学アカデミーの会員のうち女性はわずか9名です［世界のさまざまな科学アカデミーの男女別会員数の表］。
私たちは回答者の母国で最も有名な女性科学者の名前を尋ねましたが、ほとんどの回答者は有名どころか一人の女性科学者の名前すら挙げられませんでした。
やっとのことで女性科学者の名前を思い出せた学生から聞き出せたのは、物理学、数学、化学の研究者に偏っていました［当該女性科学者の写真、名前、国籍］。皮肉なことに、この分野は研究する女性が最も少ない分野と一致しています。
何かが変わらなければなりません。政治の世界では変化が起きています。ボリビアの政界は50％が女性で占められています［ボリビア、インド、イスラエル、アメリカの政界で女性の数が上昇していることを示すグラフ］。
科学の世界で女性の割合が増える傾向を阻んでいるものは何でしょうか。

このスクリプトの優れている点

- オープニングが通常のタイトルスライドで始まっていない。演題とプレゼンター名を示す典型的なタイトルスライドは、オーディエンスの注意を引きつけてから出してもよい。
- オーディエンスの好奇心をかき立てることで興味を引き出している。大部分のオーディエンスは科学者の名前が並んでいても見覚えがなく、共通点が全員女性であることにも気づかないだろう。
- インフォーマルであると同時にプロフェッショナルなスタイルで伝えている。
- 真の目的を伝える前に、希少で興味深く関連の深い背景情報を伝えている。
- 自分にとって覚えやすく、オーディエンスにとって理解しやすい短文を使っている。

また、以下のように装飾文字（→**3.13節**）を使って注意すべき発音やイントネーションを示し、ポーズを入れるべき場所で1センテンスごとに、または少なくともキーセンテンスごとに改行してもよい。

- Something has got to change.
- I mean it's changed in **politics**.
- Over fifty per cent of the Bolivian government is made up of women / *wimin/*.
- So what's **STOPPING** women gaining a greater share in **science**?

3.16 時制の使い分け

プレゼンの各セクションによって使う時制は異なるが、よく使う時制は次のとおりだ。

- 現在形：I work（働く）
- 現在進行形：I am working（働いている）
- 現在完了形：I have worked（働いてきた）
- 現在完了進行形：I have been working（働き続けてきた）
- 過去形：I worked（働いた）
- 未来形：I will work（働くだろう）
- 未来進行形：I will be working（働いているだろう）
- going to：I am going to work（働くつもりだ）

I willやI amなどの正式な形と、I'llやI'mなどの短縮形はどちらを使ってもよい。意味に違いはないが、正式な形は強調したいこと、短縮形はカジュアルな雰囲気を出したいことを伝えるときに使うとよい。時制を正しく使うために英文法を完璧に理解している必要はない。本節で示す例文は、あらかじめ知っているとどこかのセクションできっと役に立つ便利なフレーズだ。

なお、**『ネイティブが教える　日本人研究者のための論文英語表現術』**（講談社）**第28章**で時制の正確な決まりや使い分け、意味を詳しく解説している。

アジェンダ（目次）を伝えるとき

アジェンダで使う時制は主に3種類だ。冒頭でこれからどのような発表をしようとしているかを伝えるときはgoing toか未来進行形が適切だ。それ以降に言及するときは未来形も使える。

> Let me just outline what **I'll be discussing** today.
> （まずは今日お話しする内容をご紹介します）

> First, **I'm going to tell** you something about the background to this work.
> （最初に研究の背景についてお話しします）

> Then **I'll take** a brief look at the related literature and the methods we used.
> （その次に関連文献や使用した方法について簡単に触れます）

> Finally, and most importantly, **I'll show** you our key results.
> （最後に最も重要なことですが、主要な結果を示します）

プレゼン中、これから先のことに言及するとき

未来形か未来進行形を使う。この文脈で意味に大きな違いはない。

> As we **will see** in the next slide ....
> As we **will be seeing** in the next slide ....
> （次のスライドにあるように～）

> I'**ll tell** you more about this later ....
> I'**ll be telling** you more about this later ....
> （これについては後で詳しく話しますが～）

> I **will give** you details on that at the end ....
> I **will be giving** you details on that at the end ....
> （その点については～の最後に詳しく話します）

プレゼンでまだ説明していないセクションについて現在進行形を使って言及してはならない。現在進行形を使ってよいのは、今まさに起きていることを伝えるときと、オーディエンスがスライドを見ながら何を考えているか推測するときだけだ。

> I **am showing** you this chart because ....
> （この図表をお見せしている理由は～）

> Why **am I telling** you this? Well ....
> （皆さんにこれを伝えている理由は何か、それは～）

> You **are** probably **wondering** why we did this, well ....
> （なぜこれをしたか、おそらく不思議に思っていらっしゃると思いますが～）

背景や動機を説明するとき

全体的な状況、確立された科学的事実、あなたの意見や仮説は現在形で説明する。

> As **is** well known, smoking **causes** cancer. But what we **don't know** is why people still **continue** to smoke.
> （よく知られているように喫煙は癌の原因です。にもかかわらず、なぜ人はタバコを吸い続けるのかについては知られていません）

> Despite some progress, not much **is known** about ....
> （進歩があったにもかかわらず、～についてはあまり知られていません）

> Current practice **involves** doing X but we **believe** that doing Y would be more effective.
> （現在の通例ではXを実施しますが、私たちはYの方が効果的だろうと考えます）

終了した事象や状況は過去形で示す。

> We **decided** to address this area because:
> （この分野に取り組もうと決めた理由は～）

> We **started** working on this in May last year.
> （昨年５月からこの研究を開始しました）

> Our initial attempts **failed** so we **had** to adopt a new approach.
> （最初の挑戦が失敗したため、新しいアプローチを採用しなければなりませんでした）

あなたの研究領域で未解決の課題やこれまでの経過、その時期について話すときには現在完了形にする。正確な時期は重要でない。

Several authors **have published** their findings on Y.
（何人かの著者がＹの発見について発表しています）

Other researchers **have tried** to address this problem, but no one **has yet managed** to solve it.
（この問題に取り組んできた研究者は他にもいますが、解決できた人はまだいません）

Not much progress **has been made** in this field so far.
（これまで本分野はそれほど進展していません）

Our experience **has shown** that ....
（私たちの経験から〜と示されています）

研究で実施したことやスライドの準備で実施したことを伝えるとき

研究のためにしたこと（過去形）とスライド準備のためにしたこと（現在完了形）は明確に区別して伝えなければならない。

We **selected** patients on the basis of their pathology.
（病状に基づいて患者を選択しました）

We **used** an XYZ simulator which we **acquired** from ABC.
（ABCから入手したXYZシミュレータを使用しました）

We **concluded** that the difference between A and B must be due to C.
（ＡとＢの差はＣによるものだとの結論を得ました）

I **have included** this chart because ....
（この図表を含めた理由は〜）

I **have removed** some of the results for the sake of clarity ....
（〜を見やすくするため結果の一部を割愛しています）

I **have reduced** all the numbers to whole numbers ....
（〜数はすべて整数に処理しています）

トピックを次の段階に進めるとき

トピックを次の段階に進めるためにいったんそのトピックを終えるときは、現在完了形を使う。現在完了形を使って簡単に要約してから新しい段階に移ることが多い。

So we **have seen** how X affects Y, now let's see how it affects Z.
（これまでXがYに与える影響について見てきました。では次に、Zに与える影響について見てみましょう）

I **have shown** you how this is done with Z, now I am going to show how it is done with Y.
（Zを用いたときの結果を示しました。次にYを用いたときの結果を示します）

ただし、そのトピックを話してから少し時間が経過しているときは、過去形を使う。

As we **saw** in the first/last slide ....
（最初／前のスライドで見たように～）

As I **mentioned** before/earlier/at the beginning ....
（前／先／最初に申し上げたように～）

結果を説明し、解釈を示すとき

研究中に発見したことは過去形で伝える。しかし、その結果の意味を説明するときは現在形を使い、さらに主観的に述べるときは助動詞（would、may、mightなど）を加える。

We **found** that in most patients these values were very high.
（ほとんどの患者の値が非常に高いことがわかりました）

This **means** / This **may mean** / This **seems to suggest** that / This **would seem to prove** that patients with this pathology should ....
（この病状の患者は～であろうことを 意味しています／意味する可能性があります／示唆すると考えられます／証明しているようです）

結論を伝えるとき

研究中に実施したこと（過去形）とプレゼン中に行ったこと（現在完了形）をはっきり区別しよう。

Okay. So we **used** an innovative method to solve the classic problem of calculating the shortest route, and this **gave** some interesting results which we then **analyzed** using some ad hoc software.
（はい、つまり最短距離を計測する従来の問題を解決するために革新的な手法を使ったところ、興味深い結果が得られましたので、特別なソフトウェアを使って解析しました）

During this presentation, I **have shown** you three ways to do ....
（このプレゼン中に～するための３つの方法をお示ししました）

将来の研究の見通しを示すとき

未来に言及するときはさまざまな表現が用いられる。進行中の動作については現在進行形を使い、可能性のある計画についてはplan、think about、assess the possibility、considerなどの動詞を使って伝える。planとhopeは現在形でもよい。

We **are currently looking** for partners in this project.
（現在、このプロジェクトの共同研究者を探しています）

We **plan / are planning** to extend this research into the following areas ....
（この研究は～の分野での拡張を計画しています）

We **hope / are hoping** to find a new way to solve PQR.
（PQRを解決するための新しい方法を見つけたいと思っています）

すでに計画されていることを伝えるときには、未来進行形と未来形のどちらも使うことができる。

In the next phase we **will be looking** at XYZ.
（次のフェーズではXYZを調べるつもりです）

This **will involve** ABC.
（これにABCを含める予定です）

第4章
スライドの文字表現

ファクトイド

1. 通常、3日間の学会で平均的な参加者が見るスライドは300～500枚だ。

*

2. Death by PowerPoint（パワーポイントによる死）とは、箇条書きばかりの同じようなスライド資料が連続したプレゼンのせいで、情報過多となり退屈や疲労が認められる状態をいう。

*

3. 難しい言葉を使いすぎると、プレゼン内容の理解が難しくなり、説得力のないプレゼンになる。

*

4. 人は読みやすいフォントで示された考えのほうが説得力を持つと感じる。

*

5. イギリスのシェフィールド・ハラム大学のトレヴァー・ハッサル教授とジョン・ジョイス教授によると、「オーディエンスは、あなたが集めたすべてのデータを見たり聞いたりする必要はない。あなたがしなければならないことは、伝えたい内容の説明に必要なエビデンスを簡潔に編集することだ」。

*

6. インターネット上には、thanksのつもりでtanks for your attentionと記載されたプレゼン資料が5万件以上アップロードされているが、ほとんどがtank（戦車）とはまったく関係のない単なるスペルミスだ。

*

7. Nobel Peace PriceをGoogleで検索すると20万件もヒットする（正しくはNobel Peace Prize：ノーベル平和賞）。zebra stripsのヒット件数はzebra stripes（白黒の縞模様）の1割も占めている。

*

8. ネイティブスピーカーがスライド資料でよくスペルミスをする単語はaccommodate、finally、forty、government、grammar、laboratory、maintenance、necessary、performance、transferredなどである。

4.1 ウォームアップ

(1) プレゼンを聞き終わったときの気持ちを思い出してみよう。次の1~6の気持ちを読んで、aとbのどちらを感じることが多いだろうか。

(1a) これでXについて知りたいことはすべてわかった
(1b) プレゼンを見てXについてもっと知りたくなった
(2a) Xについて聞いたことをすべて覚えている
(2b) Xについて数点しか覚えていない
(3a) プレゼンターのことを理解するまでに時間がかかった
(3b) すぐにプレゼンターのことを理解できた
(4a) 短いプレゼンだったのでもっと聞きたかった
(4b) 長いプレゼンだったから途中で聞くのをやめた
(5a) 文字が多すぎて、話に集中できなかった
(5b) 文字や図表の割合がちょうどよかった
(6a) プレゼンターの話の8~10割に集中できた
(6b) プレゼンの半分くらいしか集中していなかった

自分の回答から何がいえるか考えよう。

(2) 次の質問に答えよう。

1. スライドに載せる文字数をどうすれば減らせるか。方法を3つ以上考えよう。
2. 自分にとって、そしてオーディエンスにとって、わずかな文字しか記載していないスライドの長所と短所は何か？
3. タイトルスライドには何を書くべきか？

本章ではスライドに何を書くべきかを学ぶ。オーディエンスが1回の学会で見るスライドは1,000枚を超えることがある。プレゼンが単に有益なだけでなく、おもしろく楽しいものだと感じられるようにプレゼンターが努力をしていることが伝われば、オーディエンスは注目する。文字数や箇条書きの項目が少ないことは、その努力の証しだ。

スライドは、素早く理解できるように情報量を抑え、話す人に注目が集まるスタイルにするのがよい。文字が少なければ少ないほど、オーディエンスはあなたが話す内容に早く集中できる。あなた自身もスライドを「読む」誘惑を抑えられる。

スライドの文字を簡潔にする必要があるときは、『ネイティブが教える 日本人研究者のための論文の書き方・アクセプト術』(講談社)の「簡潔で無駄のないセンテンスの作り方」**5.3〜5.15節**を読み、冗長表現をどのように排除するかを学ぼう。

4.2 演題と各ページのタイトル

4.2.1 ● 専門的すぎると思われるタイトルにしない

演題は商品のコピーのようなものであり、演題に論文と同じタイトルはつけないほうがよい。論文のタイトルが人の注目を集めるようなスタイルであることはめったにないからだ。プレゼンに興味深い演題がついていれば、見にくる人が増えるかもしれない。

オーディエンスの中には、分野は少し離れているものの、自分の発見に応用できる可能性を感じたり、新しい研究分野を探したりするためにプレゼンを見にくる人もいるだろう。したがって、自分とまったく同じ研究分野の専門家以外の人もいることを念頭に、幅広いオーディエンスの好奇心をかき立てる演題を考えるほうがよい。演題の付け方を比較しよう。

	専門用語を使った演題	専門用語を使わない演題
1	A Pervasive Solution for Risk Awareness in the context of Fall Prevention in the Elderly （高齢者の転倒防止を目的としたリスク認識のための波及的解決）	Stop your grandmother from falling! （おばあちゃんの転倒を防ごう）
2	An evaluation of the benefit of the application of usability and ergonomics principles to consumer goods （有用性とエルゴノミクスの原則を消費財に応用するメリットの評価）	I hate this product! How the hell does it work? （この製品はきらい！　いったいどうやったら動くんだ？）
3	Construction and validation of a carrier to shuttle nucleic acid-based drugs from biocompatible polymers to living cells （核酸医薬品を生体適合性ポリマーから生細胞にシャトル輸送するキャリアの構築と検証）	Q: How can we get nucleic acid-based drugs from biocompatible polymers to living cells? A: Use a shuttle （Q：核酸医薬品を生体適合性ポリマーから生細胞に届ける方法は？　A：シャトルを使う）
4	Contact Force Distribution in the Interference Fit between a Helical Spring and a Cylindrical Shaft （コイルばねと円筒軸間の締まりばめにおける接触力分布）	Will this fastener kill me? （このファスナーは私を殺すのか？）
5	Preparation, characterization, and degradability of low environmental impact polymer composites containing natural fibers （天然繊維含有で低環境負荷の高分子複合材料の調合、特徴、分解性）	How can we stop the world disappearing under polyethylene bags? Using low environmental impact polymer composites containing natural fibers （世界がポリエチレン袋に埋もれて消滅するのをどうすれば阻止できるか？　天然繊維含有で低環境負荷の高分子複合材料の使用）

6	Anti-tumor activity of bacterial proteins: study of the p53-aziridine interaction （細菌性タンパク質の抗腫瘍活性：p53とアジリジンの相互作用研究）	Aziridine binds to p53. Towards a nontoxic alternative to chemotherapy? （アジリジンはp53と結合する。化学療法は非毒性代替治療法へ向かうか？）
7	Investigation into the perpetuation of the classic stereotypes associated with lawyers. （弁護士の典型的ステレオタイプの永続化に関する調査）	Lawyer stereotypes vs reality: spot the difference. （弁護士のステレオタイプと現実：違いを見つけよう）

表の専門用語を使わない演題にはいずれも動詞が含まれている。確認しよう。動詞は考えをダイナミックに伝えるが、名詞はそれができない。4のWill this fastener kill me?は、漠然としすぎていると感じる人もいるかもしれない。それでもプレゼン内容に興味をそそられるはずだ。5～7の専門用語を使わない演題は2文構成だ。2文構成には以下の特徴がある。

- 1文（通常は最初の文）は専門性が低く、比較的カジュアルで、広くオーディエンスの興味を引きつける内容にする。疑問文にすることが多い。
- もう1文は比較的専門性を高め、すでにその分野のことを知っている人が注目する内容にする。

この他に、学会プログラムには専門的な演題と非専門的な演題の両方を記載し、タイトルスライドはインフォーマルなタイトルだけにする方法もある。

4.2.2 ● 冗長表現はすべて削除するが、簡潔にしすぎない

演題が決まったら見直して冗長表現を削除し、キーワードだけを残す。次の例では［　］に入った言葉が削除可能だ。

> The ligno-cellulose biomass fuel chain [: a review]
> （リグノセルロース系バイオマス燃料チェーン［：総説］）

[A study on] producing bread [in Andalucia] with [the] acid moisture [technique]
（酸性水分［技術］を用いた［アンダルシア産］パン製造［の研究］）

[Development of] a Portable Device for Work Analysis to Reduce Human Errors in Industrial Plants
（工場における人的ミス減少についての作業解析のための携帯用機器［の開発］）

[Issues of] language rights and use in Canada
（カナダにおける言語権と使用［の問題］）

しかし、削除しすぎるのもよくない。次の例を読み、問題点を考えよう。

An innovative first-year PhD student scientific English didactic methodology

文頭だけ読めば1つの意味しかないように思われる。しかし、読み終わったときには別の意味にも解釈できる気がしてくる。この演題の問題点は、「形容詞＋名詞＋名詞」の構造が続き、それが1つの形容詞として機能していることだ。次のように改善すると理解しやすくなる。

An innovative methodology for teaching scientific English to first-year PhD students
（博士課程1年生に科学英語を教えるための革新的方法）

優れた演題の構造は次の3点を満たす。

- 修飾する名詞の直前か直後に形容詞がくる（innovativeはstudentsではなくmethodologyを修飾している）
- 動詞を使う（teaching）
- 前置詞を使う（for、to）

動詞を使用した他の例を挙げる。

動詞を使わない演題	動詞を使った演題
The ***implementation*** of sustainable strategies in multinational companies （多国籍企業における持続的戦略の実践）	***Implementing*** sustainable strategies in multinational companies （多国籍企業で持続的戦略を実践する）
TOF-SIMS: an innovative technique for ***the study of*** ancient ceramics （TOF-SIMS：古代陶磁器の研究のための革新的技術）	TOF-SIMS: an innovative technique for ***studying*** ancient ceramics （TOF-SIMS：古代陶磁器を研究するための革新的技術）
Fault ***detection*** of a Five-Phase Permanent-Magnet Motor - a four-part solution （5相永久磁石モーターの欠陥検出―4段階の解決策）	Four ways ***to detect*** faults in a Five-Phase Permanent-Magnet Motor （5相永久磁石モーターの欠陥を検出するための4つの方法）
Effect of crop rotation diversity and nitrogen fertilization on weed ***management*** in a maize-based cropping system （輪作の多様性と窒素施肥がトウモロコシを主とした作付け方式において雑草管理に与える影響）	How does crop rotation diversity and nitrogen fertilization ***affect*** the way weeds ***are managed*** in a maize-based cropping system? （輪作の多様性と窒素施肥はトウモロコシを主とした作付け方式で雑草を管理することにどのような影響を与えるか?）

4.2.3 ● 演題の文法とスペルが正しいか確かめる

冠詞（a、an、the）など文法の規則は演題にも適用される。次の演題にある文法上の誤りを確認しよう。

文法のミスがある	文法のミスがない
Multimodality in the context of Brain-Computer Interface	Multimodality in the context of a Brain-Computer Interface / of Brain Computer Interfaces （ブレイン・コンピュータ・インターフェースにおける多様式）
Importance of role of planning and control systems in supporting inter-organizational relationships in health care sector	The importance of the role of planning and control systems in supporting interorganizational relationships in the health care sector （医療セクターにおける組織間関係の支援を目的とした計画管理システムの役割の重要性）
Iran Foreign Policy	Iran's Foreign Policy （イランの外交政策）

演題にスペルミスが混じることは多い。特に、プレゼン演題と論文のタイトルが同じ場合に起こりがちだ。自分が何度も見てきたタイトルであるため、スライドにしたときに確認を怠る場合がある。次の演題にあるスペルミスを探してみよう。

1. The Rethoric of Evil in German Literature
2. Governance choice in railways: applying empirical transaction costs economics to the the railways of Easter Europe and the former USSR
3. Hearth attack! Cardiac arrest in the middle aged

1のRethoricは発音と合致しているように見えるため正しく思えるかもしれないが、正しいスペルはrhetoric（修辞学）だ。2はEasterではなくEastern、3はHearthではなくHeartだ。残念ながらEasterもHearthも意味は異なるが英単語として存在しているため、間違いだと指摘するスペルチェックのシステムはないだろう。また、2ではthe theと重複していることに気づいただろうか。同じ単語が連続していても、その間で行が変わる場合は特に見過ごしやすいため注意しよう。

4.2.4 ● タイトルスライドに何を載せるか

タイトルスライドに標準的なスタイルはないが、多くのプレゼンターは文字サイズを変えることで情報の優先順位を表現する。最も重要で最も目立たせるべき情報は2つだ。

1. 演題
2. プレゼンター名

必要に応じて以下の情報やデータを追加することもある。

3. 学会の名称と発表日（ウェブ検索に有効）
4. 共同研究者名
5. 所属機関や研究施設の名称、ロゴ
6. 指導教官名
7. 謝辞
8. スポンサー
9. 写真
10. 背景画像

プレゼンの上手な人はオーディエンスの視線を集めるためのタイトルスライドの使い方を知っている。彼らは3〜7の項目は完全に無視するか非常に小さな文字でまとめる。3〜7は通常、学会プログラムに載っている情報であり、ほとんどのオーディエンスには不要だ。

3は、以前に作成したスライドの使い回しではないことを示すために一般的になっている。これがスライドの全ページにも及ぶことがあるが、それはまったく不必要だろう。

4〜7は、研究の仲間、教授、指導教官、その他手伝ってくれた人への謝意として記載する傾向がある。しかし、このような感謝の気持ちは学会発表の場でなく個人的に伝えたほうがよいだろう。また、研究チーム全員の名前を列挙する必要はない。どうしても謝意を示す必要がある場合は、小さな文字であまり目立たない場所に載せるほうがよいだろう。同様に、数多くのプロジェクトに参加している場合もプロジェクト名を書き連ねる必要はない。この種の情報はプレゼンターに重要でも、ほとんどのオーディエンスには関係がない。シンプルに「私たちのチームには14名のメンバーがいて、10のプロジェクトに参加しています」と話せばよい。オーディエンスが知る必要があるのはそれだけだ。

プレゼンターによっては、スポンサー名に言及する義務が契約で課されているかもしれない（8)。9～10はタイトルスライドの見栄えをよくするために有効なことがある。研究内容を示す写真や出身国の写真、地図などの背景画像が多く使われる。タイトルスライドに載せる情報の量が多ければ多いほど、最も重要な演題とプレゼンター名からオーディエンスの気が逸れるため、記載内容の選別は重要だ。

タイトルの書き方➔『ネイティブが教える 日本人研究者のための論文の書き方・アクセプト術』（講談社）第12章

4.2.5 ● 各ページのタイトル

各ページのタイトルを考えるときには、平均的な2日間の学会でオーディエンスがどれほど多くのスライドを目にすることになるかを考えてみよう。例えば、「はじめに」「方法」「考察」「結論」「今後の研究」「ご清聴ありがとうございました」「質疑応答」といった一連のタイトルをつけたところで、どれほどの関心を得られるだろうか。

発表時間が午前中や午後の最後の場合、特に学会最終日の場合は違ったタイトルを考える必要がある。activity（活動)、investigation（調査)、overview（概要）など、学会期間中にオーディエンスが何十回も聞いた可能性のある言葉や意味の浅い言葉は使わない。

典型的なタイトルのバリエーション

修正前	修正後
Outline（概要）	例1：Why?（なぜ?） 例2：Why should you be excited?（なぜワクワクすべきなのか?）
Methodology（方法）	例1：How?（どうやって?） 例2：Don't try this at home（家でやらないでください）
Results（結果）	例1：What did we find?（何がわかった?） 例2：Not what we were expecting（予想外だったこと）
Discussion（考察）	例1：So what?（だから何?） 例2：Why should you care?（なぜ気にすべき?）
Future work（今後の研究）	例1：What next?（次は何?） 例2：Men at work（研究中です）
Thank you（ありがとうございました）	例1：That's all folks（皆さん、これで終わりです） 例2：See you in *name of location of next conference* （[次の学会開催地名]でお会いしましょう）

手順や方法の説明にスライドのタイトルを使う方法➔8.7節

4.3 スライドに載せる文字数は最小限に

4.3.1 ● シンプルに：スライド1枚にアイデア1つ

各スライドに記載するのは大きな1つの考えまたは結果に限る。箇条書きにする語句やデータ、図は一番言いたいことを補助するために使う。

これができているかどうかを確認するためには、そのページのタイトルを考えてみるとよい。タイトルがすぐに思い浮かばなければ、複数の考えを記載している可能性がある。その場合、そのスライドは分割する必要がある。

詳細をオーディエンスに伝えるのはオーディエンスに対して話すとき、つまりスライドに載せた情報の意味を説明するときだ。スライドそのものに文字や情報を載せすぎてはならない。

4.3.2 ● 完全な文章はできるだけ控える

読むのと聞くのではどちらが楽だと感じるオーディエンスが多いだろうか。おそらく読むほうが簡単だと答える人のほうが多いと思う。もし、スライドを文字で埋めてしまえば、プレゼンを聞かなくてもよいからスライドを読んでくださいとオーディエンスに促しているようなものだ。

このような傾向は一度始まるとプレゼンが終わるまで続いてしまう。それなら論文をオーディエンスにメールで送れば済む話だ。要約し、省略することによってスライドに余白が増える。スライドを読む時間が短くなったオーディエンスは、あなたの話を聞いてくれるようになるだろう。

オーディエンスの英語力が高い場合、スライドに主語と動詞が揃った完全な文章を載せると次の事態が発生するだろう。

- オーディエンスはプレゼンターのことを忘れ、スライドの文字を読むことに集中する。
- プレゼンターは記載されているとおりに読み上げるか、必要以上に長いセンテンスにパラフレーズしてしまう。
- 文字数が増えてフォントサイズが小さくなり、文字ばかりの読みにくいスライドになる。

また、スライドに大量の情報を載せていれば、話の内容がそれと大きく異なる場合、オーディエンスは異なる情報を目と耳で同時に理解しなければならなくなる。しかし、人間の脳は1つの情報を読みながら別の情報を聞くことができない。この問題を解決するため、次の対策を実践しよう。

- スライドを使わず、話すだけにする。
- オーディエンスが簡単に理解できるよう、文字数を減らして3～4点の短い箇条書きに整理する。必要に応じて1つか2つの要点を追加する。
- 重要な用語の定義や専門家からの引用文などは、先に数秒間の時間をおいてオーディエンスに理解してもらった後に、スライドを消して説明を始める。

このようにしなければ、舞台にはあなたとスライドの2人のプレゼンターがいることになり、どちらがオーディエンスから注目されるか競う羽目になるだろう。

4.3.3 ● 完全な文は特に目的があるときに使う

しかし、中には完全な文章のほうが助かるオーディエンスもいる。例えば英語力の低い参加者などには、以下の可能性がある。

- プレゼンターの話についていけなくてもスライドを見れば理解ができる。
- キーワードを目で確認することで、プレゼンターの発音を理解できる。
- メモを取れる。
- 聴覚より視覚的な記憶のほうが優れている人にとっては内容を覚えやすい。

オーディエンスの英語力に差があると予想される場合、次の対策を検討しよう。

- ノートも含めたスライドの完全版を作成し、オーディエンスがダウンロードして、プレゼン中に参照できるようにする（➔ **1.1節**）。
- 完全な文にするが、この章で解説している内容を活用して、できるだけ簡潔に表現する。冗長な表現や冠詞（the、a、an）は省略する。スライドを映写したら5〜6秒待って、スライドを単に読み上げるのではなく説明する。オーディエンスの理解は深まり、プレゼンターの話に集中することができる。
- スライドは短い箇条書きに抑えるが、フルテキストの配付資料も用意する。プレゼンを始める前にこの資料を配付することで、英語力の低いオーディエンスはプレゼン中に参照することができる。
- 自分の論文からの抜粋や連絡先などの追加情報や、省略のない完全な文を記載した資料を、プレゼン終了時にオーディエンスに配る。

英語力の高いオーディエンスにとっても、特定のポイントの強調や複雑な内容の解説、引用文の紹介などに、完全な文は役立つことがある。

重要テクニックのまとめ

- **スライドを読み上げない**：人それぞれ読むスピードは異なる。プレゼンターとオーディエンスの読むスピードも異なるため、スライドを読み上げても誰の得にもならない。
- **全情報を説明する必要はない**：4項目の箇条書きなら、最初の項目だけを説明し、残りの3つはオーディエンスの解釈に任せても構わない。
- **バラエティーに富んだスライドにする**：前述の、スライドを見せて5秒待つテクニックをプレゼン全体で使うとオーディエンスは飽きてくる可能性がある。文章が多いスライド、少ないスライド、まったくないスライドなどを取り混ぜて変化を作る。

4.3.4 ● 1枚のスライドに同じことを書かない

例えばスライドのタイトルがHow to free up space on your disk（どのようにディスクに空きを作るか）の場合、同じページにThe following are ways to free up space on your disk:（以下がディスクに空きを作るための方法です）と書いてはならない。箇条書きの項目で同じ言葉を繰り返さず、導入部分にまとめるか口頭で伝えてスペースを節約する。

✕ 修正前

The advantages of using this system are

- ***it will enable researchers to*** limit the time needed in the laboratory
- ***it will help researchers to*** find the data they need
- ***it will permit researchers to*** produce more accurate results

（このシステムを使う利点は、

- 研究者が実験室で要する時間を削減できる
- 研究者が必要なデータを発見しやすくなる

○ 修正後

Advantages for researchers:

- limits lab time
- finds relevant data
- produces more accurate results

The system enables researchers to

- limit lab time
- find relevant data
- produce more accurate results

（[例1] 研究者にとっての利点：

- 実験時間を削減できる
- 関連したデータを見つけられる
- より正確な結果を出せる

- 研究者がより正確な結果を出せるようになる)

［例2］システムによって研究者は、
- 実験時間を削減できる
- 関連したデータを見つけられる
- より正確な結果を出せる)

修正前の箇条書きで始まる最初の3語（it will enable, it will help, it will permit）で伝えたいことは、この文脈では同じだ。

4.3.5 ● 省略形はよく知られたものだけを使う

頭字語や略語、短縮形、記号などの省略形は広く使われているものだけに限る。

省略前	省略後
as soon as possible	asap（できるだけ早く）
to be confirmed	tbc（確認中）
for example	e.g. または eg（例えば）
that is to say	i.e. または ie（すなわち）
information	info（情報）
against	vs（対）
research and development	R&D（研究開発）
and, also, in addition	& または ＋ （さらに）
this leads to, consequently	> または ＝ （その結果）
10,000	10 K（1万）
10,000,000	10 M（1,000万）

このように英語にはさまざまな省略形がある。2枚目のスライドであまり知られていない省略形を説明したとしても、3枚目に切り替わったときにはすでに忘れているオーディエンスもいるだろう。よく知られていない限り、省略せずに完全な形を使用するほうが親切だ。

4.3.6 ● できるだけ短い言葉を使う

次の修正後のように、可能な限り短い語句や表現を使おう。

修正前	修正後
regarding	on（～に関して）
however	but（しかし）
furthermore	also（また）
consequently	so（その結果）
necessary	needed（必要な）

We needed to make a comparison of x and y.
⇒ We needed to compare x and y.
（xとyを比較する必要があった）

There is a possibility that X will fail.
⇒ X may fail.
（Xは失敗するかもしれない）

Evaluating the component
⇒ Evaluating components
（要素を評価する）

The user decides his/her settings
⇒ Users decide their settings
（ユーザーが設定を決める）

The activity of testing is a laborious process
⇒ Testing is laborious
（検査は手間がかかる）

No need for the following:
⇒ No need for
（～の必要がない）

> Various methods can be used to solve this problem such as
> ⇒ Methods:
> （方法：）

4.3.7 ● 括弧に言葉を入れない

括弧の中に例や定義、統計情報などを入れる人は多い。

> Natural fibers (wool, cotton etc.,)
> （天然繊維〈ウール、綿など〉）

> ISO (International Organization for Standardization) approval
> （ISO〈国際標準化機構〉認証）

しかし、多くのオーディエンスにとって括弧内の情報をスライド上で知る必要はなく、プレゼンターは口頭で伝えればよい。

> We analyzed some natural fibers such as wool and cotton.
> （ウールや綿など天然素材を分析しました）

> Our device has been approved by the International Organization for Standardization.
> （私たちの機器は国際標準化機構の認証を受けています）

括弧内の情報を削除すれば、口頭説明で追加情報を入れることになり、内容が豊かになるだろう。

4.3.8 ● 引用するときは短く

人権についてのプレゼンで、判事の言葉を引用すると仮定しよう。全文をスライドに引用する必要はない。全文を引用すれば、オーディエンスはそれを読むと同時に、同じ内容をプレゼンターが話すのを聞くことになる。それよりも自分の言葉で言い換えるか、理解に重要ではない部分（次の修正前のイタリック体部分）を...（ピリオド3つ）に置き換える。もしくはピリオド3つも使わず、単純に削除し、口頭で「スペースの関係で部分的に割愛しました」と伝えてもよい（全文は配付資料にして渡すこともできる）。このスタイルで作成した例が次の修正後の文だ。修正前に比べて速く、簡単に理解できるだろう。

× 修正前

I also concede that the Convention organs have ***in this way***, on occasion, reached the limits of ***what can be regarded as*** treaty interpretation in the legal sense. ***At times*** they have perhaps even crossed the boundary and entered territory which is no longer that of treaty interpretation but is actually legal policy making. But ***this, as I understand it, is not for a court to do***; ***on the contrary***, policy making is a task for the legislature or the Contracting States ***themselves***, *as **the case may be***.

(条約機関がこのようにして法的な意味での条約解釈とみなされる境界線に達することがあったことも私は認める。時には、その境界線を越えてもはや条約解釈ではなく実のところ法的な政策立案の領域に入ったこともあるだろう。しかし、私の理解では、これは裁判所がするようなことではない。それどころか、政策立案は立法府や、場合によっては締約国そのものの仕事である)

○ 修正後

The Convention organs have, on occasion, reached the limits of treaty interpretation in the legal sense. They have perhaps even crossed the boundary and entered territory which is no longer that of treaty interpretation but is actually legal policy making. But policy making is a task for the legislature or the Contracting States.

(条約機関は法的な意味での条約解釈の境界線に達することがあった。その境界線を越えてもはや条約解釈ではなく実のところ法的な政策立案の領域に入ったこともあるだろう。しかし、政策立案は立法府や締約国の仕事である)

4.3.9 ● 文献情報は不要

他の研究者の文献情報、法令 (EU指令の名称や施行日など)、メーカーによる使用説明書の内容などは通常、スライド資料に不要だ。プレゼン内容の裏付けになると思うかもしれないが、たいていの場合はオーディエンスの注意力が削がれる原因となるだけで、スライドに文字として載せる必要はない。ただし、そのような参照情報の記載が必須だったと後になってから知ることのないように、事前に学会のウェブサイトを確認しておく。

また、ある発見をしたのが誰なのかまだ論争中の場合など、詳細な情報を質疑応答で聞かれるのではないかと心配になるかもしれない。その場合は詳細を別のスライドにまとめ、質問があった場合にだけそのスライドを使用するとよいだろう。

4.3.10 ● プレゼン中に話すことや行うことをスライドに書かない

アジェンダスライドの「次の～について話します」や、結論のスライドの「～の戦略を示しました」などといった記載は不要だ。このような言葉は文字ではなく、口頭で伝えよう。

例えば出身国や周辺国でインターネットの使用者数を増やすプロジェクトに参加していると仮定する。インターネットに関する学会で、あなたは実施内容を報告する。1枚目のスライドに記載する文字情報を次のとおりとした。

INTERNET DIFFUSION PROJECT
（インターネット普及プロジェクト）

▶ Several research and technological projects have been activated. I am going to describe the results of the Internet diffusion project.
（複数の研究と技術プロジェクトが進行中です。私はインターネット普及プロジェクトについて説明します。）

▶ The main goal of the project is to analyze Internet diffusion among households, companies, nonprofit organizations through the use of domain names.
（このプロジェクトの主な目標は、ドメイン名の使用率を使って、家庭や企業、非営利組織でのインターネット普及率を分析することです。）

このスライドのチェックポイント

- オーディエンスはこの情報を読む必要があるだろうか？
- プレゼンターはこのスライドを見せて何を話すだろうか？

もし事前に練習をしていなければ、ただ読み上げることしかできないスライドだと気づかないかもしれない。スライドには表も、目新しい用語も、イラストもなく、オーディエンスが理解できないと思われる複雑な内容は何もない。あなたが読み上げるだけでオーディエンスは理解するだろう。

この種のスライドはすべて削除すべきだ。その代わり、タイトルスライドを見せながら次のように話そう。

Hi, I am here today to tell you about a completely new project—the first in Eastern Europe in fact. The idea is to find out how much the Internet is being used among various categories of users: households, companies, non-profit organizations *[you can count on your fingers to highlight each category].* To do this we are looking at the numbers of Internet domain names by type. My idea is to tell you where we are at the moment. Then it would be great if I could set up contacts with those of you here who represent other Eastern European countries. You might be interested to know that we estimate that there are around 25 million domain names registered in our part of the world and this represents ....

こんにちは。今日は実は東ヨーロッパでは最初のプロジェクトとなるまったく新しいプロジェクトについてお話しします。簡単に言いますと、家庭、企業、非営利組織［それぞれのカテゴリーを強調するため指を折って数を示すのもよい］といったさまざまな状況にいるユーザーがインターネットをどの程度使っているか調べました。方法としては、インターネットのドメイン名を種類別に数えます。本日の発表の目的は、現状をお伝えすることです。そして、他の東ヨーロッパの国々からいらっしゃった代表の皆さんとつながりを作れたら嬉しく思います。興味を持っていただけるかどうかわかりませんが、私たちはこの地域で約2,500万のドメイン名があると推定していまして、これは～

4.4 箇条書き

4.4.1 ● スライド1枚に6項目、2階層までに抑える

箇条書きに使う記号は黒丸が基本だ。以下は例外である。

- 順序を示すとき、時系列で起こったことを示すときには数字を使う
- 実施予定や終了した事項は、チェックマーク（✓）を使う
- 自分で作成したもっとよい記号を使う

列挙するときには、短くまとめる。通常、6項目は十分すぎる数だ。そのうち口頭で説明しなければならないのは最初の2項目程度だ。

ただし、箇条書きにした項目（例：機器に多くの性能がある、研究グループが多くのプロジェクトに参加しているなど）を口頭で説明する予定がないなら、この制限は当てはまらない。それぞれの性能やプロジェクト名の前には行頭記号を置いても、あるいは記号をまったく使わなくてもよい。この場合、スライドの文字を読む必要はない。

次の場合、修正前は3階層で、多くの人が整理されていないと感じるだろう。

✕ 修正前	○ 修正後
DISCUSSION ● Different optimization goals: ◦ Save storage ◦ Save CPU utilization ・Only if multiple applications are being run together (考察 ● さまざまな最適化ゴール： ◦ストレージの節約 ◦CPU使用率の節約 ・複数のアプリケーションが同時に動いている場合のみ)	OPTIMIZATION GOALS ● Save storage ● Save CPU utilization with multiple applications (最適化の目標 ● ストレージの節約 ● 複数のアプリケーション稼働時のCPU使用率節約)

2つの工夫により、階層を1つに減らすことができる。

1. スライドのタイトルを「DISCUSSION」から「OPTIMIZATION GOALS」に変更する
2. Save CPU utilization with multiple applicationsのように第3階層を第2階層に統合するか、第3階層をスライドに載せず、口頭で説明する

4.4.2 ● 最適な順序で項目を並べる

通常は、説明する順に箇条書きの項目を並べる。一般的に一覧にあるすべての項目を説明する必要はなく、話す予定の項目を一番上に配置する。

場合によっては、箇条書きの一つ一つを説明するのではなく、全体をまとめて説明することもあるだろう。その場合は、重要度順でないことを示すため、ABC順に並べるのが最もよい方法だ。または、By the way these bullets are in no particular order（順不同です）と一言付け加えてもよい。

4.4.3 ● 行頭記号が不要な行に記号を残さない

PowerPointなどのプレゼンソフトでは、すべての行に箇条書きの記号が自動的

に挿入される設定になっていることがある。磁石モーターの故障検出についての例を使い、行頭記号がどのように誤って設定されているかを確認しよう。

✕ 修正前

MODELING FAULT CONDITIONS
- Two main faults are investigated:
- Open phase. In this case the current sensor in each phase.
- Shorted turns. In this case a percentage of the turns of the winding is shortened.
- Under these conditions the faulty ....

（故障状態のモデリング
- 主に2点の故障箇所を調査する：
- 欠相。この場合、各相の電流センサー。
- 巻数不足。この場合、巻線の巻数の何割かが短くなっている。
- これらの状態下で故障～）

○ 修正後

MODELING FAULT CONDITIONS
Two main faults are investigated:
- Open phase. In this case the current sensor in each phase.
- Shorted turns. In this case a percentage of the turns of the winding is shortened.

Under these conditions the faulty ....

（故障状態のモデリング
主に2点の故障箇所を調査する：
- 欠相。この場合、各相の電流センサー。
- 巻数不足。この場合、巻線の巻数の何割かが短くなっている。

これらの状態下で故障～）

Two main faults ...で始まる行は、その後に続く2つの項目の導入だ。したがって、本文の2文目と3文目だけに記号をつければよい。最後の文章は故障（fault）を列挙したものではない。

4.4.4 ● 文法的に正しい英語を書き、できれば名詞より動詞を使う

通常はできるだけ少ない単語数に抑えよう。ただし、短くても文法的に正しく書き、語順も正しくする。行頭記号の直後に置く単語は、以下のとおり文法的に同じ形に統一する。

- 不定詞、原形不定詞に統一（例：to study、study）
- 動名詞に統一（例：studying）
- 動詞または助動詞に統一（例：studies、will study）
- 名詞に統一（例：researcher）
- 形容詞または過去分詞に統一（例：good、better、improved）

✕ 修正前（上から順に名詞、動詞、形容詞）	○ 修正後（すべて動詞）	○ 修正後（すべて形容詞）
Advantages for researchers: • Lab time limited • Finds relevant data • More accurate Results （研究者にとっての利点 • 実験時間の削減 • 関連したデータが見つかる • より正確な結果）	Advantages for researchers: • Limits lab time • Finds relevant data • Produces more accurate results （研究者にとっての利点 • 実験時間を削減できる • 関連したデータが見つかる • より正確な結果を得られる）	Advantages for researchers: • Limited lab time • Relevant data • More accurate results （研究者にとっての利点 • 削減される実験時間 • 関連したデータ • より正確な結果）

次の例は文法的に正しく見えるかもしれないが、よく読むと間違っている。

×　修正前（文法的な形が不統一）	△　修正後（すべて名詞）	○　修正後（すべて動詞）
A Java infrastructure for ● MPEG-7 features processing ● XML database managing ● Algorithms ontology exploiting ● Functions integrating （Javaインフラストラクチャの目的 ● MPEG-7機能の処理 ● XMLデータベースを管理 ● アルゴリズムオントロジーを活用 ● 機能を統合）	A Java infrastructure for ● MPEG-7 features processing ● XML database management ● Algorithms ontology exploitation ● Functions integration （Javaインフラストラクチャの目的 ● MPEG-7機能処理 ● XMLデータベース管理 ● アルゴリズムオントロジー活用 ● 機能統合）	A Java infrastructure for ● Processing MPEG-7 features ● Managing XML database ● Exploiting algorithms ontology ● Integrating functions （Javaインフラストラクチャの目的 ● MPEG-7機能で処理する ● XMLデータベースを管理する ● アルゴリズムオントロジーを活用する ● 機能を統合する）

左の修正前の例は箇条書きの最後の単語がすべてing形で終わっているものの、実は文法的には同じ形ではない。processingは動詞と名詞のどちらの可能性もあるが、managing、exploiting、integratingは動詞としてしか機能しないため、この位置には置けない。中央の修正後の例には「名詞＋名詞＋名詞」の連続がある。これは読んですぐに理解できる形ではなく、文法的に間違いと判断されることが多い。最もよい書き方は修正後のすべて動詞で揃えるスタイルだ。

できれば箇条書きの前に置く導入文も動詞に揃える。名詞よりも動詞を使えば、必要な語数を減らせるのも利点だ。

名詞	動詞
Testing is the activity of ● The observation and recording of results ● The evaluation of the component （検査で行うこと ● 観察と結果の記録 ● 構成要素の評価）	Testing involves ● Observing and recording results ● Evaluating the component （検査では以下を行う ● 観察し、結果を記録する ● 構成要素を評価する）

4.5 スライドの見直し

4.5.1 ● 配付資料の形で印刷し、校正する

スライドを作り終わったら、紙に印刷する。通常は［配付資料］の設定で9スライドまでを1枚に印刷することが可能だ。俯瞰できるため、プレゼン全体を通してスライドにどれくらいの文字数があるかを視覚的に判断しやすくなる。その後、各スライドを確認して、入力した言葉が必須かどうか自分に問いかけよう。必須でないものは削除する。

必須であれば、「もっと簡潔に表現できないか？」とさらに自分に問いかける。文字よりもイラストを使えないだろうか？ そもそもスライドにする必要はあるのか？ 口頭で説明するだけでよいのではないか？

スライドに載せた写真や話、データなどが、あなたの研究やあなた自身に注目してもらうために役に立っていて、プレゼンがよりおもしろく、興味深く、記憶に残りやすくなると思えれば、削除しない。重要性は低くてもおもしろい部分のあるプレゼンは、重要な部分ばかりだがまったくおもしろくないプレゼンよりも理解されやすい。ただし、単に個人的な趣味で興味のあるスライドは不要だ。

4.5.2 ● 入力ミスを見逃さない

スライドを何度も見ていると、入力ミスがあっても発見は不可能になる。また、It is also pssobile to udnresnatd cmpolteely mssiplet wrods and snteecnes.の一文を読んでわかるように、スペルミスがあっても脳が自動的に補完して見過ごしてしまう可能性はある。

プレゼンソフトが必ずスペルミスを指摘するとは限らない。スライドファイルを文書作成ソフト用のファイルに変換してスペルを確認しなければならない。

スペルチェック機能で見逃される可能性のある入力ミスの例

attachとattack	stripeとstrip
constrainsとconstraints	thenとthan
contestとcontext	thoughとtough
filedとfield	threeとtree
formとfrom	throughとtrough
priceとprize	whereとwere
someとsame	

よくある入力ミスとその対策➔**『ネイティブが教える　日本人研究者のための論文英語表現術』（講談社）第28章**

第5章
ビジュアルとフォント

ファクトイド

研究によると、脳に記憶される情報のうち75%が視覚から、13%が聴覚から、12%が嗅覚と味覚、触覚から得られている。

*

ビジュアルエイド（視覚的表現）により学習効果が200%、記憶保持が38%、複雑な内容の理解が25〜40%上昇する。

*

優れたプレゼンターの主な特徴は、発表時間の約95%の間、オーディエンスを見ていることだ。

*

あるブログで読者を対象に行われた調査によると、回答者の76%がプレゼンのスライドで20ポイント未満の文字サイズを使っていた。文字の大きさはプレゼン会場の広さを考慮して決めるべきだが、本文で24ポイント、見出しで34ポイント以上がよいだろう。

*

専門家は、割合を示すときには円グラフ（最大5分割）、比較やランキングを示すときには棒グラフ（最大7本）、経時的変化を示すときには折れ線グラフ（できれば2本）、比較するときには表（最大3×3）を使うことを勧めている。

*

研究によると、大文字の連続は、暗い背景に暗い色の文字を使うことと同じくらい読みにくい。

*

広告コピーの研究によると、色には読者数と記憶保持率を最大80%上昇させる効果がある。

*

パントン・カラー・インスティテュートとクーパー・マーケティング・グループが実施した色の好みに関する調査によると、人が最も好む色は青だ。最も人気のない色は硫黄のような緑がかった黄色である。

5.1 ウォームアップ

(1) 研究者が調べた最初の2つのファクトイドをあなたはどう思うか。このデータはどの程度信頼でき、どの程度役に立つか。

(2) 次の文章を完成させよう。

1. スライド作りで私が好んで使うフォントは＿＿＿＿＿＿だ。
2. 私のきらいなフォントは＿＿＿＿＿＿だ。
3. 背景色と文字色のベストな組み合わせは＿＿＿＿＿＿だ。
4. スライド1枚に表示する最適な箇条書きの項目数は＿＿＿＿＿＿だ。
5. 私は円グラフを＿＿＿＿＿＿によく使う。
6. グラフや数字の使い方でプレゼンターが陥りやすい問題は＿＿＿＿＿だ。
7. 長すぎる文章は＿＿＿＿＿＿に置き換えることができる。

プレゼン成功の鍵は、見た目の引きつける力だ。しかし、本書の主な目的はプレゼンで使われる言葉、構成、話し方を示すことであるため、ビジュアルエイド（以下ビジュアルと略す）については本章で簡単に解説するにとどめる。

本書では、スライドに用いられる画像、写真、図、チャート、グラフ、表などをビジュアルと呼ぶ。これらのビジュアルが必要かどうかは、次のポイントで判断する。

- オーディエンスにとってメリットはあるか？
- 口頭説明と関連があるか？
- 見栄えがよいか？

すべてのスライドにビジュアルを入れる必要はない。それどころかスクリーンを消して話すこともあるだろう。一方で、口頭で説明すると時間がかかるところを素早くオーディエンスに理解させるために、ビジュアルが必須のときもある。

本章では、ビジュアルを使用する場面を決め、使用する場合はその目的によって最も適切なビジュアルを選べるようになることを目的とする。**5.2〜5.4節**はグラフ、図、表のさまざまな使い方の説明だ。**5.5〜5.13節**はビジュアルの使用場面と使用方法、そして色がオーディエンスの理解に与える影響を説明した。章の終盤でプレゼンソフトに関する注意事項に言及した。なお、本書は英語の言語的な面に焦点を当てているため、プレゼンソフトのさまざまな機能に関する解説はしていない。

グラフや図表を説明してオーディエンスの注目を引く方法➔8.11節、9.4節

5.2 ビジュアルを適度に使って伝える

プレゼンターは、派手なグラフィック機能を使うのを楽しむがあまり、オーディエンスにとって実際にはどれほど効果的かをあまり考えない傾向がある。ビジュアルはオーディエンスの理解を補助するためのものであるにもかかわらず、混乱させるだけになっていることも多い。オーディエンスを混乱させないために、専門家は次の使い分けを勧めている。

種類	使用目的	項目数(最大)
円グラフ	割合	3〜5分割
棒グラフ(縦・横)	比較、相関、順位	5〜7本
グラフ (折れ線・散布図)	経時的変化。散布図はデータの分布の度合い	1〜2本
表	情報量が少ないときの比較	3行3列
イラスト	グラフやチャートをわかりやすくする	1〜2点

ビジュアル使用時の注意点

- 情報の量は最小限にする
- データラベルや凡例はデータのできるだけ近くに置く
- データラベルは水平に表示しなければ、オーディエンスが読みにくい
- 縦軸と横軸の単位と、これらの軸を選んだ理由を説明する
- 表で比較するとき、対象は横(行)ではなく縦(列)に並べる

表やグラフは理解に少し時間がかかるため、同じ情報をもっとわかりやすい形で

提示できないか考えよう。表が複数のスライドにまたがっていると、オーディエンスは前のスライドに何があったかを覚えていなければならなくなる。これを避けるため、1枚のスライドにすべての情報をまとめる。そのためには情報量を大幅に削り、隣り合わせに並べる図表を最大2つまでにする。

ビジュアルのその他の効果

- オーディエンスの注意を引きつける
- ユーモアを表現する
- プレゼンのペースに変化をつける

図表の口頭説明➜9.4節

5.3 ポイントを伝えるために最適な表現方法を判断する

以下の情報を発表したいとする。どのようなビジュアルが適しているだろうか。

① プレゼンで使用される個別単語数は、発表時間が長くなっても有意な増加を示さなかった。
② 発音練習が必要な英単語の数は、発表時間が長くなってもあまり増加しない。

①の根拠

10分間のプレゼンで使われる総単語数は1,200～1,800ワードだが、個別単語数は300～450ワードだ。個別単語数とは、複数回使用された単語（an、the、this、thenなど）も1ワードとして数えた単語数のことをいう。20分間のプレゼンで使われる総単語数は10分間のプレゼンのほぼ2倍だが、個別単語数は300～450ワードから320～470ワードに増える程度だ。同様の比率が40分間のプレゼンにも当てはまる。

②の根拠

プレゼンターが発音を知らない個別単語数は約20ワードと少なく、すでにほとんどの単語になじみがある計算となる。加えて、発音が難しい英単語の数は発表時間が長くなっても有意な増加を示さず、例えば20分間のプレゼンでは20ワードが22ワードに増える程度だ。

この情報を元に以下のグラフを作成した。

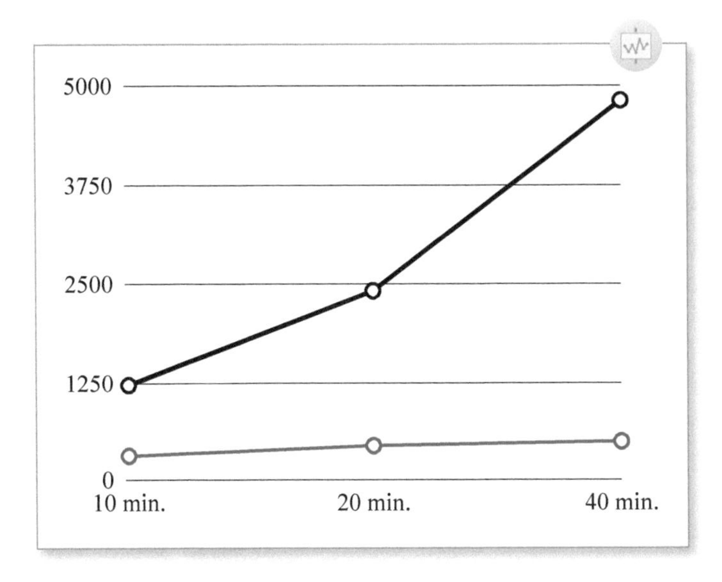

スクリプト例

This graph clearly shows that the total number of words, which is shown in the black line, in a presentation changes in direct relation to the number of minutes of the presentation. On the other hand, the number of different words, which is represented by the gray line, does not increase very much.

このグラフの黒の折れ線は、プレゼンの分数が伸びると総単語数が増えることをはっきり示しています。一方で灰色の線の個別単語数はあまり増えていません。

このグラフと説明には次の問題がある。

- グラフには軸や線を説明するデータラベルがないため、オーディエンスは視覚情報だけではすぐに理解できず、プレゼンターが逐一説明しなければならない。
- 最も興味深い情報である個別単語数は灰色の折れ線で示されているが、縦軸の目盛りを見てもプレゼンの長さ別の単語数が詳しくわからない。

- オーディエンスは「これはいったいどういう意味だ？」「なぜこの話をしている？」とけげんに思うだろう。

実際のところ、前述の②の発音についてはこのグラフで扱われていない。しかし、実はプレゼンターが強調したい重要なポイントは、発音が難しい英単語についてだった。ビジュアルの選択を間違えると、要点を伝えるのが難しくなることがある。同じ情報を折れ線グラフではなく棒グラフにすることで、ドラマチックに伝わり、おそらく理解も早くなる。

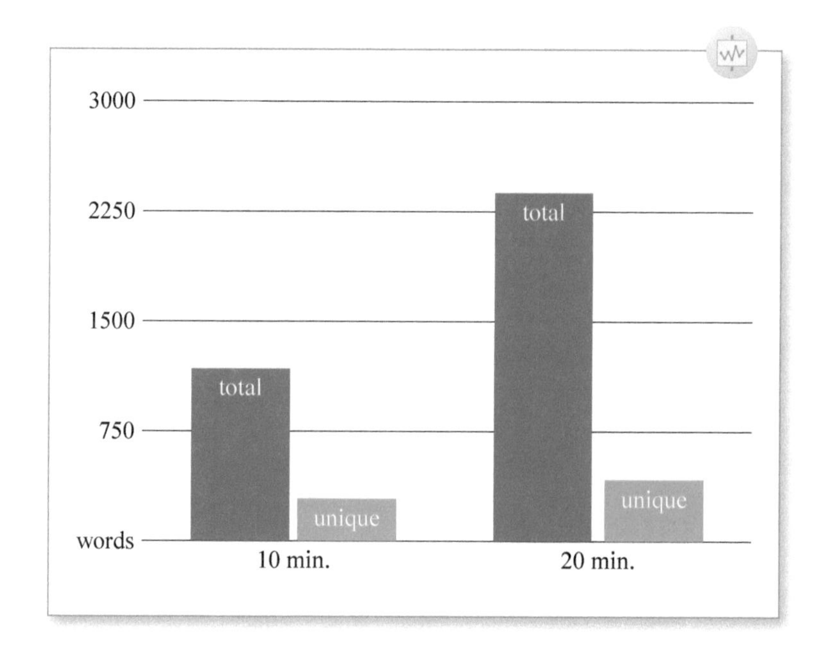

しかし、この棒グラフにも発音との関連は表現されていない。もし、この棒グラフに発音が難しい単語の数を示す新たな棒を加えたとしても、あまりに数が少ないためほとんど見えないだろう。次の例は、プレゼンターが論文の表をそのままスライドに貼り付けたものだ。

	total: all words (総単語数の合計)	total: different words (個別単語数の合計)
10-minute presentation	1200−1800	300−450
20-minute presentation	2400−3600	320−470
30-minute presentation	4800−7200	340−490

しかし、論文に掲載された表をそのまま使うことには問題がある。

- 論文の読者は詳細を理解するために必要な時間を取ろうと思えば十分に取れるが、プレゼンのオーディエンスには限られた時間しかない。
- 情報量が非常に多い（プレゼン時間は3種類、単語数は範囲で表示)。プレゼンターはポイントをしぼらずにすべての情報を説明したいのかもしれないが、説明する情報が増えるほど時間がかかり、英語でミスをする可能性は高くなる。
- 論文に使った表は、プレゼンとは少し違う目的で使われていた可能性がある。例えばこの表では発音に関する説明がない。

ビジュアルを使うときの注意事項

- オーディエンスに何を伝えたいかをはっきりさせておく（この例の場合は発音を事前に練習しなければならない単語数)
- 伝えたいことが明確に伝わる最低限の情報量を見極める
- 伝えるために最適な形式を選ぶ（この例では折れ線グラフや棒グラフで目的を達成することはできなかった)
- 選んだ形式の中で最もシンプルな形を使う

この例の場合、最適な形は次の表だろう。

	all words (総単語数)	different words (個別単語数)	words difficult to pronounce (発音が難しい単語数)
10 minute	1200	300	10–20
20 minute	2400	320	12–22

オーディエンスが素早く読んで理解できる表の形式を選んだ。個別単語数がわずかしか増えていないことの重要性が非常にわかりやすい。また、40分間のプレゼンのデータは削除し、値の範囲は下限だけを記載した。

さらに「発音が難しい単語数」という新しい列を増やした。2列目の「個別単語数」の情報は興味深いかもしれないが、プレゼンを準備中で英語の発音に不安がある人にとっては3列目のほうがもっと重要な情報だろう（値には幅があるが、一瞬で理解できるほど非常にシンプルだ）。

最終的に、オーディエンスが本当に必要な情報だけを示し、それ以外をすべて除外したビジュアルが完成した。

スクリプト例

I think that from this table it is clear that the number of different words we use in a presentation only increases slightly from a 10-minute presentation to a 20-minute presentation. The significance of this is in the third column. You don't have to learn the pronunciation of many words. In fact, most of those 300 or 320 different words you will probably already know how to pronounce. This is great news. You just have to learn between 10 and 20 words for a 10-minute presentation. And only a few words more for a presentation that is twice as long.

この表から10分間のプレゼンと20分間のプレゼンでは使用される個別単語数にほとんど差がないことがわかると思います。重要なのは一番右の列です。たくさんの英単語の発音を練習する必要はありません。実際、これらの300や320の単語のほとんどは、すでに発音を知っている単語のはずです。これはとてもよい情報だと思います。10分のプレゼンのためには10~20の単語を覚えるだけでよいのです。2倍の長さのプレゼンになっても、その数は数個しか増えません。

口頭説明のポイント

- 表の詳細を説明しない
- 注目してほしい部分を伝える(2文目のthe third column)
- データの重要性を説明する
- 短文を多く使うとプレゼンターは口にしやすく、オーディエンスは理解しやすい
- 感情を言葉にする(6行目のgreat news)

もし、オーディエンスが正確なデータについて質問するかもしれないと不安に思うなら、次のように伝えよう。

By the way, the number of words in a presentation obviously varies from presenter to presenter, so someone who speaks very fast may use up to 1800 words. And the number of different words will very much depend on the number of different technical words that a presenter needs. So instead of 300 it could be 450 different words. But in any case the number of different words doesn't rise considerably if you speak for 20 or 40 minutes rather than just 10 minutes.

もっとも、プレゼンで話す総単語数は人によって異なり、早口の人なら1,800ワード程度にまで増えます。また、重複を除外した個別単語数も、プレゼンターが必要な専門用語の数に大きく左右されます。そのために300ワードのところが

450ワード程度に増えることもあるでしょう。しかしいずれにしろ、10分間だけ話したとしても、20分や40分話したとしても、使用される単語数が大幅に増えることはありません。

5.4 素早く伝わる円グラフを作る

次の2つの円グラフは、プレゼンの準備に関する3要素について使用時間の割合を示している。

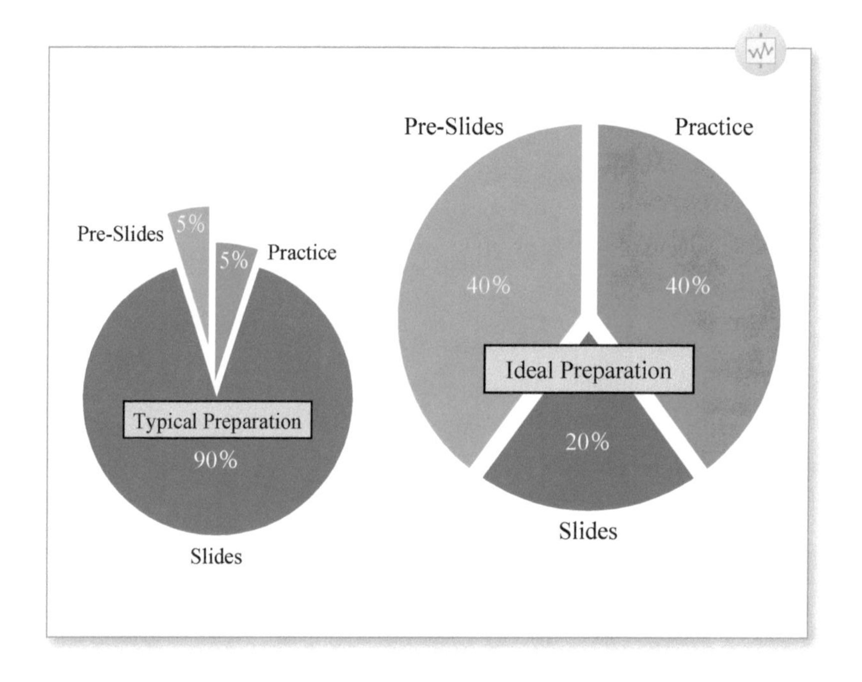

円グラフを作る秘訣は、分割しすぎないことだ。プレゼンの準備は10段階程度に分けられるが、それをすべて表現するには円を10分割しなければならなくなる。しかし、10分割の円グラフはオーディエンスにとって判読しにくく、プレゼンターにとっては説明しにくい。さらに、一つ一つに読みやすいラベルをつけることはほぼ不可能だ。したがって、オーディエンスにはこれがごく簡単にしたグラフであることを伝え、詳しい情報が必要なときには論文やウェブサイトなど完全版を読める場所があることを口頭で紹介し、参照してもらう。

円グラフをもう一度見てほしい。左右で大きさが異なる。これは右に注目してほしいことを大きさの違いで伝えている。円グラフを最も重要な要素だけに単純化すれば、オーディエンスは簡単に理解するだろう。口頭での説明も、次の例のように最小限で済むはずだ。

× 修正前

In the next slide we can see a comparison between the typical practice of presenters during their preparation of a presentation and the ideal practice. Pre-slide preparation in the normal practice is allocated 5% of the time in comparison with 40% in the ideal time. On the other hand, in the normal practice 90% of the presenter's time is dedicated to slide creation .... (63ワード)

（次のスライドは、プレゼンターが発表前に行うことについて一般的な時間配分と理想的な時間配分を調べた比較です。スライド作成前の下準備にかける時間の割合は一般的に5%ですが、理想的には40%です。一方でスライドの作成にあてる時間は一般的に90%で〜）

○ 修正後

I think these pie charts are self-explanatory. People spend too much time on designing slides, rather than preparing what they want to say and then practicing it. (27ワード)

（この円グラフを見れば一目瞭然だと思います。人は言いたいことを整理したり、練習したりするよりも、スライド資料の作成に時間をかけすぎています）

修正前のスクリプトには有用な情報が何もなく、グラフに含まれている情報をそのまま声に出しているだけにすぎない。修正後はデータの解釈だけにとどめている。

スライドをまったく使わない方法もある。ホワイトボードの前に移動し、大きく「90%」「20%」と数字を書くだけでよい。そして次のように伝える。

If you are like most presenters, you probably spend about 90% of your time preparing your slides. This leaves you only 10% to think about what you will actually say and to practice saying it. The result is often very poor presentations. Instead you should reduce the slide preparation time to 20% and use the other 80% of the time for deciding exactly what to say and then how to say it.（72ワード）

もし、あなたが平均的なプレゼンターなら、スライドの準備に約90%の時間を使っているでしょう。そうすると、実際に話す言葉を考え、その言葉を練習する時間は10%しか残りません。実際のプレゼンでは失敗してしまうことが多いでしょう。それよりもスライドの作成時間を20%に減らし、残りの80%で何を話すべきかを決め、それを伝える練習をしましょう。

この例ではTypically presenters spend about 90% of their time preparing their slides（一般的にプレゼンターはスライドの準備に約90%の時間を使っている）のようにpresenter（発表者）を使った表現ではなくyou（あなた）を使って文を作り、オーディエンスに呼びかけている点にも注目しよう。この方法は、すでにプレゼン内で図を多用している場合に変化を出せるため効果的だ。ホワイトボードの前に進むだけで、ただちにオーディエンスは注目する。ただし、すべてを説明するため、語数は27ワードから72ワードへと増えることになる。

そのため、さらに別の方法としては、ホワイトボードに円グラフを書く手もある。10秒もかからないはずだ。そして、前述の修正後のように口頭で説明しよう。ポイントは、常にオーディエンスのことを第一に考え、素早く情報を提示することだ。今回の場合、スライドでもホワイトボードでも円グラフは最も速く、簡単で、オーディエンスに情報を伝えるために最も効率的な方法だろう。

5.2〜5.4節では図表がわかりやすいほど説明にかける時間が減ることを示した。逆に図表が複雑になるほど説明は困難となり、結果としてあなたはあまりリラックスできなくなり、英語のミスが増え、オーディエンスは戸惑うことになる。なお、本節で示した数字はすべておおよその数字であり、私の個人的な観察に基づく。

5.5 説明予定のないビジュアルは削除する

実際に口頭で説明する予定のグラフ、チャート、表、図だけをスライドに載せよう。話す必要がないものは、おそらく削除したほうがよい。ビジュアルが明白でない限り、トピックとの関連を必ず説明しよう。さもなければオーディエンスの気が散るか、混乱してどのような意味かと考えることになってしまうだろう。

5.6 不要または長すぎる文章の代わりに画像を使う

文字よりもビジュアルを使って説明することで、オーディエンスにもプレゼンターにも、次のような多くのメリットが生まれる。

- オーディエンスはビジュアルを見終えるとプレゼンターに意識を向ける。
- スライドが文字情報を発していないので、プレゼンターはスライドと競い合う必要がなくなる。
- オーディエンスは文字情報を読む必要がなくなる（読んだとしても記憶に残ることはないし、そもそも知る必要はないかもしれない）。例えば、重要な法令や通達などの情報があれば、プレゼンの最後に配付する資料に含めたほうがよいだろう。
- オーディエンスにとって身近な写真などを使うと、オーディエンスは自分に直接関連のあることを思い出す。オーディエンスを巻き込むことで、ポイントを強く印象づけられる。オーディエンスも、これは自分に関わりのある話だと感じられ、記憶に残りやすい。

5.7 スライドは説明を行う直前に表示し、説明し終わったら消す

オーディエンスは、画像や表などのスライドを表示すると、すぐにそちらに引きつけられる。しかし、プレゼンターの説明が終わったり、そうでなくても長すぎたりすると興味を失う。

スライドについて説明が終了すれば黒の画面を表示するか（PowerPointではキーボードの［B］）、次のスライドに移る。1枚のスライドを説明する時間が長くなってしまうのであれば、おそらく複雑すぎるということであり、スライドを2枚以上にして説明できないかを検討しよう。

ビジュアルが表示された瞬間にオーディエンスの注意は引きつけられる。話す用意ができるまではビジュアル素材を見せないこと。また、説明が終わったのに漫然と表示し続けてはならない。なお、文字のスライドと同様、画像のスライドでもオーディエンスが理解するための時間を数秒取ってから話を始めよう。

5.8 プレゼンターがスクリーンを見なければならないビジュアルは避ける

プレゼンターがスクリーンを見ながら話すと、その声は聞き取りにくくなり、オーディエンスの集中力は失われていく。

わかりやすいビジュアルであれば、スクリーンを見続けたり指し示したりしなくてもよいはずだ。指し示す必要があるなら、スライドをもっと簡潔にしなければならない。簡潔にするのはオーディエンスにとってよいのはもちろん、プレゼンターにもメリットがある。複雑な説明をしようとしてどこまで話したかわからなくなったり、混乱したりすることがなくなる。

手、指、カーソル、レーザーポインターで指し示すことは、どこを指しているのかがプレゼンターには明白であっても、オーディエンスにはわからないことが多いのが問題だ。数秒間とはいえ、オーディエンスに背を向けてしまうことも問題だ。この間にオーディエンスの注意力が途切れてしまう可能性がある。

この問題の解決策としては、仕事仲間にスライドを見せて、重要でない部分をどのように削減できるか相談するという方法がある。その結果、スライドがシンプルになり、指し示すとしてもわずかな時間で済むだろう。オーディエンスの注意力を効果的に維持させることができるはずだ。

5.9 最後列のオーディエンスが読めるスライドにする

「小さすぎて読めないと思いますが……」――これはオーディエンスが聞きたくないセリフだ。論文から直接、図表を貼り付けたときによくあるケースだが、これは絶対に避ける。印象に残したい重要な情報をしぼり込もう。そして、その重要な情報を示すという目的のために図表を新たに作成する。

図表が細かすぎれば集中力が削がれたり、訳がわからなくなったりする。これを回避するため、オーディエンスに理解してほしい最重要要素だけを拡大しよう。表全体を見せることがその目的のために必要なら、まず、1枚のスライドに全体を載せる。そして、次のスライドで注目すべき部分だけを着色や丸印などの装飾や拡大などの機能を使って強調する（他の部分は簡略化する）。

5.10 背景色はオーディエンスの理解を促すためのもの

色を使うのは、単に見栄えをよくするためではなく、ビジュアルを理解しやすくするためだ。最後まで同じ目的で色を使い、プレゼン全体に統一感を演出しよう。

例えばウェブデザイナーは、ウェブサイトの背景色がサイト訪問者の滞在、閲覧、購入の行動に大きな影響を及ぼしうることを知っている。スライドについて考えると、背景色がオーディエンスのスライドを見ていたくなる時間の長さに影響するということだ。専門家は、青や黒の文字色を鮮やかすぎない中程度に明るい背景に使うか、明るい文字色を中程度に暗い背景に使うことを勧めている。暗い背景に暗い文字色は非常に読みにくい。

赤と緑、茶色と緑、青と黒、黒と紫の色の違いを区別しづらい人は少なくない。これらの組み合わせは避けよう。また、赤は教師が生徒の間違いを修正するときや、財務資料で損失を示すときに使われ、ネガティブなイメージがあるため避ける。

スライドをプロジェクターで投影すると、自分のパソコンでの見え方と違うことを感じるだろう。オーディエンスがスライドを見る力は、室内外の光に大きく左右される。日光がスクリーンに直接当たれば、明るい色、特に黄色はほとんど見えなくなる。プロジェクターによっては赤が青っぽく見える製品もある。また、明るい光の下では写真の色の強度が大きく落ちる。

5.11 フォント を賢く選び、文字を過度に飾らない

セリフ体(serif)はサンセリフ体(san serif)よりも読みやすいか(またはその逆か)、という議論に決着はついていない。Arial、Helvetica、Times New Romanはスライドに使われすぎているほどだが、オーディエンスになじみがあることは大きな利点だ。Comic Sansは数あるフォントの中で最も批判されているフォントの一つだが、小学生を対象としたプレゼンでは最適だろう。

一枚のスライドで使うフォントは1つ、多くても2つにしぼる。文字にさまざまな装飾を施して、クリエイティブなスライドだという印象を与えたい人もいるだろう。しかし、下線、イタリック体、影などの文字装飾の使用は最小限にとどめるほうがオーディエンスには読みやすい。

5.12 数字の区切り方は言語や国によって異なる

国際的な慣例では小数点にピリオド(.)、3桁区切りにコンマ(,)を使うアメリカの方式にならうことになっている。例えば英語では、3.025はthree point zero two fiveと読み、3,125はthree thousand one hundred and twenty-fiveと読む。母語で作成された図表から英語のスライドを作るときには、ピリオドやコンマを英語の慣例に従って使っているか注意する。

5.13 難しいスライドは前後を「目に優しい」スライドで挟む

通常、文字数を最小限にしたスライドは最も効果的だ。しかし、時には数式、プログラムコード、手順などを示したスライドを見せなければならないこともあるだろう。重要なことは、このようなスライドばかりのプレゼンにしないことだ。オー

ディエンスが数学的概念を理解するために集中力を使うときには、目に休憩が必要だ。そのためには、難しいスライドの前後を、文字がほとんど（あるいはまったく）ない即座に理解できる目に優しいスライドにする。難しいスライドに集中することを強いるために、バランスを取っていると考えるとよい。

5.14 プレゼンソフトを使うことの危険

20色入りの絵の具を買えば自動的に絵を描けるようになるわけではない。同様に、PowerPointのスライドがあっても、自動的にプレゼンができるようになるわけではない。スライドを用意したにすぎない。

プレゼンにはスライドの作成に加えて多くの練習時間が必要だ。まずはスライドを使わずに発表する練習をしよう。それが難しいと感じれば、スライドに頼りすぎていることの証拠だ。PowerPointのテンプレートは次のようなことを推奨している。

1. スライドの体裁に一貫性を持たせる
2. どのページも箇条書きスタイルで書く
3. 同じ背景テーマを使う（勤務先のロゴなど）
4. 全ページにタイトルをつける

1～3は退屈で繰り返しの多い見た目のプレゼンにつながりかねない。PowerPointにもとからある背景テーマは限られているため、ほとんどのオーディエンスはその大部分をすでに見たことがあるだろう。独自の背景を作成するか、非常にシンプルな背景色のスライドにしよう。一方、4は大変効果的だ。タイトルは、プレゼン中にオーディエンスを導く地図のようなものだ。

タイトルを最初から最後まで同じ色、フォント、文字サイズにすることで、プレゼンに統一感と一貫性を生み出すことができる。タイトルで一貫性を出しつつ、必要に応じて残りの3点（見た目、箇条書きの有無、背景）で変化をつけよう。

5.15 アニメーションは本当に効果的なときにだけ使う

プレゼンソフトには、オーディエンスに感心してほしいだけだとしか思えない機能もある。どれほど巧みで、どれほど新しいアニメーションであっても、下手なプレゼンの本当の姿を隠すことはできない。自分のプレゼンにアニメーションが必要だと思うなら、それはおそらくプレゼンそのものに何か問題がある。

次のスライドに進むときや箇条書きを順々に表示するときのアニメーション（フェード、ピークイン、ディゾルブ、スライドインなど）は集中力を削ぎ、時にはとても気に障るものだ。学会に参加したことのある人なら誰でも、PowerPoint（または同様のプレゼンソフト）にあるアニメーションの機能のほとんどを目にしたことがあるだろう。もし、図表上の手順や筋道をアニメーションで少しずつ表示したい気持ちになっているなら、それは複雑すぎる可能性が高い。手順を簡略化したほうがよいかもしれない。オーディエンスはすべてのステップを見たり理解したりする必要があるとは思っていない。

ただし、プレゼン時間が非常に長い場合（学会よりもビジネスのプレゼンに多い）など、アニメーションが有効なときもある。

アニメーションを使うときの注意点

- 自分のパソコンでできていたことが学会で提供されるパソコンではできない可能性がある
- プレゼン中に原因不明のトラブルが発生しやすい

5.16 一覧にした項目を一つずつ表示するのはどうしても必要なときだけ

プレゼンソフトには、一覧にした項目を一つずつ表示させる機能がある。この機能は、結論を最後に一気に開示してオーディエンスからの注目を集めたいときなど、情報の提示を遅らすことが必要不可欠な場合には効果的だろう。

それ以外の場合は、全情報を同時に表示し、オーディエンスが理解するまで3～5秒待ってから話し始めるとよい。このほうが次のようなメリットを得られる。

- 次の項目を表示させるためにいちいちマウスをクリックする必要がない。手が自由になるため、パソコンから離れ、オーディエンスに視線を配ることができる。
- オーディエンスはプレゼンターとスライドの間で視線を何度も移動させる必要がなく、スライドに次の項目が表示されるまで待つ必要もない。一度に読むことができるため集中できる。
- 間違って同時に2つの項目を表示させてしまうミス（これでは情報を最初から表示しなかった狙いに意味がなくなる）を防げる。

5.17 プレゼンソフトの便利な機能

PowerPointなどのプレゼンソフトは、バージョンアップとともに加速度的に機能を増やしている。しかし、本書の目的はプレゼンソフトを紹介することではなく、プレゼンターが何をどう話すべきかに焦点を当てることだ。したがって、このセクションでは私が個人的に便利だと思う機能を簡単に紹介する。

私はできるだけ物事をシンプルにする方針を貫いている。スライドは特別なエフェクトを使わなくても十分に効果的であるべきだ。また、どのようなエフェクトを使っても、オーディエンスの中には古いと感じる人や目障りだと感じる人がいるだろう。

個人的にお勧めの機能4選

- 発表者ツール：現在のスライド、次のスライド、ノートを一度に表示する。
- ショートカットキー［B］：スクリーンを消して暗くする（注意を引きつけるときに使用）。
- 画面切り替えの自動設定：話しながらスライドを早送りする。
- スライドの複製：
  - 最終スライドの後に最終スライドの複製を用意しておき、不意に発表者ツールから切り替わってしまう状況を防ぐ。
  - 1枚のスライドを複製して、細かな違いを作り、連続で見せる（PowerPointのアニメーション機能よりもうまく作動することが多い）。

なお、最新の機能に興味があれば、自称“専門家”が途方もない時間をかけて作成した使い方の解説動画がYouTubeにアップロードされているので、見てみるとよいだろう。

5.18 最終確認する

母語で書かれたものを含め、他のプレゼン資料や文書から図表をコピーしてスライドに貼り付けることはよく行われている。普段からよく見ている図表は、母語が混じっていても気づかない可能性がある。英語以外の言葉が混在していないか全体を再確認しよう。

すべての文字がどのような光のもとでも読めることを確認しよう。スライドの下部10％は見えないオーディエンスがいるかもしれない。上部に移動することを検討しよう。自分の研究所の大会議室などを使い、学会と似た状況でリハーサルをしよう。部屋の隅々まで行って、どれだけ見えるか確認する。自分の前に背の高い人が座っていることを想像してみよう。

スライドの見やすさと色は、会議室に日光がどこからどのくらい入ってくるかによって大きく変わる。理想的には日光の影響を受けない会場が必要だ。リハーサルは、時間帯を何度か変えて、部屋の向き（東向き、南向きなど）や窓の配置（スクリーンの正面／左／右に窓があるなど）も考慮に入れて行おう。

第6章

10通りのオープニングを考えよう

事実？　それともフィクション？

1. 平日より週末のほうが雨がよく降る。

＊

2. 大きさや厚さにかかわらず、紙を8回以上、半分に折ることはできないといわれてきたが、高校生のブリトニー・ギャリヴァンは12回折ることに成功した。

＊

3. イグニッションキーを使って始動させる車が開発されたのは1949年だ。

＊

4. 標準知能テストで過去最高のIQ値を記録した2人はいずれも女性だ。

＊

5. 初めて洗濯機が発売されたのは1907年だ。

＊

6. 砂糖をチューインガムの原料に初めて使ったのは歯科医だ（ウィリアム・センプル、1869年）。

＊

7. レオナルド・ダ・ビンチは足をこすることで寝ている人を起こす目覚まし時計を発明した。

＊

8. 医師が予測した出産予定日に生まれる子どもはわずか20人に1人だ。

＊

9. トマトケチャップはかつて薬として売られていた。

＊

10. ラスベガスのカジノには時計がない。

6.1 ウォームアップ

(1) 前述のファクトイド（すべて事実だ）から、プレゼンの冒頭に使えそうなものを3つ選んでみよう。自分の分野に関連するファクトイドをどこかから探してきてもよい。3つ以上揃えたら、次の質問に答えよう。

1. どのような基準でファクトイドを選んだか？
2. 即座に却下したのはどのファクトイドで、その理由は？
3. 選んだファクトイドをどのように使うか？
4. オーディエンスはどのような反応をすると思うか？
5. オーディエンスはたいてい新しいことや普通ではない事実を学ぶのが好きだと思うか？

もっとも、自分がおもしろいと思って選んだファクトイドが大多数の意見と異なる可能性はある。仲間にファクトイドを見せ、どのように使うつもりか説明し、次の点について仲間の意見を聞いてみよう。

- ファクトイドが本当におもしろく、オーディエンスの関心を引きそうか
- 自分が考えたファクトイドの活用方法は最も効果的か

(2) 興味深い統計データをオーディエンスに示すのは、プレゼンを開始する一つの方法にすぎない。他に少なくとも3つ以上の始め方を考えよう。インスピレーションが必要なら、TED.comが参考になる。

(3) イギリスのあるテレビニュース論説委員の言葉
「優秀なニュースキャスターと優秀なテレビ司会者には共通点がある。どちらもその人となりに引き込まれていく。用意された原稿をただ読んでいるだけの人という印象は決して与えない。視聴者と感情的なつながりを作らずに成功できる人はいないだろう」

プレゼンの場合、プレゼンターはどのようにオーディエンスと感情的なつながりを作れるだろうか。

本章ではどのようにオーディエンスから注目されるか、そして感情的なつながりを作るかを解説する。

6.2 良い始め方と悪い始め方

良い始め方

- 自分が楽しんでいると伝わるように努力する。多くのプレゼンターは開始から10〜15分後に楽しめるようになるが、この状態にできるだけ早く入る。そのためには極力リラックスしよう。
- オーディエンスから好感を得る努力をする。
- オーディエンスの好奇心を満たす。そのためには、これがオーディエンスの役に立つプレゼンだという印象をできるだけ早く与える。

悪い始め方

- プレゼンの質や英語のレベルについて謝罪し、オーディエンスの期待を下げる。
- 体の一部を隠すかのように両手を体の前で重ねたり組んだりする。またはマジシャンのようにすり合わせる。
- 「皆さんにお目にかかれて光栄です」の言葉とは裏腹に、早く会場から出たそうなそぶりを見せる。
- 下を向き、ためらいながら話す。
- プロフェッショナルとはオーディエンスとは一線を画しているものだと勘違いし、独特の声色で話す。

6.3 10通りのオープニング

どのように自己紹介をし、それにオーディエンスがどのように反応するかで、プレゼンが成功するかどうかの30%以上が決まる。プレゼンターの第一印象は最初の約90秒で決まり、オーディエンスに与えた印象をその後に変えるのは難しい。

優れたプレゼンの多くは、当然のことながら非常におもしろい。プレゼンターはオーディエンスに熱心に話しかけて、できるだけ早く気持ちを通わせようと努力している。TED.comでそのような例をいくらでも見ることができる。

本章では、以下の順序で、プレゼンを成功させるための10通りのオープニングについて解説する。

［1］話す内容とその理由を伝える（➔**6.4節**）
［2］自分の出身地に関するデータを伝える（➔**6.5節**）
［3］地図を見せる（➔**6.6節**）
［4］出身国に関連した興味深いデータを示す（➔**6.7節**）
［5］オーディエンスがすぐに理解できる興味深いデータを示す（➔**6.8節**）
［6］特定の状況を想像させる（➔**6.9節**）
［7］オーディエンスに質問する（➔**6.10節**）
［8］プレゼンターの個人的な体験を話す（➔**6.11節**）
［9］今、話題になっていることに言及する（➔**6.12節**）
［10］にわかには信じられないことを言う（➔**6.13節**）

プレゼンの初心者には［1］のテクニックが最も簡単だろうが、［2］、［3］、［4］も難しいものではない。それ以外のテクニックは上級で、自信と創造力を要する。しかし、ノンネイティブのプレゼンターがあまり選ばない手法であるため、オーディエンスから注目される可能性は高まる。挑戦する価値はある。

どの方法を選ぶにしても、始まったら笑顔を作り、オーディエンスに視線を向けよう。天井を見上げたり、床を見つめたりしては、何を言うか忘れていると思われるだろう。スライドを見て話すとオーディエンスに背を向けることになるため、自分のメモを素早く見て話す。オーディエンスはポジティブで情熱的なプレゼンターを好む。学会の開催地や開催団体、現地の人やインフラについて冗談やネガティブなことを言ってはならない。オーディエンスの中にはおもしろいと感じる人がいるかもしれないが、特に開催地の参加者からは冷ややかに見られるだけだ。

6.4　［1］話す内容とその理由を伝える

タイトルスライドを見せながら、次の項目のうちいくつか（またはすべて）を話すのが標準的なイントロダクションだ。

- 検証しようとした仮説は何か
- 検証するために使った方法を選んだ理由は何か

- 何を達成したか
- 当該分野に与えうる影響は何か

修正前

Hello everyone and thank you for coming. First of all I'd like to introduce myself, my name is Ksenija Bartolić. As you can see, the title of my presentation is *Innovative Methods of Candidate Selection in Industry.* I work in a small research group at the University of Zagreb in Croatia. We are trying to investigate the best way to select candidates for a job and we hope our research will be useful not just in the field of psychology but also for human resources managers in general.
(皆さん、こんにちは。本日はご参加ありがとうございます。まず、自己紹介させてください。私の名前はクセーニャ・バルトリッチです。ご覧いただけるように、プレゼンテーションのタイトルは「企業における応募者選考のための革新的手法」です。私はクロアチアのザグレブ大学にある小さな研究グループに属しています。私たちは企業で応募者を選考するための最適な方法を研究しています。この研究が心理学の研究だけでなく、広く人事担当者のためにも役に立つことを願っています)

修正後

Hello, I am here to talk about a new way to select candidates for a position in a company. I'd like to tell you three things. First, why I think the current methods for selecting candidates are not effective. Second, my radical alternative, which is to let the receptionist of the company make the decision. And third, how trials proved that even against my own expectations this solution reduced recruitment costs by 500%. Moreover, it was as effective as traditional interviews in more than 90% of cases. I believe that human resources managers ....
(こんにちは。今日は企業で応募者を選考するための新しい方法について話しにきました。お話ししたいポイントは3つです。最初に、なぜ今の採用方法が有効でないと考えるかです。2つ目に、企業の受付担当者が採用を決定するという私の斬新な代替案についてです。最後は、私の個人的な予測に反して採用コストを500%も削減できた試験についてです。なんと、90%を超える事例で従来の面接方法と同程度に有効でした。私は人事担当者が〜)

どちらのスクリプトも明快で、適度に簡潔であり、問題はない。自分にとって自然で、自信を持てるほうを選べばよい。ただし、修正後のスクリプトには次の利点がある。

- タイトルスライドから簡単にわかる情報（プレゼンター名と演題）の提示は避けている
- アジェンダスライドを見せることなくプレゼンの流れをただちに伝えられている
- プレゼンのメインメッセージを伝えている
- 研究の主な結果をオーディエンスの集中力が高まる時点で発表しているため、オーディエンスはプレゼンの最後まで待たなくてもよい

修正前のスクリプトにも利点はある。プレゼンの大まかな流れなどの重要な情報をすぐには出さないことで、オーディエンスが着席してからプレゼンターの声を聞く準備が整うまでの時間的な余裕がある。もし、オーディエンスの聞く準備が整っていなかったり、集中できていなかったり、あるいはプレゼンターの訛りや声の大きさに問題があったとしても、プレゼンについていくことはできるだろう。同様に、セッションの中であなたが最初のプレゼンターではない場合など、すでにオーディエンスがあなたに集中している状況では、修正後のスクリプトがよいだろう。

プレゼンの開始直後の60〜90秒間は集中していないオーディエンスが多い。そこで、次節以降に示す9通りのオープニングは、ただちにオーディエンスの注目を集めることに主眼を置くと同時に、重要な情報の提示を30秒から2分ほど遅らせている。オーディエンスがオープニングの内容を理解していなかったとしても、本題の理解には影響を及ぼさないのが特徴だ。

前述の例の場合、修正前のスクリプトにまったく問題はないが、修正後よりもオーディエンスから注目される効果については劣る。

6.5 ［2］自分の出身地に関するデータを伝える

オーディエンスはなじみのない国について新しい情報を得ることに興味を持っていることが多い。例えば、ヨーロッパまたは北米で開催される学会でプレゼンするとして、自分がこの地域外の出身であれば、その個性を生かして自国について話してみよう。ただし、このような情報は30秒以内で話し終えること。また、研究テーマと関連があることをはっきりと示さなければならない。

修正前	修正後
Good afternoon everyone, my name is Cristiane Rocha Andrade and I am a PhD student at the Federal University of Paraná in Brazil. I am here to give you a presentation on some research I have been conducting on allergies to cosmetics and to propose a way to use natural cosmetics. (皆さん、こんにちは。私の名前はクリスチアーニ・ロチャ・アンドラデです。ブラジルのパラナ連邦大学博士課程の生徒です。化粧品アレルギーに関する研究を紹介し、自然化粧品の使用方法を提案するためにこちらで発表することになりました)	I come from Brazil. It took me 30 hours to travel the 9189 km to get here, so please pay attention! In Brazil we have two big forests, the Amazonian and the Atlantic with around 56,000 species of plants. More than 90% of these species have not been studied yet. This is why I decided to study natural cosmetics with raw materials from Brazil. (私はブラジルから来ました。9,189 kmを移動するのに30時間もかかりました。ぜひ注目してください。ブラジルにはアマゾン川流域と大西洋岸に広大な森林があって、約56,000種の植物が育っています。そのうち90%を超える種がまだ研究されていません。これがブラジルで自然化粧品の原料について研究しようと決めた理由です)

修正後のスクリプトでは、上手に、しかもユーモアたっぷりに、なぜ注目してほしいかを伝えている。例えば、ブラジルの自宅から学会開催地までの距離を正確な数字で伝えるなど、多くの数を使っている。「約1万km」と言うこともできただろうが、それでは同様のドラマチックでユーモラスな効果を発揮できない。最後に、自分の出身地と研究の目的を結びつけている。

6.6 ［3］地図を見せる

研究の実施場所を示したり、特にあまり知られていない国からのプレゼンターの場合、出身国の位置を示したりするときに地図がよく使われる。オーディエンスの地理的な知識は、出身国によって大きな差があるため注意が必要だ。オーディエンスが必ず知っている国と自分の国との地理的関係がわかる地図と、自分の国や地域が詳しくわかる拡大地図の2枚が必要かもしれない。

地図はプレゼンターによい心理的影響を与えると考えられている。プレゼンターが自分の出身に誇りを持っていれば、出身国について話すときに生き生きとして情熱的になる。これによってオーディエンスからよい反応を引き出すことができ、それはプレゼンターに自信をつけることにもつながる。

例えば、以下のオープニングはフィリピンのビサヤ州立大学のエレーナ・カステナスが自国の地図を使ってプレゼンを始めたときのセリフだ。私はオーディエンスの一人として参加していた。

I come from the world's twelfth most populated country - the Philippines - where about 92 million people live. About a tenth of the population live, like me, abroad. What many of us miss the most is our country's seven thousand one hundred and seven beautiful islands - if you get a chance go there, they are really amazing. So we have the benefits of a truly wonderful archipelago and a mass of natural marine resources, but land resources are very limited. Because of the population pressure, we need to increase crop production by maximizing land utilization through crop diversification for example by intercropping and crop rotation. So in my research I am trying to evaluate the allelopathic potential of grain legumes on corn, rice, and barnyard grass. By doing this I hope to make a contribution to improving living standards in my country.

私は9,200万人が住み、世界で12番目に人口が多いフィリピンから来ました。人口のうち約1割が私と同じく海外に住んでいます。海外在住者が懐かしく思うもの、それは7,107の美しい島々です。機会があれば行ってみてください。びっくりすると思います。本当に素晴らしい諸島があり、天然海洋資源の宝庫なのですが、陸の資源は非常に限られています。人口が多いため、間作や輪作などによる作物分化を通して、土地を最大限に利用して穀物生産量を増やす必要があります。そこで私の研究では、マメ科穀類のトウモロコシ、コメ、イヌビエに対する他感作用の可能性について評価を試みています。この研究が私の国の生活水準向上に寄与することを願っています。

エレーナは特にbeautiful、amazing、wonderfulという単語を発したときに笑顔で話したため、信頼性と説得力を印象づけることができ、このオープニングはオーディエンスに大変よい印象を与えた。島の正確な数を伝えることで、データの正確さだけでなく情熱も示すことができている。さらにif you get a chanceというフレーズで、オーディエンスを直接巻き込もうとしている。しかし、彼女は自分の国の紹介を楽しんでもらうために地図を見せたのではない。国の地理とプレゼンのテーマを結びつけている。また、穀物生産量を上げて生活水準を上げるという研究目的も、非常に説得力がある。同時にオーディエンスは、世界で特に大きい国の一つだがおそらくあまり知られていない国について学ぶこともできた。

6.7 ［4］出身国に関連した興味深いデータを示す

母国で土壌浸食が農家や食料生産にどれほど影響を及ぼしているかについて研究していると想定しよう。あまりおもしろくないが典型的なオープニングは次のようなものだろう。

Today I am going to present some results on the problem of soil erosion and how it affects food production in my country.

本日は土壌浸食の問題に関する結果と、私の国の食料生産がどのくらいその影響を受けているかについて発表します。

しかし、データを用いてもっとドラマチックに始めることができる。

Ten thousand tons of soil are lost through erosion in my country every year. This means that fertility is lost and desertification ensues.

私の国では毎年1万トンの土が浸食によって失われています。これは、土地がやせて、その結果、砂漠化が起きることを意味しています。

または、個人的なエピソードで始めることもできる。

Two months ago I went home and saw the devastation caused by the floods [shows picture of floods]. I have an uncle whose land has been almost completely eroded. This means that his crops will fail this year. So why is this a problem? It means that in the world today ....

2ヵ月前に実家に帰省して、私は洪水によって引き起こされた惨状を目にしました［洪水の写真を見せる］。叔父は土地のほとんどを浸食によって失いました。これは今年の収穫がゼロであることを意味します。この問題点は何でしょうか？これは今日、世界で～。

あるいは、In my country 30 tons of soil per hectare is lost due to rain every year.（私の国では毎年降雨によって1ヘクタール当たり30トンの土壌が失われています）という導入も可能だろう。

ただし、30トンの土壌というのはオーディエンスが簡単にイメージできるものではない。この解決策としては、Imagine if this room was filled with soil. Well, after a single rainstorm on a small field in my country, three quarters of the soil would have disappeared.（この会場が土で埋まっていると想像してください。もし、私の国の小さな畑が1回、暴風雨に見舞われると、この4分の3の土が消えていくことになります）と話してはどうだろう。オーディエンスが想像できるデータに変換している。正確さには欠けるかもしれないが、大惨事について話していることを理解してもらうには十分だろう。そして、この状態が収束しない場合の結果を、例えば1年以内にアイスランドと同等の広さの土地が消失するなど、オーディエンスが想像できるかたちで伝えることによって、オーディエンスはあなたに引きつけられるだろう。

統計データの提示テクニック➔12.9節

6.8 [5] オーディエンスがすぐに理解できる興味深いデータを示す

タイトルスライドを、オーディエンスが会場に入ってくる前から表示しておく。そして、開始時間になったらスクリーンを消し、自分の研究分野の基本的かつ最新の統計データや研究の主な結果などについて話す。統計データを示した後、自己紹介をして、データとプレゼンのテーマとの関連性を話す。

自分ではデータに言及した理由と重要性をわかっていても、オーディエンスには理解できないかもしれない。関係がわかるように説明しよう。可能であれば、オーディエンスが個人的な経験と関連づけたり、簡単に理解やイメージができたりするデータを使う。

データはオーディエンスの理解力に合わせる必要がある。次に挙げる例では、どれが最も理解しやすい（イメージしやすい）だろうか。最もインパクトがあるのはどれだろうか。

例1. 過去10年間に7,300万報の論文が発表されました。
例2. 昨年1年間に730万報の論文が発表されました。
例3. 毎日、2万報の科学論文が発表されています。
例4. 1分間に14報の論文が発表されています。
例5. 皆さんにお話ししているこの10分間にも、世界中で140報の論文が発表されています。
例6. この7日間に論文を書き上げた方は挙手をお願いします。ありがとうございます。実際のところ世界中で過去1週間に約14万報の論文が生み出されているはずです。これは1分間に14報という驚くべき数字になります。
例7. 2050年までに8億報の論文が書かれることになります。これはこの会議室が33,000回埋まるほどの紙の量です。

例1の数字は大きすぎて理解しにくいだろう。100万以上（million、billion、trillion）の単位になる場合、できればもう少し扱いやすい数字に落としたほうがよい。例2～4はすべて問題ないが、インパクトに欠ける。例5は時間の尺度が一般的な日や年などではなく、まさにプレゼンターが話しているその瞬間であるところが興味を引くだろう。例6はオーディエンスを巻き込んでいるため、答えを知りたくなる。例7では物理空間との一風変わった比較をしている。

6.9 [6]特定の状況を想像させる

自己紹介もプレゼンのテーマ紹介もせず、Suppose（～と想像してください）という単語からプレゼンを始め、オーディエンスと研究テーマの両方に関連する仮定の状況をオーディエンスに示す。

修正前

My name is Minhaz-Ul Haque and the title of my presentation is Using Protein from Whey-coated Plastic Films to Replace Expensive Polymers. As you can see in this outline slide, I will first introduce the topic of ....

（私の名前はミンハズ・UI・ハクです。演題は「高額なポリマーに代わる乳性コーティングプラスチックフィルム製タンパク質の使用」です。この目次のスライドにお示ししていますように、まずは～のトピックを紹介します）

修正後

Suppose everyone in this room had brought with them today all the food packaging that they had thrown away in the last year. I have counted about 60 people here. Given that the average person consumes 50 kilos of food packaging a year, then that is three tons of packaging. Over the next 4 days of this conference, we will produce about 450 kilos of packaging, including plastic bottles. My research is aimed at increasing the recyclability of this packaging by 75%. How will we do it? Using protein from whey-coated plastic films to replace expensive polymers. My name is Minhaz-Ul Haque and ....

（想像してみてください。この会場にいる皆さんが過去1年間に廃棄した食品の包装資材をすべて今日、持参しているとします。数えましたが今ここにはだいたい60名いらっしゃいます。人が消費する食品の包装資材は平均で1年間に50 kgですので、合計で3トンになります。今回の学会でこれから4日間にわたり、ペットボトルを含めて約450 kgの包装資材を私たちは消費するでしょう。私の研究の目的は、包装資材のリサイクルのしやすさを75%向上させることです。どのように行うのか？　高額なポリマーに代わる乳性コーティングプラスチックフィルム製タンパク質を使います。私の名前はミンハズ・UI・ハクで～）

6.10　［7］オーディエンスに質問する

オーディエンスに質問し、答えを考えさせるのも、効率的なオープニングだ。このテクニックを使う場合、あなたは質問をして、2秒間待ったら話を続ける。オーディエンスには質問に答えさせないようにしなければ、時間を取られてプレゼンの流れが崩れてしまう。

希少難治性疾患に関する学会に参加しているとしよう。そのとき、次のような定義を示したスライドをオーディエンスに見せてプレゼンを始めることに、あまり意味はない。

Rare Diseases are a heterogeneous group of serious and chronic disorders having a social burden.

希少難治性疾患とは社会生活に支障を来すさまざまな重篤な慢性疾患をまとめて指す言葉である。

おそらくオーディエンスは希少難治性疾患が何かすでに知っているだろう。それよりもオーディエンスの知らないことや、興味をそそることを伝える必要がある。したがって、文字をすべて削除し、ホワイトボードに次の数字を書いてみよう（ただし、ホワイトボードがない場合に備えて、バックアップのスライドは用意しておく）。

1：50,000

1：2,000

オーディエンスはこの数字が何を意味するかすぐさま興味を持つだろう。

Do you know anyone who has a rare disease? [*Two second pause*] Well if you are from the United Kingdom, the chances are that you don't. But if you are from Spain, then you might know someone who does have a rare disease. Does that mean that here in Spain we have more rare diseases? No, it simply means that our definition of what constitutes a rare disease is different from that in the UK. A rare disease in the UK is something that affects 1 in 50,000 people. In Spain we follow the European Union definition of 1 in 2,000. That's a very big difference. Well, my research group has been looking at ….

皆さんの周りで希少難治性疾患にかかっている人はいますか。[2秒間のポーズ] イギリス出身の方でしたら、その可能性は低いでしょう。しかし、スペインの方でしたら、希少難治性疾患の患者を知っているかもしれません。それは、ここスペインでは希少難治性疾患が多いということを意味するのでしょうか。いいえ。スペインとイギリスでは、希少難治性疾患の定義が異なるのです。イギリスで希少難治性疾患を患う人は5万人に1人です。スペインでは欧州連合の定義に従うため、2,000人に1人となります。これは非常に大きな差です。私の研究グループで研究しているのは～。

ポイントは、オーディエンスがすでに知っていることの抽象的な定義を示すのではなく、知らない可能性があることをただちに伝えることである。各センテンスの短さを確認しよう。プレゼンターには言いやすく、オーディエンスには理解しやすい。演壇に立っていると、質問をした後に2秒間待つのは長いと感じるかもしれない。しかし、オーディエンスにとってはたった今聞いた質問を考える時間であり、長いとはまったく感じないだろう。

オーディエンスに質問を投げかける代わりに、手を挙げてもらうテクニックもある。そのときには、hands up ifまたはraise your hands if（～の方は手を挙げてください）というフレーズを使い、最長2秒間待つ。

修正前

Hello everyone, I am Rossella Mattera, a PhD student in Molecular Medicine. I am here today to tell you about the ExPEC project, in particular about a vaccine against ExPEC. What is ExPEC? ExPEC or extra-intestinal pathogenic Escherichia coli, is a microorganism that causes a large spectrum of diseases associated with a high risk of death. The commonest extra-intestinal E.coli infection that is caused by these strains is cystitis, in fact 80% of women have this "experience" during their lifetime, with a reinfection in less than 6 months ....

（皆さん、こんにちは。私は分子医学の博士課程に在籍するロッセラ・マテラです。本日はExPECプロジェクト、特にExPECワクチンについてお話しします。ExPECとは何でしょうか。ExPECは腸管外病原性大腸菌の略で、高い死亡率と関連のあるさまざまな疾患の原因となる微生物です。最も一般的な腸管外病原性大腸菌の感染症は膀胱炎で、実際のところ女性の80%が生涯に1度は経験し、6ヵ月たたないうちに再感染し～）

修正後

Hands up the men who have had cystitis. [*Pause*] I bet many of the men here don't even know what cystitis is [*said in jokey tone*]. In this room there are 20 women and 16 of you women will experience cystitis during your lifetime. You men are lucky because cystitis mainly affects women. It is a horrible infection that makes you feel you want to go to the toilet every two or three minutes. Cystitis is caused by ExPEC or extra-intestinal pathogenic Escherichia coli. This infection affects 80% of women. Cystitis, pyelonephritis, sepsis, and neonatal meningitis are common infections caused by these strains. Most ExPECs are resistant to the antibiotic therapy, therefore we need a vaccine. I am a PhD student in Molecular Medicine. I am here today to tell you about a vaccine against ExPECs.

（膀胱炎にかかったことのある男性は手を挙げてください。［ポーズ］ここにいらっしゃる男性の多くは膀胱炎が何かすらご存じないと思います［冗談めかして話す］。この部屋には女性が20名いらっしゃいますが、このうちの16名は生涯に1度は膀胱炎を経験するでしょう。膀胱炎になるのは女性が多いことを考えると、男性は恵まれています。膀胱炎は2～3分おきにトイレに行きたくなる厄介な感染症です。ExPEC、つまり腸管外病原性大腸菌が原因です。女性の80%がかかります。膀胱炎、腎盂腎炎、敗血症、新生児髄膜炎はこの菌が原因で起こる一般的な感染症です。多くのExPECは抗生物質に耐性があるため、ワクチンが必要です。私は分子医学の博士課程に在籍しています。本日はExPECワクチンについてお話しします）

6.11 ［8］プレゼンターの個人的な体験を話す

自分について個人的な話をしてみよう。例えばトピックに興味を持ったきっかけ、研究分野の中で特に好きなところ、研究地の紹介、研究地で特別なこと、研究中に起きた特別な出来事、予想外の問題、直観的には信じがたい結果などだ。トピックに対するあなたの情熱をオーディエンスに示そう。研究の何があなたを興奮させ、ワクワクさせるのかを語ろう。研究に対する情熱について語るとき、あなたの顔は自然に明るくなり、声は生き生きとするだろう。その結果、オーディエンスはもっと引き込まれるはずだ。

修正前

I am going to describe the creation of strawberries with a strong consistency in the pulp. In our research we modified strawberry plants with agrobacterium and we obtained 41 independent transgenic plants. On the basis of yield and fruits firmness, we then selected six different varieties of strawberry.

（果肉がしっかりしたイチゴの生産についてお話しさせていただきます。私たちの研究ではアグロバクテリウムでイチゴの苗を改良し、41本の独立した遺伝子組換えの苗を得ました。収穫量と果実の硬度に基づき、6種類のイチゴに選別しました）

修正後

I became interested in agronomy and biosciences completely by accident. One summer holiday while I was a student I was working in an organic ice cream shop. Every day we got crates of fresh fruit, and every day we had to throw away kilos of strawberries because the ones at the bottom were completely squashed and had already started to mold. The pears, on the other hand, were always fine. So I thought, what if we could mix the succulent look and delicious taste of a strawberry with the strong consistency of the pulp in a pear?

（私が農学と生物科学に興味を持つようになったのはまったくの偶然からでした。以前、学業の傍ら、夏休みに有機素材を使ったアイスクリーム店で働いていました。毎日、箱に入った生の果物が届きましたが、底にあったイチゴは完全につぶれてすでにカビが生え始めていたので、何キロも廃棄しなければなりませんでした。その一方で、洋ナシにはいつも問題がありませんでした。そこで私は、イチゴのみずみずしい見た目と味わいの深さに、洋ナシの果肉の硬度を組み合わせることができたらどうなるかと考えました）

修正前のスクリプトでは、オーディエンスの頭がプレゼンに切り替わる時間を作ることなく話を始めている。オーディエンスはこの冒頭を聞き逃してしまうと、その後の話についていけなくなる可能性がある。修正後のスクリプトでは、「なぜあなたはその仕事をしようと決めたのか」という多くの人が持つ疑問に答えている。オーディエンスはプレゼンターの経験と自分の経験を比較して楽しむだろう。

次に挙げるのはニューサウスウェールズ大学のマリア・スカイラス・カザコス教授による実話で、化学技術者になった道のりについてだ。

One of the choices in the industrial chemistry degree, I think when you got to the third year, was whether to do the mainstream industrial chemistry subjects or to do polymer science. A friend a year above me said, "Oh, you should do the polymers. Polymers is a really big, important industry." So I decided to try polymers. I went along to the first class—only five or six of us had chosen this, and I was the one girl—in a polymer engineering laboratory. The lecturer started to talk about grinding and milling and adding carbon black to rubbers, and he said, "When you come in the lab, you've got to wear dirty clothes because we use a lot of carbon black in here and you're going to get covered in it. And tie your hair all the way back and make sure it's all covered, because any loose hair can get jammed in the machine and you'll be scalped." I had very long hair! A friend told me later that this lecturer did not want girls in the lab and deliberately went out of his way to scare me off doing polymer engineering—and he succeeded—I dropped polymer engineering immediately and took up the industrial chemistry option instead.

工業化学の学位取得課程では、多分3年生のときだと思うのですが、主流の工業化学の科目を取るか、高分子科学に進むかを選択しなければなりません。1年上の先輩が私に「高分子をやるべきだよ。高分子は影響力のある、重要な産業だから」と言いました。そこで私は高分子をやってみることにしました。高分子工業研究室の初めての授業に行ってみると、この科目を選択したのはたったの5~6人で、そのうち女性は私だけでした。先生は研磨や粉砕、カーボンブラックをゴムに加えることなどを話し始め、「ここではカーボンブラックを大量に使って全身が汚れるので、研究室に来るときは汚れてもよい服を着てきなさい。それから髪は機械に引っかかって抜けてしまうといけないから、後ろに束ねて覆うように」と言いました。私は髪がとても長かったのです。後日、友人から聞いたのですが、先生は研究室に女性が入るのをいやがって、高分子工学をやろうとした私をわざと怖がらせたのだそうです。先生はそれに成功し、私は早々に高分子工学をやめて、工業化学を選択しました。

この話のポイント

- 話し言葉を使い、友人と会話しているような雰囲気を出している
- おもしろくて詳しい情報を伝えている
- 他人の言葉を引用している
- 長文と短文を混ぜている
- 明らかに話すことを楽しんでいる

6.12 [9] 今、話題になっていることに言及する

最近のニュースや学会に関連することなど、オーディエンスの頭の中にすでにあることとプレゼンのオープニングを関連づけてみよう。

修正前

My name is Horazio Perez and I work at the Center for Transportation Research in .... In my presentation today I would like to tell you the results of an experimental study on real time bus arrival time prediction using GPS data.

(○○にある交通研究センターに所属しているホラジオ・ペレスと申します。本日のプレゼンテーションでは、GPSデータを使用したリアルタイムバス到着時刻予想に関する実験的研究の結果をお話しさせていただきます)

修正後

I know that a lot of you, like me, have been getting to the conference each day by bus. I don't know about you, but I have had to wait about 10 to 15 minutes each time. And it's been great fun. In fact, not only have the buses been late, but as soon as one comes, then another two quickly follow. And that's made me even happier. Why? Because my research is investigating why this happens— why do buses come in threes? And if it happens here in Geneva, where Rolex have their headquarters, then clearly no one else has solved the problem yet, and I am going to get in there first. My name is Horazio Perez and ....

(皆さんの多くが私と同じように毎日バスで学会に来ていらっしゃると思います。皆さ

んの場合はわかりませんが、私の場合、毎回10～15分くらい待たなければなりません。それがすごくおもしろいのです。バスがやっと到着したと思ったら、次のバスが2台続けてやってきます。こうなるとさらに私は嬉しくなります。なぜでしょうか？　それは、私がなぜこのようなことが起きるのか、なぜバスが3台まとめて来るのかを研究しているからです。ロレックスの本社があるここジュネーブで起きていることですから、この問題を誰も解決していないことは明らかです。私が最初に解決しましょう。私の名前はホラジオ・ペレス～）

プレゼンターはバスに乗るというごく一般的な状況を挙げ、オーディエンスの経験と研究テーマを関連づけている。また、通常はイライラするだけの状況をfunでhappyだと伝えることで謎を作り出している。オーディエンスは好奇心をそそられて話を聞きたくなる。

6.13　［10］にわかには信じられないことを言う

宗教、倫理、政治など確固とした考えがあるものは除いて、人は自分の考えとは反対の意見を述べられることを好む。常識に反する結果が研究で証明されたのなら、これはオーディエンスから注目を浴びる絶好の機会だ。

修正前

In this presentation a comparative analysis will be made of some investigations into the proficiency in the use of the English language on a world scale. The parameters and methodology used to make the analysis, along with some of the results will be presented. I will begin by giving a brief overview of the background ....

（このプレゼンテーションでは、世界規模で実施された英語運用能力調査の比較分析を行います。分析に使用したパラメータと方法、および結果を発表します。まずは背景について簡単にお話し～）

修正後

Who speaks and writes the best English in the world? The British maybe, [*Pause*] after all they have the Queen, and that's where the language originated? [*Pause*] Or do you think it's the Americans? Or the Canadians or Australians? [*Pause*] Actually it's the Scandinavians, the Danes, and the Dutch. And if you have been attending most of the presentations here in the last few days, I guess it's these guys who you understood the best. Does this mean that the native English speakers can't even speak their own language? Of course not. But ....

（世界中で英語のスピーキングとライティングが最もうまいのは誰でしょうか。多分イギリス人ですね［ポーズ］。やはり女王のいる国ですし、英語が生まれた国ですから。［ポーズ］それともアメリカ人だと思いますか？　あるいはカナダ人？　オーストラリア人？［ポーズ］実はスカンジナビアの人々とデンマーク人とオランダ人なのです。この数日、ここで発表のほとんどを聞いていらっしゃれば、皆さんが一番よく理解できたのはこの人たちの英語だと感じたことと思います。これは、ネイティブスピーカーが自分の言語を話せないことを意味するのでしょうか。もちろんそんなことはありません。しかし～）

6.14 オープニングで大切なこと

重要なことはいろいろと試してみることだ。これまで紹介してきたテクニックを一つ以上選び、自分のテーマに合わせて使ってみてほしい。創造性を発揮して楽しもう。最善だと感じるアプローチが見つかるまで実験し続けよう。ただし、学会でやってみる前に研究仲間の前で実際にリハーサルをして、自分が願った効果が現れるかどうかを確認する。

プレゼンの準備を楽しめば楽しむほど、実際のプレゼンでも楽しめるようになり、オーディエンスも楽しんで聞いてくれるようになるだろう。

オーディエンスと気持ちを通わすことがすべての土台だ。気持ちを通わすことができなければ、努力に見合う注目を得ることはできないだろう。特に、昼休み前、昼休み後、一日の最後など、オーディエンスの集中力が低い時間帯にプレゼンが予定されている場合は気をつけなければならない。

最後に、本章のテクニックを使えるのはプレゼンの最初だけではない。プレゼンの途中でオーディエンスの注目を改めて引きつけるためにも使ってみよう。

第7章 アジェンダとトランジション

ファクトイド

以下は疑問形式の研究課題である。答えを想像してみよう。

1. 同じ日や時間に生まれた人たちの共通点は、そうでない人たちの共通点と比べて多いか？

＊

2. 楽観的であることと長寿であることに関連性はあるか？

＊

3. 嘘をつくとき、ボディランゲージのほうが口から出てくる言葉よりもコントロールしやすいか？

＊

4. 同じ人の笑顔の写真2枚を見て、どちらが作り笑いでどちらが本物の笑顔か、専門家でなくても見分けることができるか？

＊

5. アメリカ人は13の番号がついた家を買うときに迷信を気にするか？　気にする場合、売り手は家の価格を下げるか？

＊

6. 運のよい人は運の悪い人よりも宝くじの番号を選ぶのがうまいか？

＊

7. 経済危機にあるとき、人は迷信深くなるか？

＊

8. 男性が女性のジョークに笑うより、女性が男性のジョークに笑うことが多いか？

＊

9. 左手の手袋は右手の手袋よりも失くしやすいか？

＊

10. 年収約75,000米ドルの家庭の幸福度は、収入が増えるとさらに上がるか？

7.1 ウォームアップ

(1) **アジェンダスライド**（アウトラインスライドともいう）は、プレゼンで話す内容をリストアップして伝える目次だ。次の問いについて考えてみよう。

1. アジェンダスライドはどの程度重要か？
2. アジェンダスライドは一般的に4～5項目の箇条書きにするが、どのような情報をリストアップすることが多いか？
3. アジェンダスライドにリストアップすることはどの程度効果的か？　ほとんどはオーディエンスにとって明白な内容ではないだろうか？
4. アジェンダスライドを使わず、単に口頭でプレゼンの流れを伝えることはできるか？

(2) **トランジション**とは今のトピックから次へと移行するときのつなぎのことだ。これから別のトピックに移るとオーディエンスにわかってもらうためには何をすればよいだろうか。オーディエンスからの視線を取り戻すためにトランジションをどのように利用できるだろうか。

プレゼンターにはプレゼンの筋道が明らかでも、オーディエンスが同様に理解しているとは限らない。アジェンダスライドを作り、正しいトランジションのフレーズを使うことで、オーディエンスが方向を見失わないように誘導することができる。

本章で学ぶこと

- イントロのスライドからプレゼンの本題へ移る方法
- 新しいセクションを紹介し、プレゼンの論理的構造をはっきり示す方法

7.2 アジェンダスライドは用意しなくてもよい

科学分野のプレゼンは「序論」「方法」「結果」「考察」といった流れの構造を使う

ファクトイドの解答：1、4、6、10は「いいえ」、2、3、5、7、8、9は「はい」

ことが多い。この構造から大きく外れるつもりがないならば、プレゼンの本題に入るためのトランジションとしてアジェンダスライドを使わなくても構わない。

次のような目次スライドを見せてしまうと、オーディエンスに「これからお決まりの発表がまた始まります」とサインを送っているようなものだ。

例1

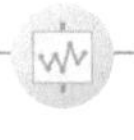

OUTLINE（目次）

- ▶ Introduction（序論）
- ▶ Methodology（方法）
- ▶ Results（結果）
- ▶ Conclusions（結論）

例2

AGENDA（アジェンダ）

- ▶ Overview（概要）
- ▶ Aims and purposes（目的）
- ▶ Theoretical framework（理論的枠組み）
- ▶ Research methods（研究方法）
- ▶ Empirical analysis（実証的分析）

このようなスライドでは、このプレゼンは標準的なスタイルに則ったものであり、驚くような内容は何もないことを伝えてしまう。抽象的な言葉の連続で、オーディエンスの眠気を誘う効果はあるかもしれないが、オーディエンスの期待を良い意味で裏切るような情報は何も含まれていない。オーディエンスにとって付加価値のない情報を話すことをプレゼンターに促しているようなものだ（以下の修正前のスクリプトで **例1** のスライド説明を示した）。

しかし、このようなスライドを見せる必要はないとはいえ、話す内容、すなわちメインメッセージをオーディエンスに口頭で伝えることは絶対に必要だ。忘れずにプレゼンの流れを説明しよう。プレゼンの流れを伝えるためには、プレゼンの内容や構造を理解するために必要な情報を、次の修正後のように提示する。

✕ 修正前

First I will give you a brief introduction to my work. Then I will outline the reasons that led me to conducting this research. Next I will explain my methodology before discussing my results.

（最初に、研究の簡単な紹介をします。次に、この研究の実施に至った理由を示します。そして、結果を考察する前に方法を説明します）

○ 修正後

First, I'd like to tell you about why I am interested in incompetence in the workplace. Then, I'll be showing you how we managed to investigate this potentially embarrassing area in 10 different multinational companies. And finally, I'll show you our results that indicate that around 80% of middle managers have been promoted into a position for which they simply don't have the skills.

（まず、私が職場での無能力に興味を持つようになった理由をお話ししたいと思います。そして、多国籍企業10社を対象にこの潜在的に厄介な問題をどのように調査することができたかを示します。最後に、能力に見合わない地位に昇進している中間管理職が約80%いるという結果を示します）

7.3 アジェンダスライドを芸術、人文、社会科学や長時間の発表に使う

アジェンダスライドは20〜45分程度の比較的長いプレゼンをするときや、自然科学、生命科学以外のテーマで話すときのほうが役に立つだろう。このような場合、これから聞くプレゼンを理解するために概念的枠組みを示すスライドが必要なオーディエンスもいるだろう。項目は4つまでにまとめる。これを超えると、過剰な情報を詰め込んだプレゼンのようだからすぐには理解できないと思われるかもしれない。もちろん、常にメインメッセージに焦点を当てるべきだ。

アジェンダスライドは、研究プロジェクトを説明するときだけではなく、ある問題について全体的に話すときにも効果的だ。プレゼンの順序が一目瞭然とは限らないため、オーディエンスは話の現在地を確認しやすくなるだろう。

分野によっては、問いかけのスライドをオープニングで使うこともある。問いには研究理由が内包され、プレゼンが進むにつれて問いの答えが明らかになる。

> To what extent does Iran's foreign policy include realism?
> （イランの外交政策はどの程度現実的か？）

> Would online voting solve election fixing?
> （オンライン投票は選挙の不正を解決できるか？）

> How has the Internet affected parent/child relationships?
> （インターネットは親子関係にどのような影響を与えているか？）

次に、問いに答えるために利用した手法や研究背景を記載したスライドを見せる。プレゼンの全体構成が明らかになり、オーディエンスはどのような内容を聞く予定になっているのかを理解できるだろう。上記の最後の問いに答えるアジェンダスライドの一例を挙げる。

The Internet has
（インターネットは、）

- replaced time previously dedicated to family interactions
（かつて家族の対話に充てられていた時間に取って代わっている）
- replaced educational role of parents
（親の教育的役割を奪っている）
- given parents a mass of info on good parenting
（優れた育児について大量の情報を親に与えている）
- provided opportunities for shared entertainment
（娯楽を共有する機会を提供している）

スクリプト例

When I posed the question "How has the Internet affected parent/child relationships?" I began by focusing on the negative factors, such as how families spend less time together given that most kids today have their PC in their bedroom. And, as a mother myself, I also thought about how parents are being used less and less as a source of information to help kids with school work. But then I realised that parents today can use the Internet to learn about the behavior of their children and how they can improve their relationships with them—there is so much useful information out there. So that was one positive factor. Another positive factor is that there is a lot of fun stuff on the Internet, particularly videos on YouTube that families can actually share together, in the same way as they might watch a TV show together. So these are the four factors that I have been studying, and today I would like to focus on the first and fourth points.

「インターネットは親子関係にどのような影響を与えているだろうか？」という疑問が浮かんだとき、私はまず、今の大部分の子どもが自室でパソコンを使うようになって、家族で一緒に過ごす時間が減っているといったネガティブな側面に

焦点を当てることから始めました。私自身、母親として、親が子どもの学校の宿題を見てやることがますます減ってきていると思っていました。しかし、今日の親は、子どもの行動や子どもとの関係の改善方法をインターネットで学べることに気づきました。有益な情報が大量にあります。これがポジティブな側面の一つです。もう一つのポジティブな側面は、インターネット、特にYouTubeには、家族でともに視聴できる動画などおもしろいものがたくさんあることです。テレビ番組を一緒に見るのと同じような感じでしょう。私はこれら4つの側面について研究していますが、本日は1つ目と4つ目に焦点を当ててお話ししようと思います。

スクリプトのポイント

- スライドを読み上げるのではなく、違う単語を使って説明している
- 意思決定の手順を話すことでオーディエンスを巻き込んでいる
- インフォーマルだがプロフェッショナルな話し方をしている
- 2点だけについて話すと伝えている（全4項目を話す時間はなさそうだ。2点にしぼることで深掘り可能になる）

7.4 キーワードの紹介のためのアジェンダスライド

アジェンダスライドは、キーワードを紹介するために活用してもよい。次の例ではキーワードをイタリック体で示した。

1 2 3 4 5 6 7 8 9 10 11 12 13 14 15 16 17 18 19 20

AGENDA
（アジェンダ）

▶ Modification of *polymeric* materials
（高分子材料の改質）

▶ *Bioreceptor-surface coupling*
（生体受容体と表面のカップリング）

▶ Characterization of *functionalized surfaces*
（機能化表面の特性）

スクリプト例

So here's what I will be talking about. [Pause for two seconds so that audience can absorb the content of the slide] I first became interested in modifying *polymeric* materials because .... Then one day we decided to try *coupling* the *bioreceptors* with the activated *surfaces.* So those are the two things that I will be looking at today, along with some approaches to characterizing *functionalized surfaces.*

こちらが本日のプレゼンの内容です。[オーディエンスがスライド内容を理解するための2秒間のポーズ］私が高分子材料の改質に初めて興味を持ったのは～。そしてある日、私たちは活性化された表面に生体受容体をカップリングさせようと決めました。この2点とともに、今日は機能化表面の特性を調べる方法をお伝えします。

このテクニックのポイント

- オーディエンスは目と耳でキーワードを確認し、スライド上の単語とプレゼンターの口から発せられる発音を結びつけることができる。
- プレゼンターが（重要な情報ではなく）テーマに興味を持った理由につ

いて話しているだけの間に、オーディエンスはプレゼンターの声に慣れることができる。

それでも自分の発音では通じないのではないかと不安な場合は、スライド上のキーワードを指しながら話そう。

7.5 表示中のスライドを説明し終えるまで次のスライドに進まない

1枚のスライドにかける説明時間はできれば1分未満、長くても2分未満とする。各スライドにかける時間に変化をつけよう。スライドによっては10秒で済ますものがあってもよい。表示時間が長すぎると、オーディエンスは同じスライドを見続けることに飽きて、他のことを考え始める。

今表示しているスライドについて話し終わる前に、次のスライドに進んではならない。オーディエンスが聞くのをやめて次のスライドにある情報を読み始めてしまうからだ。

7.6 トランジションを使ってオーディエンスを導く

オーディエンスには事前に知りたくても知ることができないことがある。

- 研究の内容と結果
- スライドの順序とその順序の必然性

プレゼンターは、オーディエンスがプレゼンを理解できるように上手に導かなくてはならない。1枚のスライドから次のスライドへ素早くジャンプしてはならない。オーディエンスは、1つのポイントを聞き逃しただけでもその後のプレゼンの筋道（つながり、論理的流れ）を見失ってしまうかもしれない。

どのように1枚のスライドから次のスライドへ、そして1つのトピックから次のトピックへと移行するかは極めて重要だ。オーディエンスが地図を見ながら歩いていると思えばよい。プレゼンターは角を曲がるたびに曲がることを伝える必要がある。曲がり角で必ずこれまで話したことを要約することで、オーディエンスは理解しやすくなる。また、前の角で迷ってしまったオーディエンスを正しい道へと導くことができる。プレゼンにおいて、このような前進や方向転換のことを**トランジション**（移行）と呼ぶ。ここが論文とは異なるところだ。論文の場合、読者は必要に応じて自ら来た道を引き返すことができる。

次のセクションやスライド群に進む前に行う「トランジション」

- 2秒間のポーズをはさむ。今から重要なことを話すことを知らせるためのシグナルだ。
- オーディエンスを見て、これまでの重要点を簡単に要約する。内容をすでによく知っているプレゼンターにとっては反復することになり面倒かもしれないが、オーディエンスにとっては理解できているかどうかを確認する機会となる。
- 前のスライドとの関連を説明しながら次のセクションに進む。

トランジションにかかる時間は全体でたった20秒ほどのはずだ。プレゼン時間が必要以上に長くなるなどと考えてはならない。

7.7 次のセクションに進むときのトランジション

例えば、プレゼンの最初に、I am going to give you the three most important findings of our research.（私たちの研究から最も重要な3点についてお話しします）と伝えたとする。その場合、イントロダクションからプレゼンの本題に入るときのトランジションはOkay, let's look at the first result.（では、最初の結果を見てみましょう）が最もわかりやすい。その後、the second（第二に）、the third（第三に）と数えながら残りの結果を紹介しよう。

方法、結果、考察の順でプレゼンする場合、方法と結果の間は、Okay, so that covers the methodology, now I am going to outline our results, one of which was really quite unexpected.（ここまで方法についてご説明しました。次に結果の概要をお伝えしますが、その中にはまったく予想していなかったものがありました）というトランジションでつなぐとよいだろう。オーディエンスはこのようなシグナルを聞くことによって、これがきちんと計画されたプレゼンであり、予定通りに進行していると感じ、安心する。one of which was really quite unexpected. も効果的なトランジションのフレーズだ。次に話すことがおもしろそうだと思わせることで、散漫になりかけたオーディエンスの集中力を取り戻すことができる。

7.8 トランジションの目的は次のトピックに進むシグナルだけではない

トランジションには次のような効果もある。

- プレゼンのペースを緩めたり、変化させたりする
- オーディエンスもプレゼンターも少しリラックスできる（オーディエンスは膨大な情報を立て続けに理解することができない）
- 次に話す内容に対する好奇心を刺激して、オーディエンスの集中力を取り戻せる

7.9 次のスライドに進むときのトランジションは不要

スライドがセクション内でロジカルに配列されている場合、次のスライドに進むことを口頭で説明する必要はない。トランジションにこのような説明は不要だ。

× In this next slide we have a diagram of X which shows how to do Y.
（次のスライドではYの方法を示すXの図をご覧いただきます）
○ Here is a diagram of X which shows how to do Y.
（こちらはYの方法を示すXの図です）
◎ Here is how to do Y.
（こちらがYをする方法です）

最後の例は最も簡潔だ。不必要に長いトランジションの語句を使わないため、スライドを効果的に提示することができる。

7.10 簡潔に伝える

トランジションを使う練習をせずに即興で話すと、次のようになるかもしれない。

OK, that's all I wanted to say at this particular point about the infrastructure. What I would like to do next in this presentation is to take a brief look at the gizmo. This picture in this slide shows a gizmo. As you can see a gizmo is a ....

これでインフラについてここでお伝えしたいポイントはすべてお話ししました。このプレゼンで次に私がしたいことは、装置について簡単に説明することです。このスライドのこの写真は装置を示しています。ご覧のとおり、装置は～。

オーディエンスから注目されるどころか、フレーズの重複が多く、新たな情報もなく、オーディエンスが居眠りしてしまう可能性が高い。注目されるトランジションを使おう。

OK, here's something that you may not know about a gizmo: blah blah blah. In fact you can see here that a gizmo is ....

次に、ある装置をお見せします。皆さんはご存じないかもしれませんが、～。実は、ご覧のようにこの装置は～。

7.11 トランジションに変化をつける

同じフレーズばかり使わないように、トランジションに変化をつけよう。次のようなトランジションはどうだろうか。

スクリーンを消す

画面を暗くすることで、オーディエンスの集中力をただちに引き戻せる。そして、ホワイトボードを使ったり、スライドを使わずに話したりしよう。

修辞的な疑問（反語）を投げかける

Have you ever wondered why it is impossible to predict when your PC is going to crash? Well, after I have summarized what we have just looked at, I am going to tell why experts think it is impossible but how we think we have actually managed to solve the problem.

自分のパソコンがいつクラッシュするか予測不可能なのはなぜか、疑問に思ったことはありませんか？　まず、これまでお話ししたことをまとめます。その後、専門家が不可能だと考えている理由と、私たちがこの問題を解決できると考えるようになった過程をお話しします。

オーディエンスが待ち遠しくなることを示す

上述の例は、後でおもしろい情報を伝えると知らせることで、今に集中させるテクニックでもある。次のようにも言えるだろう。

> In the next slide I will be showing you some fascinating data on xxx, but first ....
> （次のスライドでxxxに関するすごいデータをお見せしますが、まず～）

> Later on, we'll see how this works in practice.
> （後でこれが実際にどのように動くかご覧に入れます）

標識を立てる

プレゼン全体の中で今どの部分を話しているかをオーディエンスに伝えよう。例えば、And now to sum up briefly before the Q&A session（さて、質疑応答に入る前に簡単にまとめます）と言えば、プレゼンが終わりに近いことをオーディエンスに知らせることができる。

第8章

材料と方法

ファクトイド：廃棄物の寿命

ウールの靴下	1～5年
紙箱	2～20年
ビニールコーティングされた紙	5年
ポリウレタン	10～20年
ポリエステル生地、ナイロン	30～40年
革靴	50年
プラスチックの瓶	50～80年
アルミニウム缶	80～100年
放射性廃棄物	2万5,000～50万年 （または永遠）

8.1 ウォームアップ

(1) 以下の方法について簡単に書いてみよう。

- 携帯電話の契約方法
- 差し込みプラグの結線方法
- 最小限の勉強で記述式試験に合格する方法
- 3年間の博士課程を生き抜く方法
- 一流の教授から指導を受けられるインターンシップに参加する方法

(2) 書いた説明文を仲間に見せよう。仲間は順序を変える、詳細を加える、ステップを削除するなどして改善する。

本章で学ぶこと

- 手順や方法をどのように説明するか
- おもしろいと思ってもらえる図表をどう見せるか

本章にはプレゼンの例を数多く掲載した。他の章と同様、この章でも修正前と修正後の2つのスクリプトを示している。修正前のスクリプトでもまったく問題はなく、初心者の中には修正後のスクリプトよりも使いやすいと感じる人もいるだろう。修正後は、オーディエンスともっとダイレクトにつながりたいと考える上級者向けのバージョンだ。

8.2 まず、オーディエンスの集中力を取り戻す

最近の映画は、20～30年前（あるいはそれよりもっと以前）の映画よりもずいぶん頻繁に場面が切り替わる。オンライン上では、10分間の動画より3分以下の動画の方がはるかに視聴されやすい。つまり、私たちの集中力が次第に短くなっているということだ。オーディエンスの集中力を保ちたいなら、常に刺激を与える必要がある。

例えば、研究方法について説明を始める時点で、すでにプレゼン開始から3分が経過しているかもしれない。その分、オーディエンスの集中力は低下している。あなたはこれを取り戻す方法を探さなければならない。

→**第12章「オーディエンスの注意を引きつけて離さない」**

8.3 簡潔に説明し、数を扱うときには注意する

プレゼンの中でも方法のセクションは、オーディエンスにとって最も理解しにくい部分であり、わかりやすい説明が不可欠だ。オーディエンスはプレゼンターが提示する情報のうち約20%しか理解できないともいわれている。

オーディエンスがスムーズに理解できるような説明をしよう。おそらくオーディエンスはあなたの説明の40%程度しか理解できないため、複雑なことは繰り返して言おう。1回言えばすべて理解してもらえると期待してはならない。

数字を使って説明するときには、必ずスライドに数字を表示させよう。ノンネイティブが英語で数字を聞き、それを瞬時に頭の中で訳しながらプレゼンについていくことは非常に難しい。

8.4 第一に例、第二に技術的説明

プレゼンの中で方法のセクションはハイライトの一つになるはずだ。楽しみながら説明しよう。最初に実例を示して直感を刺激し、次に手順を説明することで、技術的な説明を理解してもらいやすくなる。逆に理論的な側面から話し始めてしまうと、オーディエンスは退屈し、自分自身もプレゼンの筋道を追えなくなるかもしれない。シンプルな例を挙げてオーディエンスから注目されると、自信を持てるはずだ。

8.5 真に必要なことだけを簡潔に話す

研究で何を達成したかよりも、どのように研究を実施したかのほうが重要な場合にのみ、方法の説明に時間をかける。つまり、結果よりも方法が重要な場合、あるいは現時点で研究結果が得られていない場合だ。この場合、手順をわかりやすく説明し、目的のために選んだ方法がなぜ適しているのか（またはなぜ適していなかったのか）を伝えよう。

それでも研究内容の理解に必要なことだけを話すこと。以下に示すとおり、図表や例を説明するときは前置きのフレーズを短くする。

> Here I present a panoramic view of the architecture.
> ⇒ This is the architecture.
> （こちらに建築物の全景を示します ⇒ こちらが建築物です）

> Now you can see here an example of an interface.
> ⇒ Here is an interface.
> （ではインターフェースの例をご覧ください ⇒ こちらがインターフェースです）

> We shall see two examples in the following slide.
> ⇒ So here are two examples.
> （次のスライドで2つの例をご覧いただけます ⇒ そしてこちらが2つの例です）

> In conclusion we can say ….
> ⇒ Basically, ….
> （結論として私たちが言えるのは～　⇒ 基本的に～）

8.6 重要な工程や手順だけを示す

手順を説明するときに、すべてのステップを伝えたいと思う人もいるだろう。典型的なやり方としては、書籍や論文から複雑な図表をコピーする、あるいはまず骨組みだけの図を作り、アニメーションやスライドを重ね合わせて徐々に新しい部分を足していく方法がある。だが、これには問題が3つある。

- 論文などからの再利用だとオーディエンスに見破られ、図表の作成に手間をかけなかったのだと思われる。
- 自分のパソコンから会場のパソコンにデータを移すときの不具合で、アニメーションが作動しないかもしれない。
- 図表が少しずつ重なりながら完成するまでに時間がかかりすぎて、オーディエンスが退屈する。また、プレゼンターも時間がかかりすぎたと感じて、その後、早口になる。その結果、オーディエンスが発表内容を理解できなくなる可能性がある。

このような問題を避けるため、以前に用いた画像は使用せず、独自のスライドを一から作ろう。だからといって手間をかける必要はない。必要不可欠な部分だけを強調させたもので十分だ。目的は手順をわかりやすく示して読者を正しい方向に導くことだ。複雑な内容ならスライドを2～3枚に分けよう。その場合、説明と説明のつながりを明確にするために、適宜、前のスライドに戻って説明することも必要だ。しかし、分割した結果、4枚以上のスライドになってしまったなら、それは情報提供のしすぎだろう。

8.7 スライドタイトルを活用して手順を説明する

プレゼンの主な目的が実験の手順や器具の使い方の説明であれば、スライドタイトルに各ステップの説明を入れるとわかりやすい。例えば工学分野の場合、最初の6枚のスライドタイトルを次のようにつけることができる。それぞれのスライドにはタイトルと、図または写真を載せ、これを示しながら口頭で説明する。

1枚目（タイトルスライド）

> 3D Laser milling modeling: the effect of the plasma plume
> （3Dレーザーミリングのモデリング：プラズマプルームの効果）

2枚目

> Laser Milling: a process well suited for mold manufacturing
> （レーザーミリング：金型製造に適した手順）

3枚目

> Laser Milling Centers consist of various sub-systems
> （各種下部組織からなるレーザーミリングセンター）

4枚目

> The laser beam is controlled by a Laser Beam Deflection Unit
> （レーザービームをレーザービーム偏向ユニットで制御）

5枚目

> A valid estimation of the Material Removal Rate is required
> （材料除去率の有効な推定が必要）

6枚目

> Many parameters affect the Material Removal Rate
> （材料除去率に影響する多数のパラメータ）

このようなプレゼンの場合、アジェンダスライドは不要だ。まず、スライドの1枚目を使って自分と研究分野の紹介をする。次に2枚目と3枚目を使って背景情報を提供する。その後、レーザーの仕組みを説明する。オーディエンスはステップごとに導かれるため、エンジニアではない著者の私でも理解可能だ。

8.8 全体の手順を解説しない理由を説明する

数々の詳細な情報まで含めてしまうと、オーディエンスはすべての事例が含まれる複雑な説明を聞き、複雑な図表を見なければならなくなる。それを避けたい一方で全体の手順の解説がないと批判されることが心配であれば、次のように伝えよう。

We don't have time to look at the complete process, so I just wanted to show you this part. If you are interested in the whole process then I can explain it at the bar or you can look it up on my web page.

すべての手順についてご説明する時間はありませんので、この部分だけお見せし

たいと思います。もし全体の手順にご興味がございましたら、懇親会でお会いしたときに説明いたします。私のウェブサイトにも掲載しています。

図表やグラフの詳細を見たいとオーディエンスから求められそうな場合

This is a very simplified version of ....
（こちらは～の非常に簡略化したバージョンです）

This is what the prototype looks like in very general terms ....
（こちらは試作品がどのようになるかを大まかに示しています）

The full diagram is on my web page. I will give you the address at the end of the presentation.
（全体の図は私のウェブサイトに掲載しています。この発表の最後にサイトのアドレスをお伝えします）

大まかにしか説明していないことを伝えるフレーズ

For the most part, ...
（大部分は～）

Broadly/Generally speaking, ...
（一般的に言えば～）

With one or two exceptions, ...
（1つ、2つの例外を除けば～）

As a general rule, ...
（概して～）

焦点を当てるテクニック

- 全手順の図を示し、焦点を当てたい1～2ヵ所を拡大する。オーディエンスの目がその部分に引きつけられる（残りはわざと小さくして見えないようにする）。
- 焦点を当てたい箇所をはさんで前後に連続した3つの手順を示す。前後のつながりが自然にわかる。
- 表の中で見てほしい行や列を囲ったり色を変えたりして強調し、他の情報に注意が向かないようにする。

- フォントを変える、フォントサイズを大きくする。

8.9 どのステップを説明しているかを指し示す

オーディエンスとのアイコンタクトを維持し続けたまま、手順の説明はできない(例：紙のリサイクル➔**8.13節**)。時には、図表を指し示す必要があるだろう。そのようなときは以下のツールを利用しよう。

- 指示棒を使う。50～100cm程度に伸ばすことが可能で、比較的安価だ。スクリーンの左右どちらかに立ち、話している部分を指示棒で指し示す。
- PowerPointソフトのポインターを使う（解除はキーボードの［A］)。
- スクリーンにフリーハンドで書く。CtrlまたはCmd＋Pでペンを表示できる（解除はキーボードの［A］)。

レーザーポインターの使用は、スクリーンから離れている場合に制御しにくいことがあるため、避けたほうがよい。

8.10 取扱説明書のようではなく、ストーリーを語る

非常に技術的な説明でも、ストーリーを語るようにプレゼンすることで、興味深く響かせることができる。

修正前	修正後
The method was carried out as follows. Initially, X was done which led to a failure as a consequence of .... The next attempt involved .... （研究は次の方法を用いて実施しました。当初、Xを実施しましたが、～の結果、失敗に至りました。次の試行には～を含めました）	First I tried this, but it didn't work because ... so I tried that ... unfortunately that failed too probably because ... finally, one of the members of research group had a brainwave and .... （最初はこれをやってみましたが、～のためうまくいきませんでした。そこで～をやってみましたが、おそらく～のため失敗してしまいました。最後に研究グループの一人がひらめいて～）

もしどうしても高度に技術的な説明をしたいということであれば、できる限り短時間で済ませる。そして、何回も要約して、各ステップがどのように関連し合っているかを伝える。In other words（すなわち）というフレーズを用いて、それまでの話を簡単にまとめる。

この他に、臨床試験の参加患者や調査の対象者の選択方法、データバンクのデータ選択方法などについて説明する場合もあるだろう。以下のポイントに注意することで、オーディエンスを巻き込むことができる。

- 選択過程をストーリーのように語る
- 受動態ではなく能動態で話す
- 本質的でない情報は除外する

以下に具体例を示す。

例1

レーザーを使った視力矯正に関する医学研究

修正前

The protocol, approved by the University Internal Ethics Committee, was carried out in accordance with what was outlined in the Declaration of Helsinki, and eligible patients were enrolled in the study during a screening visit after providing informed consent.
The study comprised 100 patients that is to say 200 eyes, with various levels of impaired vision who had been referred to the Department of Ophthalmology and Neurosurgery. The inclusion criteria covered ages between 20 and 50 years, ... Patients were not included if any of the following conditions were found to be present: corneal astigmatism =1D, surgical complications ....

（学内倫理委員会の承認を受けた臨床試験をヘルシンキ宣言に準拠して実施し、適格患者は同意取得後のスクリーニング来院日に試験に登録されました。
眼科および神経外科に紹介されたさまざまな程度の視覚障害を持つ100名の患者、すなわち200眼が対象でした。適格基準として、年齢は20歳から50歳～。次の状態のいずれかに当てはまる患者は除外しました。角膜乱視＝1D、手術合併症～）

修正後

Basically, we selected 100 patients that members of our department had seen over the last year. We decided to study patients with an age range between 20 and 50, as those are the types of people who tend to opt for laser treatment. They had various levels of impaired vision. For obvious reasons we excluded any patients who had had any of these conditions [*shows list on slide*].

（昨年に私たちの科で診察した100名の患者を選びました。年齢は20歳から50歳を対象としました。この年齢範囲はレーザー治療を選択する傾向の高い層だからです。視力障害の程度はさまざまでした。次のような状態の患者は、明らかな理由があって除外しました［スライドで一覧を示す］）

修正前にあった細かな情報（ヘルシンキ宣言、倫理委員会、同意書、診療科の名称）が修正後には削除されているところに注目しよう。倫理委員会からの承認や患者からの同意は確かに医学研究において肝心なものだが、オーディエンスはすでに知っていることであり、わざわざ伝える必要はない。倫理委員会から承認を得られなかった場合や、患者が研究のことを何も知らなかった場合であれば、関心を集めるかもしれない。診療科の名称については、おそらくタイトルスライドか講演要旨集に掲載されていると思われるため、ここでは重要でない。

例2

ベトナム人学生の科学英語ライティング力に関する調査

修正前

The research was conducted at two departments at Hanoi University of Technology, hereafter referred to as departments A and B. Ninety-four postgraduate male and female students took part in the experiment and survey. All had studied English for at least 7 years ....

（研究はハノイ工科大学の２つの学部で実施しました。これ以降、A学部、B学部と呼びます。大学院生の男女94名が実験と調査に参加しました。全員が7年以上英語を学習し～）

修正後

For my survey I needed Vietnamese students with a sufficient knowledge of English to be able to write technical English. Initially I started with some undergraduate students, as they were the easiest to find and had the most time available. But it soon became clear that postgraduates would be a better option, as the undergraduates did not have many assignments in English. Then another problem was that many Vietnamese PhD students actually study abroad, so it was quite difficult to find a sufficient number all studying in the same place, and all with a good knowledge of English. In the end, I discovered two departments at the Hanoi University of Technology ....

（調査を実施するにあたり、技術英語のライティングについて十分な知識を持つベトナム人学生が必要でした。当初は学部生を対象に開始しました。一番見つけやすく、自由な時間が最も長いからです。しかし、まもなく大学院生のほうが適しているとはっきりしました。学部生は英語で課題を提出することがあまりないからです。さらに、別の問題にぶつかりました。博士課程のベトナム人学生の多くが、実は海外で勉強しているのです。そのため、同じ場所で勉強していて、しかも英語の能力も高い学生を十分に見つけることは非常に困難でした。結局、ハノイ工科大学の２つの学部を見つけ～)

例1 、例2 のどちらの修正前も問題のない使用可能なスクリプトだが、以下の理由により修正後のほうがオーディエンスは楽しんで聞いてくれるだろう。

- 修正前のバージョンは、論文に書いた文をそのまま読んでいるように聞こえる。通常、人はこのような話し方をしない。受動態を使っているが、これは丁寧さを示すことが多く、ライティングでよく使われるかたちだ(例外は手順を説明するとき➔8.13節)。
- 修正後のバージョンではプレゼンターが中心人物として話している。意思決定過程を語ることによって、プレゼンターは、顔の見えない匿名の情報提供者ではなく、本物の人間に見える。

8.11 生き生きした図表を見せる

「オーディエンスが私の話に興味を持つようになるには、何をすべきか？」と常に自分に問いかけよう。図表を見せるときは命を吹き込む。研究をしているときの情熱や、素晴らしい結果、予想外の結果が得られたときの喜びが伝わるように努力しよう。

次のBlogScopeというソフトの仕組みを説明した図に関するスクリプトを比較してみよう。このソフトの目的は、商品の販売促進のために大企業が陰でブログを操作する仕組みを明らかにすることだ。

修正前

As you can see, this picture shows the framework of our software and how it is able to reveal whether a blog is subject to hidden sponsorship, whether the blog was originally started by a private individual and was then taken over by a company, and whether consumer-followers and leavers of comments are genuine consumers or have been 'planted' by the company.

（ご覧のイラストはソフトウェアの枠組みを示すとともにブログには陰の運営者がいるかどうか、ブログが当初は個人によって開設され、その後企業に引き継がれたかどうか、消費者のフォロワーやコメントの記入者が本物の消費者か、それとも企業によって送り込まれた者かなどを明らかにします）

修正後

So here's the framework. BlogScope has loads of features. [*pause for two seconds while audience looks at the diagram*] I particularly like three things about it, which really reveal how big business is conditioning how consumers react to their products. First, it tells us if the blog is really being operated by an individual or whether a company is secretly sponsoring it. Second, we can find out how the blog began - was it originally set up by an individual, or was a company involved from the start, or was it hijacked by the company? And finally, we can see whether the blog's followers have actually been planted by the company and are working to insidiously promote the company's products.

（こちらがその枠組みです。BlogScopeには数多くの機能があります。［オーディエンスが図を見る間、２秒間のポーズ］私が特に気に入っている３つの機能を使えば、消費者の商品に対する反応を大企業がどのようにお膳立てしているかをことごとく明らかにできます。第一に、ブログが本当に個人によって運営されているのか、極秘に企業からの後援を受けているのかがわかります。第二に、ブログがどのように開設されたかがわかります。個人が開設したのか、最初から企業の関与があったのか、あるいは企業に乗っ取られたかです。最後に、ブログのフォロワーが実は企業から送り込まれた人で、製品の販売促進のためにこっそり働いている人かどうかを見分けられます）

修正のポイントは次のとおりだ。

- 3つの機能に番号を振っている。プレゼンターには列挙しやすく、オーディエンスには理解しやすい
- 細かく3点挙げる前に全体像（消費者の商品に対する反応を大企業がどのようにお膳立てしているか）を示している
- 名詞より動詞を使っている（例：sponsorshipではなくsponsoring）
- 受動態より能動態を使っている
- 人称代名詞を使っている（I、us、we、you）
- 疑問文を使っている
- 感情を表す単語（secretly、hijacked、insidiously）を使っている
- 修正前よりも語数は多いが、長い1文が短い6文に分割されたことで理解しやすくなっている

図表の準備や説明方法→第5章

8.12 方程式、公式、計算はできるだけ避ける

方程式、公式、計算を説明するのは難易度が高く、時間がかかるため、最小限にするか、削除する。

式のデメリット

- 興味を持つオーディエンスはほとんどいないので、混乱させるだけのことが多い
- 式を解き始めると、プレゼンターの話が耳に入らなくなり、プレゼンから気持ちが離れていく

例えば以下の式をスライドに示した場合、プレゼンターは一つ一つの記号を説明したくなるだろう。しかし、時間をかけて説明し終えた頃には、オーディエンスにその前の話を忘れられているかもしれない。

$$kV(s) = \frac{q_1 S(s) + \sigma_2 T(s)}{\beta_3 U(s)}$$

数式を詳しく説明するよりも、その重要性と研究との関連だけを語ろう。詳細は

配付資料に記載してもよい。以下はスクリプトの例だ。

I am not going to explain the details of this formula—you can find them on my website, which I will give to you at the end of the presentation. Basically the formula says that if you want to analyze how easy it is to understand a written sentence, then you shouldn't just concentrate on how many words are used, but also the stress (S) and the time (T) involved in trying to understand it. So U stands for level of understanding. Using this verbosity index we found that scientific papers are 37 times more difficult to read than advertisements for products.

この式をここで詳しくは解説しません。詳しい解説を記載した私のウェブサイトのアドレスを発表の最後にお伝えします。この式が意味していることは、書かれた文章がどの程度理解しやすいかを分析するためには、単語数に焦点を当てるだけでなく、理解に要した負担（S）と時間（T）も考慮に入れるべきだということです。Uは理解の程度を示しています。この冗長性指標を使用することにより、商品広告よりも科学論文を読むほうが37倍難しいことがわかりました。

どうしても式を説明しなければならないときは、一つ一つ抜かすことなくゆっくりと話すこと。一般的に式は論文で扱われるものであり、短いプレゼンの中でオーディエンスに理解させるのは容易ではない。

8.13 能動態と受動態を効果的に使い分ける

自分が直接関与したかどうかにかかわらず、手順の説明は能動態と受動態のどちらを使ってもよい。雑誌からインキをどのように除去し、リサイクルできるようにするかを説明した次の例を見てみよう。

When the magazines first arrive at the de-inking plant, they go through the wire cutter, which is this thing here [*indicates the wire cutter on the diagram in the slide*]. The blade of the wire cutter slips under the baling wire, cuts it and releases loose magazines onto the conveyor. Now here you can see how the magazines then move up the conveyor to a pulping machine, which stirs the paper until a thin pulp is formed. After the magazine pulp has been thoroughly cleaned, it is piped to the final step—the paper machine, which you can see here.

脱墨処理工場に到着した雑誌は、こちらにあるようなワイヤカッターにかけます[スライド上にあるワイヤカッターの部分を指し示す]。ワイヤカッターの刃を梱包用ワイヤの下に滑り込ませて切断し、コンベヤーの上に雑誌をバラバラな状態にして載せます。こちらにあるように、雑誌はコンベヤーでパルプ機まで運ばれ、濃度の薄いパルプになるまでかき混ぜられます。雑誌のパルプが完全に洗浄された後、最終工程であるこちらの抄紙機までパイプで送られます。

可能な限りプレゼンターは能動態で話している（arrive、move、cuts、releasesなど）。後半では受動態を使用している（is formed、has been cleaned、is piped）。これは雑誌から生まれるパルプ（動作の対象）が、これを動かす機械よりも重要だからである。全工程においてパルプが主人公であり、プレゼンのこの部分での主題でもあるからだ。また、能動態を受動態に変換することで説明に変化が生まれ、受動態以外の形も使うことで説明に勢いと力強さが生まれる。

さらに、プレゼンターが工程を追いながらそれを図上で示したり、the wire cutter, which is this thing hereなどの技術的な用語も、それに相当する箇所を指しながら説明しているところにも注意しよう。

第9章

結果と考察

ファクトイド

1. 1998年に一般市民を対象に実施された調査によると、歴史上最も重要な発明は、1位：トイレ、2位：コンピュータ、3位：印刷機、4位：火、5位：車輪である。

*

2. 一般的に人は緑を春、黄色を夏、茶色を秋、白を冬と結びつける。

*

3. 風邪は予防可能である。ある試験によると、ビタミンCを毎日服用していた人は、プラセボを服用していた人よりも発症率が50%近く低かった。

*

4. 認知スキルと賃金の関連性は非常に低い。

*

5. マッチングサイトでは、低収入で低学歴、写真を公開したハンサムでない禿げかかった男性への反応が、裕福でハンサムだが写真を公開しなかった男性への反応よりもよかった。

*

6. 飛行機事故よりもボート事故による死者数のほうが多い。

*

7. 子どもの性格と能力の50%は遺伝子によって決定される。

*

8. アメリカで作成される履歴書の半数に虚偽が含まれている。

*

9. パネリストが写真を見て判断した美人とそうでない人では、美人のほうの収入が5%高い。

*

10. 学校でスポーツをしていた子どもは、平均以上の給与の仕事に就ける可能性が高い。

9.1 ウォームアップ

(1) プレゼンの中で、結果と考察は最もオーディエンスの興味を引きつけるパートだろうか？　その理由を考えてみよう。

(2) 1つ目のファクトイドは1998年の調査結果だが、今でも同じ結果が得られるかどうか仲間と調査してみよう。

(3) ファクトイドの中から3つを選び、示唆される最も重要な意味を書き出してみよう。次に、その情報をオーディエンスに伝える方法を考えよう。

(4) 自分の研究でこれまでのところ最も重要な結果は何か（まだ結果が得られていないならば、どのような結果が予想されるか）。その結果が重要である理由を3つ考えよう。

(5) 研究をちょうど終了したところだとしよう。もしその研究を実施していなければ、どのようなことが起きていただろうか。どのような重要な結果が注目を浴びなかっただろうか。注目されなかったことによって科学コミュニティにどのような影響が及んだだろうか。

研究方法の解説がプレゼンのテーマでない限り（➔**第8章**）、通常は結果がプレゼンの真ん中に来るだろう。この真ん中というのはスライドの数ではなく時間のことだ。スライドはというと、終盤にさしかかっているかもしれない。前半のスライドはテンポよく見せ終わっていることが多いからだ。

本章で学ぶこと

- グラフを使って結果を説明する
- 結果に汎用性があることを示す
- 結果とその解釈の困難さを受け入れる
- 明らかに否定的な結果に対して正直になる
- オーディエンスとの共同研究を呼びかける

結果の考察ではグラフ、図、表などを使わなければならないことが多い。図表をわかりやすく示して説明にかける時間を減らす方法は、**5.2〜5.4節**を参照。

9.2 重要な結果にしぼり、説明は短くまとめる

結果はプレゼンの中でおそらく一番興味を持ってもらえるパートだが、その時間帯のオーディエンスの集中力はおそらく最低レベルだ。人は24時間以内に聞いたことのうち75%を忘れてしまう。すべての結果を詳細に伝えることは時間の無駄だ。

一般的に、結果はプレゼンのハイライトだ。オーディエンスは以下の質問に対する短い答えを期待している。

- 何がわかったのか？
- それは予想通りだったのか？
- どのような意義があるのか？
- 注目すべき理由は？

プレゼン時間が10分間の場合、結果のスライド数は2枚ほどにすべきだ。おもしろくても重要でない話題は、オーディエンスを混乱させるだけに終わる可能性があるため、紹介しないほうがよいだろう。ウィキペディアのごとく何もかも話したいという自分の気持ちをおさえよう。情報満載のスライドを示したところで、どこが重要で、どの部分を見ればよいのかわかっているのはプレゼンターだけだ。

一般化した結果だと伝える方法➔8.8節

9.3 結果は全体の中でどのような位置にあり、価値は何か

結果が最先端の技術の中でどのように位置づけられるのか、プレゼンターにとっては一目瞭然かもしれないが、オーディエンスにはわからない可能性がある。研究分野に結果がどう貢献できるかを伝えよう。そのためには次のような表現がある。

What this means is that ....
（この意味は～）

The key benefit of this is ....
（こちらの主な長所は～）

What I would like you to notice here is ....
（ここでお気づきいただきたいのですが～）

What I like about this is ....
（こちらがよいと思うのは～）

Possible applications of this are ....
（こちらの応用として可能性があるのは～）

I would imagine that these results would also be useful for ....
（結果は～にも役に立つだろうと想像しています）

9.4 グラフの解説は意義のあるものに

プレゼンターは、発表する統計データのことを（自分のものか他人のものかにかかわらず）すでによくわかっているため、早口で細かく解説しすぎる傾向がある。数点だけを選び、オーディエンスが理解できるかたちにして伝えるのがコツだ。

統計データをグラフで示す場合、各軸が何を表し、なぜそれを選んだのかを説明することで、オーディエンスの理解は深まる。また、データに状況説明が加わり、なぜ、どのようにデータを選択したかについての私的見解を加えることもできる。ただし、目盛りが何を表すのか自明であればもちろん説明は不要だ。次のグラフを見てスクリプトを考えてみよう。

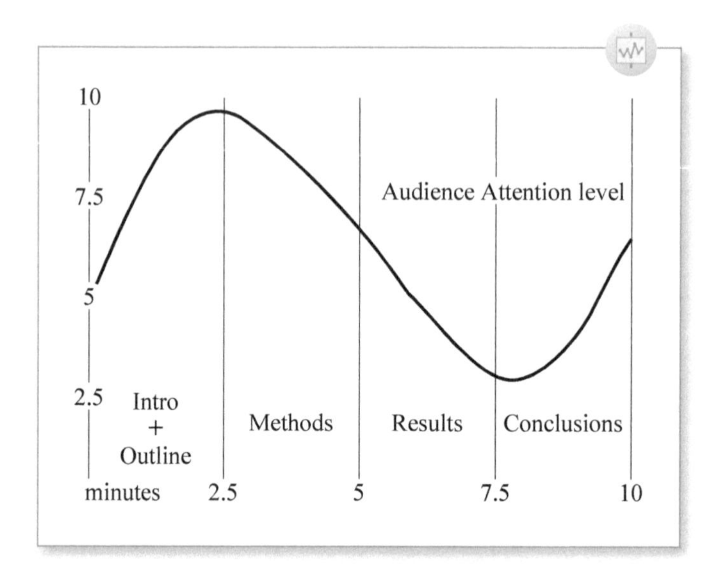

オーディエンスの身になって考えたとき、以下のスクリプトは効果的だろうか。

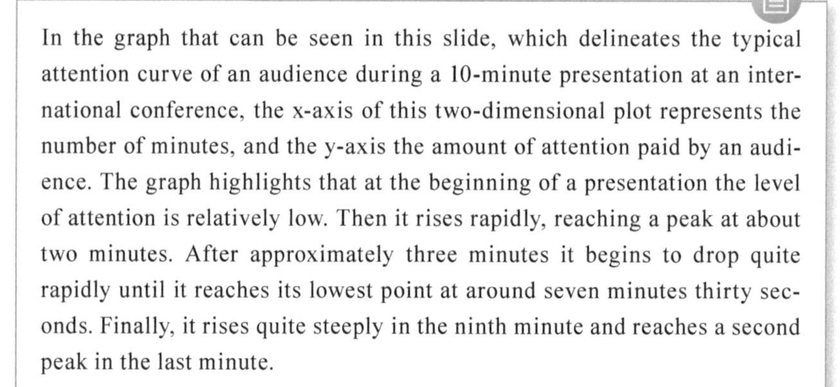

In the graph that can be seen in this slide, which delineates the typical attention curve of an audience during a 10-minute presentation at an international conference, the x-axis of this two-dimensional plot represents the number of minutes, and the y-axis the amount of attention paid by an audience. The graph highlights that at the beginning of a presentation the level of attention is relatively low. Then it rises rapidly, reaching a peak at about two minutes. After approximately three minutes it begins to drop quite rapidly until it reaches its lowest point at around seven minutes thirty seconds. Finally, it rises quite steeply in the ninth minute and reaches a second peak in the last minute.

こちらは国際学会の10分間のプレゼン中におけるオーディエンスの集中力の曲線を示したグラフで、2次元プロットのX軸は時間（分）、Y軸はオーディエンスの集中力の程度を表しています。グラフは、発表の開始時に集中力が比較的低いことを示しています。その後、急速に上昇して約2分でピークに達します。約3分後には急速に低下し始め、7分30秒頃には最低まで落ちます。9分後に急速に上昇し、最後の1分間に2回目のピークに達します。

このスクリプトの問題は、オーディエンスも導き出せるような簡単な情報しか含まれていないことだ。抽象的にダラダラと曲線を描写しているにすぎない。本当に話すべきことは、曲線の解釈と、そこからどのような知見が得られるかだ。次の修正例を参考にしよう。

OK, so let's look at the typical attention curve of an audience during a 10-minute presentation. [*Pauses three to five seconds to let audience absorb the information on the graph*]. What I'd like you to note is that attention at the beginning is actually quite low. People are sitting down, sending messages on their Blackberry, and so on. This means that you may not want to give your key information in the first 30 seconds simply because the audience may not even hear it. But very quickly afterwards, the audience reach maximum attention. So this is the moment to tell them your most important points. Then, unless you have really captivated them, their attention goes down until a minute from the end when it shoots up again. At least it should shoot up. But only if you signal to the audience that you are coming to an end. So you must signal the ending, otherwise you may miss this opportunity for high-level attention. Given that their attention is going to be relatively high, you need to make sure your conclusions contain the information that you want your audience to remember. So stressing your important points when the audience's attention will naturally be high—basically at the beginning and end—is crucial. But just as important is to do everything you can to raise the level of attention when you are describing your methodology and results. The best ways to do this are ....

では、10分間のプレゼン中に一般的なオーディエンスの集中力がどのように上下するか見てみましょう。[オーディエンスがグラフの情報を理解するまで3~5秒のポーズ] まずお伝えしたいのは、開始時の集中力が実はかなり低いことです。オーディエンスはちょうど席に着くところであったり、携帯電話でメッセージを送っていたりします。つまり、最初の30秒間は重要な情報を伝えないほうがよいということです。オーディエンスには聞こえてすらいない可能性があります。しかし、その後すぐにオーディエンスの集中力は最高レベルに達します。最も重要な点を伝えるべき瞬間はこのときです。その後、よほどオーディエンスがあなたに魅了されていない限り集中力は下がり続けますが、終わる1分前に再度上がります。少なくとも下がることはありません。ただし、プレゼンがもう少しで終わることを伝えていればですが。そのため、終わりに近づいていることをオーディ

エンスに気づいてもらわなければなりません。さもなければ集中力が高くなるこの機会を逃してしまうでしょう。集中力が比較的高くなると仮定すると、結論にはオーディエンスに覚えて帰ってもらいたい情報を確実に含める必要があります。ですから、オーディエンスの集中力が自然と高くなっているときに、基本的には開始時と終了時に、重要なポイントを強調することが極めて大切です。しかし、同じくらい重要なことは、方法と結果の説明中も、オーディエンスの集中力を高く維持するためにできることはすべてやることです。このために一番よい方法は～。

スクリプトのポイント

- 曲線そのものの説明ではなく、曲線が示唆する意味を話している
- この例のX軸とY軸の目盛りの意味は一目瞭然であり、説明していない
- 伝えたいことを強調している
- 重要なポイントを2回以上繰り返す（この場合、give important information at the beginning and endとsignal that you are coming to an end）
- youを用いてオーディエンスに直接話しかけている

注目すべきは、グラフを作ったことでプレゼンのどのパートとどの時間帯が対応するか理解しやすくなっている点だ。例えば、5分から7、8分にかけて集中力が大きく落ちる時間帯は、結果を発表するパートに対応していることが視覚的に理解できる。したがって、一般的にプレゼンの中で最も重要なパートが結果だと仮定すると、プレゼンターはあらゆることをしてオーディエンスの気持ちを取り戻し、結果を確実に聞いてもらわなければならない。

このグラフの情報は、10分間のプレゼンの中でどのように時間を使うべきかを非常に大まかに示しただけのものにすぎない。研究結果よりも研究方法がはるかに重要またはおもしろい場合もあるだろう。その場合は方法にかける時間が長くなる。

図表の説明方法→5.2～5.4節

9.5 自信過剰かつ横柄で批判的に響く表現を避ける

結果を伝えるときには、通常、他の解釈を受け入れる寛大さを示すほうがよい。

✕ 修正前

These results *definitely prove* that plain ethylene-vinyl acetate and cellulose are incompatible. *Our results also demonstrate* that cellulose fibers *are* more effective fillers for .... *No other researchers* have previously managed to find evidence of this effectiveness. *Cellulose should therefore be used* in preference to ....

（これらの結果は無添加のエチレン酢酸ビニルとセルロースの相性が悪いことを確実に証明しています。また、セルロース繊維は～の充填剤としてより効果的であることを示しています。この効果について根拠を発見できた研究者は今までにいませんでした。したがって、セルロースは～に優先して使用されるべきです）

○ 修正後

These results *would seem to indicate* that plain ethylene-vinyl acetate and cellulose are incompatible. *We believe that our results also highlight* that cellulose fibers *may* be more effective fillers for .... *To the best of my knowledge,* no other researchers have previously managed to find evidence of this effectiveness. *I would thus recommend using* cellulose in preference to ....

（これらの結果は無添加のエチレン酢酸ビニルとセルロースの相性が悪いことを示唆しているようです。また、セルロース繊維は～の充填剤としてより効果的な可能性があることも示していると思います。私の知る限り、この効果についてエビデンスを発見できた研究者は今までにいませんでした。そのため、～に優先してセルロースを使うことをお勧めしようと思います）

スクリプトを修正してもプレゼンターの説得力は消えていない。それどころか、寛大さを見せることによって信頼性が増している。常に新しい発見は生まれているし、他の方法で同じ結果が得られるかもしれない。このような点を自覚していることがオーディエンスに伝わっている。

このテクニックは**ヘッジング**と呼ばれ、プレゼンにおいては、プレゼンターが横柄で押しの強い人間に見られないようにするために使うコミュニケーション方法だ。断定的な表現を避ける次のような言葉を使うことで、批判から自分を守ることができる。

- would seem to（のように見える）やwould appear to（のように思える）を、prove（証明する）、demonstrate（論証する）、give concrete evidence（具体的な根拠を述べる）、support（裏付ける）などの動詞の前に置く（修正後のスクリプトを参照）。

- suggest（示唆する）、imply（暗示する）、indicate（指し示す）などを、prove（証明する）やdemonstrate（論証する）のような強い動詞の代わりに使う。

- would、might、may、couldなどの助動詞を使って強い断定を避ける。例えば、this could possibly be the reason for ...（これはもしかすると～の理由の可能性がある）、this may mean that ...（これは～という意味かもしれない）など。

- probably（多分）、possibly（ひょっとしたら）、likely（おそらく）、it is probable/possible/likely that ...（多分／ひょっとしたら／おそらく～である）などの表現を、definitely（明確に）、certainly（確実に）、surely（確かに）、undoubtedly（疑いなく）、indisputably（議論するまでもなく）などの断定的な副詞の代わりに使う。

- No data exist in the literature on this topic（この件についてデータは文献に存在しません）やThis is the first time that such a result has been achieved（そのような結果を得ることができたのは初めてです）といった断定的な文章を避け、to the best of our knowledge（私たちの知る限り）、as far as I know（私の知る限り）、I believe（信じています）、I think（思います）などの表現を使う。

- 自分の考えを相手に押し付けようとしていると思われないように注意する。修正前のCellulose should therefore be usedは語気が非常に強い。この場合、shouldをmustとしてもほとんど差はない（どちらの助動詞も義務を表す表現で使われることが多い）。

もし、あなたがジム・スミスで、次の修正前のスクリプトを聞いたらどのような気持ちになるか想像してみよう。

✕ 修正前

I completely disagree with Jim Smith's interpretation of his own findings. He clearly misunderstood the significance of the outliers and failed to take into account the results of the third study.
（私はジム・スミスの研究結果の解釈にまったく同意できません。外れ値の重要性を明らかに誤解し、３番目の研究結果を考慮に入れていません）

○ 修正後

I found Smith's interpretation of his findings very interesting, though I do think there could be another reason for the outliers. Also, it might be worth analyzing the results of the third study in a different light.
（スミスの研究結果の解釈は非常に興味深いと思いましたが、外れ値については別の理由があると考えます。また、３番目の試験結果も別の視点から分析する価値があるのではないかと思います）

たとえ修正前のスクリプトの内容が真実であったとしても、これほど否定的に発表されると快くは思わないだろう。修正後のように、ヘッジング表現を使い、常に礼儀正しく、丁寧に話すことが大切だ。

ヘッジング表現→『ネイティブが教える　日本人研究者のための論文の書き方・アクセプト術』（講談社）第10章

9.6 結果の解釈で問題になりうる点を伝える

唯一無二の解釈や明快な解釈ができない結果となっても、心配する必要はない。ヘッジング表現を使用して、このような困難を切り抜けよう。

> ***Interpreting*** these results ***is not straightforward*** primarily because the precise function of XYZ has not yet been clarified.
> （これらの結果の解釈が簡単でないのは、XYZの正確な機能がまだ明らかではないことが主な理由です）

Although the physiological meaning ***cannot be confirmed*** by any direct observation, I believe that ….
（直接観察では生理学的な意味を確認できませんが、〜と思います）

Despite the fact that ***there appears to be*** no clear correlation, I think/imagine that ….
（明らかな相関はないようですが、〜と思います）

One way of explaining these contrasting results ***could be*** ….
（この対照的な結果の説明として一つには〜の可能性があります）

One of the possible interpretations for such discrepancies ***might be*** ... but our future work ***should be*** able to clarify this aspect.
（このような矛盾の解釈として一つには〜の可能性がありますが、この点については今後の研究で明らかになるはずです）

The results did not confirm our hypothesis, ***nevertheless I think*** that ….
（結果は仮説を確認するものではありませんでしたが、それでもやはり〜と思います）

助動詞（might、could、should）、譲歩を示す副詞（although、even though、despite the fact、nonetheless、nevertheless）、100％の確信より仮説であることを表現する動詞（think、believe、imagine）が多く使われている点に注目しよう。このような表現は謙虚な印象を与える効果がある。

また、前半3例のイタリック体の動詞（interpret、confirm、appear）の主語は人でないため、例えばwhen I tried to interpret these results（私が結果を解釈しようとしたとき）などとは異なり、プレゼンターの人格を表面に出さない伝え方になっている。結果との間に距離を置くことで、研究者の個人的な判断ではないという印象をはっきり与えている。

9.7 予想した結果かどうかを伝える

結果が予想通りでなかった場合、オーディエンスは好奇心を刺激されるだろう。それが退屈な事実ではなく、興味深いことだと思われるように理由を伝えよう。

× 修正前

The research failed to find agreement with our initial hypotheses. The results indicated X and not Y. Further analysis of the data revealed the necessity to effect a modification of a fundamental nature in our perspective.

（研究では当初の仮説との一致を見つけられませんでした。結果はYではなくXであることを示しました。データをさらに分析したところ、私たちの見方は根本的に修正する必要があるとわかりました）

○ 修正後

I was surprised at the results, to say the least. It was actually the middle of the night, and I remember phoning the others in the team to tell them the news .... The results were not what we were expecting at all. In fact they indicated X rather than Y. And now that we have examined the data in more detail, what we found is now beginning to cause a fundamental change of view.

（控えめに言っても、結果を見て驚きました。実際、真夜中だったにもかかわらず電話でチームメンバーに知らせたのを思い出します。結果は私たちがまったく予想していないものでした。それどころかYではなくXであることが示されていました。さらに詳しくデータを調べ、私たちは今、根本的に見方を修正しつつあります）

修正後のスクリプトのように自分の感情について話し、ナラティブスタイルを使うときには、必然的に語数が多くなる。本書では基本的に常に簡潔であるべきだと伝えてきたが、この場面は例外だ。ここで盛り上がりを作らなければ、オーディエンスの好奇心は消えるだろう。

9.8 おもしろくない、否定的な失敗結果に向き合う

人気雑誌の*New Scientist*では次のように述べられている。

「科学において期待していたとおりの結果が得られることはめったにない」

分野によっては、6～9ヵ月後に予定されている学会に現在進行中の研究結果を発

表できると判断して、プレゼンを引き受けることもある。しかし、予想外の、または何の感動もない、見るからに不可解な結果が出て困ることがあるだろう。

ベン・ゴールドエイカー博士は、医学界、製薬業界、マスメディアに対して、否定的な結果を発表するときは透明性を高めるよう説得することに尽力してきたイギリス人医師だ。彼は否定的なデータ（偶発的な患者の死亡など）を伏せておく危険について語る。読み応えのある素晴らしい著書*Bad Science*では次のように述べられている。

「出版バイアスは非常に興味深く、とても人間的な現象だ。数々の理由により、結果の良かった試験は悪かった試験よりも発表される可能性が高まる。研究者の立場に身を置いて考えてみると理解しやすい。まず、悪い結果が出たときには、結局は時間の無駄だったと思える。何も発見できなかったと自分を納得させることは簡単だが、実はこのとき、実験はうまくいかなかったという非常に有益な情報を発見している。（中略）出版バイアスはよくあるもので、分野によっては他の分野よりも蔓延していることがある。例えば、1995年に発行された代替医療系の学術誌に掲載された全論文中、否定的な結果を示していたのは1%にすぎなかった。最近の数字でも5%だ」

要するに、否定的な結果を隠してはならないということだ。実際には社会の役に立つ情報かもしれない。

9.9 否定的な結果を共同研究の機会に変える

学会の目的は、よいことであっても悪いことであっても経験を共有することだ。悪い（あるいはそう見える）結果が得られたとしても、オーディエンスはきっと同情してくれるはずだ。また、自分が行えば同じ状況になったはずなので、おそらく大部分がホッとするだろう。否定的な結果には次のように対応しよう。

- 結果は自分が望んでいたものではないことをオーディエンスに対して認める
- 決して悪い結果を隠蔽したり、良い結果に見えるように修正したりしない

- 問題解決のために考えている次の計画について話す
- 「このような経験をされた方はいませんか？　どのように対応されましたか？」など質問を投げかけて、後で自分に声をかけるように促す

これらの対応を怠ると、十分な準備をする意欲を失い、つまらない結果だと自己評価してしまい、オーディエンスを感動させることなくプレゼンが失敗に終わるリスクが高まる。いずれにしても、否定的なデータや予想外のデータを発表するときの困難をどのように解決すればよいかについて、周りの教授や仕事仲間に助言を求めることも重要だ。

9.10 考察や討論を促す

プレゼンターに説得力があると同時に、他のアプローチや解釈を受け入れる度量もあれば、学会はおもしろくなる。研究の限界についての議論も活発になるだろう。このような姿勢を持つことで、プレゼンターとして次の利点がある。

- 信頼できる人だという印象を与えられる。他の解釈を受け入れるだけの器の大きい人物に見える。
- 親しみやすい人だという印象を与えられる。学会でのプレゼンは、大学教授が行う生徒への講義ではなく、オーディエンスと意見を交換する場だ。声のトーンを硬くせず、フレンドリーに聞こえるように話すことが重要だ。質疑応答やプレゼン後の懇親会などでは積極的に質問をしてくるのに、プレゼン中は消極的なオーディエンスを作り出してはならない。

考えや結果に議論の余地がないプレゼンが連続すると、刺激的な学会にはならないだろう。

第10章 結論

専門家はこう考える

失敗する可能性のあるものは、すべて失敗する。（マーフィー）

*

もし、タイムトラベルや過去の修正の可能性を認める議論領域があれば、その議論領域でタイムマシンが発明されることはない。（ニベン）

*

必要以上に実体を増やしてはならない。（オッカム）

*

精神的な成長には幾多の重要なステップがあるが、新しいスキルを獲得するだけでなく、覚えたスキルをうまく活用する方法を習得することが基礎となる。（パパート）

*

多くの現象で、結果の80％が原因の20％から生まれている。（パレート）

*

仕事は、完成のために与えられた時間をすべて使い終えるまでふくらむ。（パーキンソン）

*

ピラミッド型の組織構造では、どの社員も無能な存在となるまで昇進しようとする。（ピーター）

*

あらゆるものの90％はクズである。（スタージョン）

*

研究論文の長さは、そこに述べられた結果の有用性に反比例する傾向がある。（ウォールワーク）

10.1 ウォームアップ

次のエクササイズをやってみよう。

(1) Google画像検索の検索窓に［conclusions slides］（結論 スライド）と入力して検索する。多種多様なプレゼンに使われた多くのスライド画像が表示されるはずだ。

(2) 20行ほど先までスクロールし、①標準的だが効果的ではない、②標準的で効果的、③オリジナリティーがあり効果的なスライドをそれぞれ3枚ずつ選ぶ。

(3) 選んだスライドを仲間と見せ合う。

(4) Google画像検索を使って見つけたスライドから導き出せる結論をまとめ、スライドにする。

結論はプレゼンの中でも極めて重要な部分だ。特に注目してほしいことや伝えたいことを提示し、良い印象を残そう。将来、オーディエンスがあなたの論文を読んで連絡を取りたいと思うかもしれない。

本章で学ぶこと

- 結論をわかりやすく簡潔に述べる方法
- 今後の研究について伝える方法
- オーディエンスからフィードバックをもらう方法

10.2 事前に準備したクロージングの言葉通りに簡潔に話す

プレゼン時間が10分間の場合、結論にかけられる時間は約1分間だ。文章にしてせいぜい3～4文で、簡潔に話さなければオーディエンスは興味を失い、プレゼンターの話す内容を覚えられないだろう。

クロージングの言葉を事前に用意し、その通りに話すことが大変重要だ。突然、That's it（これで終わりです）やThank you（ありがとうございました）と言って終わっては良い印象を残せない。

まず、背筋を伸ばして立ち、オーディエンスをまっすぐに見る。これがもうすぐ終わるというサインだ。オーディエンスの眠気を覚まし、伝えたい最終ポイントに集中させるためにこれは重要だ。

最後の60秒間もオープニングと同様に、スライドやパソコン、メモを見ずにオーディエンスだけを見て話せるように、セリフを覚える努力をする。このように話すことで、自信に満ちたプロフェッショナルな人だという印象を与えることができる。

結論をはっきりと述べる。前のパートより少しゆっくりと話す。早く終わらせようとして早口になってはならない。

10.3 情熱を示し、要点を再確認する

わかりやすい言葉を使って友人に話すようにオーディエンスに話しかけ、さらに説得力（とできれば情熱）があれば、最も効果的なプレゼンとなる。次のクロージングの言葉を比較してみよう。

× 修正前

Well, we have arrived at the end of this presentation now. In conclusion, from these results the following considerations can be drawn. Using the methodology outlined in this presentation, we have given a demonstration that the interview technique commonly used by social scientists and economists has a number of serious drawbacks. The responses of interviewees tend to be phrased in such a way as to appear to assume a certain level of social responsibility. In addition, there is an inherent flow in the questionnaires themselves. And last but not least thank you for your attention.

（さて、プレゼンの終わりにたどり着きました。これらの結果から次のような結論を導くことができます。私たちはこのプレゼンで説明した方法を使って、社会科学者や経済学者がよく使う面接技法には多くの重大な欠点があることを示してきました。それは、回答者の回答が、一定の社会的責任を負っているかのように表現されがちであることです。さらに、質問項目自体にも独特の流れがあります。最後までお聞きくださり、ありがとうございました）

○ 修正後

So, just a quick summary. In three different studies, researchers have found that 52% of US citizens believe in angels, 80% recycle their waste, and 93% consider that they have above average common sense, just to list a few of the rather dubious findings I have mentioned in this talk. We found three key problems with interviewing people. Firstly, people respond in what they consider to be a socially acceptable way. For example the amount that they recycle. We proved in a random sample, that most of those who claimed to recycle, did not. Secondly, the questionnaires are flawed. For instance, there is a very big difference between an angel and a guardian angel, someone who is just looking out for us. And finally we ....

So thanks for listening. If you would like a copy of our recommendations for interviews, and our suggested alternatives, here is the link. And here's my email address. Please contact me if have any fun - or serious - interview findings that you would like to share with me. I am sure you have plenty!

（では、ここで簡単にまとめます。アメリカでは52%の市民が天使を信じ、80%がゴミをリサイクルし、93%が平均よりも知性が高いと自認していることが3つの研究によってわかっています。これは、本日お話しした疑わしい結果のほんの一部にすぎません。私たちは面接に関して3つの大きな問題を見つけました。第一に、人は社会的に受け入れられる答えかどうかを考えて回答をします。例えば、リサイクルをする量です。私たちが行ったランダムな調査では、リサイクルをすると回答していた人の大部分が、実はしていませんでした。第二に、質問内容に欠陥があります。例えば、angel（天使）と現実世界で見守ってくれる人を指すguardian angel（守護天使）では、大きな違いがあります。最後に〜。

ここまでお聞きくださりありがとうございました。面接についての推奨事項や代替方法に関する提案資料をご希望でしたら、こちらのリンクからご覧ください。こちらが私のメールアドレスです。面接についておもしろい発見や重大な発見を共有していただける場合は、ぜひご連絡ください。きっと皆さん、たくさんお持ちだと思います）

修正前には問題点がある。

- キーワードのinterview techniqueが出てくるまでに36ワードもある
- 多数の名詞を使っている（foundではなくgiven a demonstration、respondではなくresponse）
- 修正後では研究結果をオーディエンスに思い出させるために例や重要な事実を話しているが、修正前では話していない
- プレゼンターの口調に熱がこもっていない
- オーディエンスとのつながりを作ることなく終了している
- 連絡方法を知らせていないため、コラボレーションの機会を逃している

ついでながら、アメリカでは半数以上が天使を信じているという結果を得たこの調査では、39%が悪魔を、37%が予知能力を、29%が占星術を、10%が幽霊と魔女を信じているという結果が出ている。

10.4 最後のスライドには役に立つ情報を必ず載せる

次のスライドがあったとしよう。このスライドを削除しても、オーディエンスはプレゼンを理解できるだろうか。おそらく可能だろう。

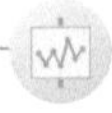

FUTURE WORK（今後の研究）

- ▶ We want to perform experiments using the prototype gizmo
（試作品の装置を使用して実験を実施したい）
- ▶ We will enhance the prototype so that we can produce an industrial version
（産業版を製造できるように試作品の質を高める）
- ▶ We will trial the industrial version in hospitals
（病院で産業版の試験を実施する）

重要ポイントをまとめたスライドをオーディエンスに確実に読んでもらうためには、主語と動詞を含んでいる完全な文を書かない。短い語句にして見せることで、オーディエンスはその意味を考えなければならなくなり、集中力が高まる。スライドは次のように修正するとよいだろう。

FUTURE WORK（今後の研究）

- Experiment using gizmo
（装置を使った実験）
- Enhance prototype to industry
（試作品から産業界へ拡大）
- Trial in hospitals
（病院での試験）

プレゼンターにとっては3つの項目を覚えやすく、オーディエンスは、それぞれの言葉の背景にある意味を聞き取ろうとして注意力が高まる。しかし、会場に英語のリスニング力が低いオーディエンスもいると想定される場合は、完全な文章を書いたほうがよいこともある（→**4.3.3項**）。

あえて結論のスライドを作らない方法もある。その代わりにホワイトボードの前に移動してexperiment、enhance、trialとキーワードを書く。オーディエンスの視線を移動させるだけだが、注目を得られやすく、プレゼンターの言うことに耳を傾けてもらいやすくなる。

10.5　5通りのクロージング

6.4〜6.13節で10通りのオープニングを示したが、クロージングには5通りある。

［1］画像を使用する
［2］オーディエンスにとっての重要性を訴える
［3］統計データを提示する
［4］フィードバックを求める

[5] 今後の研究について話す

これから解説する各クロージングでは以下のテクニックを使う。

- in conclusion（結論としては）やto sum up（要約すれば）という簡潔な表現を使って、これから結論に入ることを単刀直入に伝える。オーディエンスの集中力は終わりが見えてきたときに上がるものだ。
- 重要なメッセージをオーディエンスにはっきりと伝えるため、プレゼンのポイントを繰り返す。
- 直接呼びかけ、関心を引き寄せることでオーディエンスの集中力を高める。

10.5.1 ● ［1］画像を使用する

プレゼンのクロージングとして、これがおそらく一番簡単な方法だ。その方法には数多くのバリエーションがある。

- プレゼンの前半や中盤で使った重要な画像があれば、その上に結論をスーパーインポーズ（重ね合わせ）して使う。オーディエンスがそれまでの重要なポイントを思い出すのに役立つ画像を選ぶことが重要だ。
- オープニングで自国を紹介したときは、クロージングでも類似の写真を使って、または風景写真をコラージュして、いつか遊びに来てほしいと提案する。
- 結論で主に今後の研究について述べる場合、研究コンセプト、またはシンプルな研究概要を、もし研究が進行中であれば途中経過を示すイラストを作る。“Men at work（工事中）”のイラストを利用することもあるが、同じような画像を使う他の研究者との差別化を図るため、できるだけオリジナルのイラストを作成しよう。
- クリエイティブなスライドを作りたいなら、アニメーションや写真などを使ってメッセージを楽しく伝えるのも一案だ。TEDで行われたプレゼンのクロージングを参考にしよう。

オーディエンスの印象に残る最終スライドは、その作成に時間を投資するだけの価値がある。将来、別のプレゼンで再利用できるかもしれない。私の場合、イタリアのピサに住んでいるため、私がピサの斜塔を手で支えているおもしろいイラストを描いてもらった。何年もそのイラストをプレゼンの最後に使っているが、いつもオーディエンスに笑顔が生まれ、プレゼンを温かくポジティブな雰囲気で終えることができている。

10.5.2 ● [2] オーディエンスにとっての重要性を訴える

研究の意義とオーディエンスを直接つなげる。研究結果を実行に移せば（あるいは移さなければ）、オーディエンスにどのような影響が生じるかを語ろう。

In conclusion, our comparison of inner city schools in poor areas and private schools in richer areas highlighted that kids from private schools achieve about 20% better results. What we found to be critical was what children do during their summer holidays. The parents of the children from richer families tended to give their kids access to more books and to encourage them to visit museums and so on. Kids from the inner schools simply didn't have this extra boost from their parents. And just to remind you what I said during my discussion of the results, this means that having access to more computers or to better teachers does not seem to make much difference. So if any of you have kids, I think there are four lessons to be learned. First encourage them to be as proactive as possible, second tell them not be afraid of authority, third get them to engage in critical thinking, and finally don't let them spend the whole of the summer holiday lying on the beach or surfing YouTube and Facebook.

結論として、貧困地域の過密地区学校と富裕層地域の私立学校の比較では、私立学校の生徒のほうが約20％良い成績を示しました。重要なことは、夏休みに何をするかだとわかりました。豊かな家庭の親は、読書や美術館に行くことなどを子どもに勧める傾向がありました。貧しい地域の子どもは、両親からこのような声をまったくかけられていませんでした。また、結果を考察したときにお話ししましたが、コンピュータやレベルの高い教師とのつながりが増えても影響は変わりませんでした。そこで、もし皆さんにお子さんがいれば、どうぞ4つの教訓をお持ち帰りください。第一に何ごとも前向きに行動するように促すこと、第二に権威を恐れないようにと伝えること、第三にクリティカル思考で判断させること、そして最後に海岸でゴロゴロしたり、YouTubeやFacebookをダラダラ見たりするだけの夏休みにさせないことです。

10.5.3 ● [3]統計データを提示する

以前、車のオルタネーター（交流発電機）に関する研究発表を見たことがある。オルタネーターはガソリンエンジンの動力を電力に変換し、これを車の走行に必要な電力として供給する。そのオルタネーターを使うと、1年で2～3%のガソリン消費量を削減できるため、90ユーロを節約できるということだった。

ここでの問題は、90ユーロという数字が大きな削減に聞こえないことだ。以下のスクリプトを使うことで、情報をさらに効果的に伝えることができるだろう。

So, to sum up, I think there are three advantages of my design for an alternator. The first two advantages, as I showed you when I was explaining the design and development, are that it costs less to produce than traditional alternators, and a massive 80% of its parts can be recycled. But I think the third benefit is the one that will interest you the most. My alternator will reduce gasoline consumption by about 2-3%. That may not sound very much. But if everyone in this room used it—I have counted about 50 people here—then we would save nearly 5000 euros a year. If every car driver in this country used it, we would save about 1.8 billion euros a year. That's a lot of money saved on importing gasoline from abroad. And that's without even thinking about the reduced environmental impact.

要点をまとめますと、私が設計したオルタネーターには3つの利点があると考えています。まず、最初の2つですが、設計と開発の説明でお見せしたとおり、従来のオルタネーターよりも安く製造可能な点、80%もの部品がリサイクルできる点です。しかし、皆さんに最も興味を持っていただけるのは3つ目の利点だと思います。このオルタネーターを使うとガソリンの消費を約2～3%削減できます。これはあまり大きくないように聞こえるかもしれません。しかし、もしこの会場にいる約50名の皆さん全員が使用すると、1年に5,000ユーロ近く節約できます。この国のドライバーの一人一人が使用すれば、1年に約18億ユーロを節約できます。原油を海外から輸入していることを考えれば、大幅な節約といえるでしょう。さらに、環境への悪影響を低減できることは言うまでもありません。

興味を引きつけるデータの提示はプレゼンの締めくくりにぴったりだ。しかし、次の点に注意しよう。

- 何らかのかたちでオーディエンスとのつながりを示す
- 必要に応じて数をまとめ、力強く、効果的なデータに見せる

10.5.4 ● [4] フィードバックを求める

結論の時間をオーディエンスから知恵を拝借するために当ててもよい。次の例では3つの結論を使ってオーディエンスの好奇心を刺激している。

What would be great for us is to have your feedback on these three points [*points to his slide which contains three key conclusions*]. First, it seems to us that our Gizmo has solved the problem of overheating—what do you think? Second, our results would appear to show both P and Q—so what is the reason for this apparent contradiction? It would be really useful if any of you could give me some ideas on this. Third, we are pretty sure that our Gizmo could be used in hospitals—but maybe you know of other possible applications.

この3点について皆さんのご意見をいただけますか。[重要な結論を3点記したスライドを示す] 第一に、この装置は過熱の問題を解決していると思います。皆さんの考えはどうでしょうか。第二に、私たちの結果ではPとQの両方を示しているようです。矛盾しているように思えるこの点について、どのような理由があるでしょうか。どなた様からでもご意見をいただけましたら助かります。第三に、私たちはこの装置を病院で使用できると考えていますが、その他にどのような応用の可能性があるでしょうか。

10.5.5 ● [5] 今後の研究について話す

今後の研究の見通しを立てることは、実は学会に参加する大きな理由の一つだ。そして、プレゼンは自己アピールをする絶好の機会となる。目の前に100人の参加者がいるとして、そのうちの一人があなたへの支援や協力に興味があるかもしれない。自分の研究活動の継続について助言をくださる方とぜひお話ししたいとオー

ディエンスに伝えよう。説得力のあるプレゼンを行い、自分は科学的知識だけでなく人柄も魅力的でともに働きたいと思える人間だと伝えることができれば、今よりも設備が整い資金も豊富な別の研究所から招待を得られる可能性がある。

特に、結果が悪かった場合や予想通りに研究が進まなかった場合、今後の研究について話すことは重要だ。結論で研究の限界について話すのもよい。いずれの場合も、今後は直面した問題を修正するという意志と、どのように修正する計画なのかを伝えよう。

A possible limitation of our work is that we have used two rather simple datasets. Unfortunately, due to computational constraints we couldn't use larger networks. But as I hope I have highlighted, we are still only in the first phase. So we are more interested in the methodology. But in the next phase, we are planning to implement the code using other programming languages. In any case, I think that there are two main benefits of our methodology compared to previous ones. First, ...

研究の限界として考えられるのは、多少シンプルなデータセットを2つ使っていることです。残念ながら、コンピュータ上の制約のためにこれよりも大きなネットワークは使えませんでした。しかし、強調しましたように、私たちはまだ第一段階にいます。ですから方法について大いに関心を持っています。ただし、次の段階では別のプログラミング言語を使ったコードの実装を計画しています。いずれにしても、過去の方法に比べて、私たちの方法には大きく分けて2つの利点があると思います。第一に～。

10.6 印象に残るスライドで締めくくる

学術分野のプレゼンでは、約95%が以下のいずれかのスライドで発表が終わる。

1. Acknowledgments（謝辞）
2. Thank you（ありがとうございました）、またはThank you for your attention

（ご清聴ありがとうございました）
3. Questions?（質疑応答）、またはAny Questions?（ご質問をお受けします）
4. Contact details: adrian.wallwork@gmail.com（連絡先：[メールアドレス]）

1の謝辞で終わりにすると、印象に残らないプレゼンになる。プレゼンターが謝意を示したい人物に興味を持つオーディエンスは少なく、無用な情報を示した非常につまらないスライドで終わったという印象を残すだろう。もし謝意を伝えることが重要であれば、スライドの下にごく小さな文字で示そう。

2のオーディエンスに感謝する方法は、プレゼンが終わることを知らせる一般的な方法だ。私の生徒の一人は「みんながやっているから、やらないと失礼になる気がして」常にこの方法を使っているそうだ。お決まりのように使われ、同じ終わり方のプレゼンを24時間前からすでに20本も見ているようなオーディエンスからはおそらく感謝されないため、逆にこの方法を採用しないのも一案だ。3の方法は効果的だが、質疑応答が始まることを伝える方法としてはこれも常套句だ。4の連絡先を伝えるスライドは重要だ。次のような表現を使うともっと効果的だろう。

> Please get in touch! adrian.wallwork@gmail.com
> **（連絡をお待ちしております。[メールアドレス]）**

2～4番の方法のどれか、または組み合わせて使う場合は、文字の背景に写真を使うと効果的だ（**➔10.5.1項「[1] 画像を使用する」**）。

私はこれまでに、背景の写真に写っている人や動物がThank youと言っているように見えるスライドを多数見てきた。例えば、多くのアフリカの子どもがかかる疾患の治療法について、ケニア出身の医学研究者がプレゼンしたときのスライドがそうだった。彼女はアフリカの子どもが話しているような吹き出しを使ってThank youと伝えていた。環状交差点の中心に野草を植えることに関するプレゼンもそうだった。そのスライドでは、花の上を飛び回っている蝶がThank youと言っていた。

10.7 最後のスライドのコピーを用意する

最後のスライドを表示しているのに「進む」ボタンを押してしまい、スライドショーを終わらせてしまうことがある。押しすぎてプレゼンソフトの編集画面に戻ってしまい、自分のデスクトップが表示されるのはあまりプロフェッショナルらしくない。最後のスライドは2～3枚コピーしておこう。もし最後のスライドに達したのに間違って「進む」ボタンを押してしまっても、スライドは変わらない。

その後ろに、質疑応答セッションで必要になりそうなスライドを入れておく。想定される質問への回答を準備しておけば役に立つだろう。

10.8 質疑応答へ移る前に伝えること

質疑応答（➔**第11章**）の前に言うべきことには次のようなものがある。

- 関連文書や配付資料などをどこで得られるか伝える
- 連絡は自分宛にもらいたいか（その場合は連絡先を伝える）、別の誰かにしてほしいかを伝える
- オーディエンスに感謝を伝える
- 質問があるかどうかを尋ねる（司会者がいるプレゼンの場合、通常は司会者がオーディエンスからの質問を募る）

第11章 質疑応答を上手に乗り切る

ファクトイド

1. サイの角、牡蠣（かき）、唐辛子、ゆで卵、トリュフなどの媚薬は本当に効果的か？

＊

2. バナナは木に実るか？　また、ベリー類（多肉果）の仲間か？

＊

3. 原始的な言語は進化した言語よりもシンプルか？

＊

4. 例外で規則を証明することができるか？

＊

5. ゴリラは凶暴で攻撃的な動物か？

＊

6. 男性の胸毛は男らしさの象徴か？

＊

7. 雷は同じところに二度と落ちないか？

＊

8. 人食い植物は存在するか？

＊

9. ダーウィンは人間が類人猿から進化したと言ったか、またはその可能性を示唆したか？

＊

10. 危険を伴う活動（例えば飛行）は、長く行うほど事故が起きる可能性が高まるか？

11.1 ウォームアップ

(1) ファクトイドの答えがわかっただろうか？　正解はすべて「いいえ」だ。
(2) 次の問いの答えを考えてみよう。

- あなたは質疑応答セッション対策のためにどのような準備を行うか？あらかじめ質問を予測することは可能か？
- もし前もって質問がわかっていたら、どのような準備をするか？
- 内容を理解できない質問を受けたとき、あなたはどのように答えるか？最善の解決策は何か？

多くの人が想像しているほど質疑応答セッションは難しくはない。本章では次のようなことを学ぶ。

- 質問を予測する
- 難しい質問に上手に答える
- 内容を理解できない質問に対処する
- 役立つ表現を利用して急場を切り抜ける

質疑応答セッションは難しく感じるかもしれないが、十分に準備を行えば自信を持って臨むことができる。また、質問者があなたの研究の重要な点を明らかにしてくれるかもしれないし、あなたを研究所に招いて共同で研究を行いたいと思うかもしれない。

11.2〜11.11節では、緊張をほぐす方法や、質問にどのように備えてどのように答えたらよいかについて学ぶ。**11.12節**では（質疑応答セッションに限らない）学会でよく耳にする質問についてまとめている。質問の傾向を学び、その答えを準備することには、時間をかけるだけの価値がある。

11.2 質疑応答セッションの不安を上手にコントロールする

博士課程の私の教え子たちは、プレゼンを行うときに最も不安に感じることの1位に、質問の内容を理解できないことを常に挙げている。

多くの登壇者が質疑応答セッションに不安を感じているが、それは、自分はその場をコントロールできないと思っているからだ。しかし、人は自分で思っている以上にその場をコントロールする力を持っている。例えば、次のようなことができるはずだ。

- 事前に質問を想定して準備を行う（➔**11.12節**）。
- 質問者に質問を理解できないことを単刀直入に伝える（➔**11.7節**）。もしあなたが質問を理解できなければ、他の参加者も理解できていない可能性は高い。質問を理解できないからといって、自分を責める必要はない。
- 同じ研究チームの仲間や学会で会って親しくなった人に質問をしてもらう（その際、質問をあらかじめ聞いておく。できれば、どのような質問をしてもらいたいかも事前に伝えておく）。あなたの友人に最初の質問者になってもらうことが重要だ。あなたは落ち着いて、自信を持って答えられるはずだ。もし理解できない質問が1つや2つあったとしても、答えられた質問があったことをオーディエンスに印象づけることができ、自分に対する信頼感を損なうことはないだろう。

第13章の「緊張感を上手にコントロールする」でさらに詳しく解説している。

11.3 事前にあらゆる質問を想定して準備を行う

オーディエンスの質問をコントロールすることはできないように思えるため、質疑応答セッションが最も不安を感じるパートではないだろうか。しかし、事前に十分な時間をとって準備を行えば、実際にはある程度のコントロールは可能だ。

研究仲間や、友人、家族の前でプレゼンの練習を行い、質問を3つ書いてもらう。その中から最も関連性の高いものを選んで、質問に答える練習を行う。尋ねられそうな質問をあらかじめ想定して準備しておけば、あなたは次のことができるようになる。

- 質問にただちに答えられることでプロフェッショナルらしく見える
- 質問（質問者の発言内容）を理解する力が高まる
- 質問に答えるためのスライドを事前に用意することができる
- 難しい質問を難しい人から受けても、心の準備ができているので質疑応答中は落ち着いていられる

11.4 オーディエンスに質問を用意する時間を与える

オーディエンスに質問があるかどうかを尋ねるのは、通常は司会者の仕事だ。しかし、もし司会者が尋ねなければ、あなたがオーディエンスに尋ねてもよい。「何か質問はありませんか？」と尋ねた後は、オーディエンスにしばらく時間を与えよう。たとえ内心は、誰からも質問がありませんように、早く切り上げてホテルの自室に帰りたい、と思っていてもだ。

逆に、誰からも質問がないのではないかと心配しているなら、次のことを試みてみよう。

- 事前に自分で用意した質問を、同僚に質問してもらうように頼んでおく
- 「よく質問されることがあります。それは～」という具合に、自分で質問し、自分で答える。

11.5 質問者には起立してもらい、オーディエンス全員に答えを返す

あなたにもオーディエンスにも質問の意味がわからないときがある。それは、質問者が着席したまま質問しているため、声が聞き取りにくく、どこに座っているのかさえわからない場合などだ。そのようなときは一言、

> Do you think you could stand up and speak a bit louder? Thank you.
> （起立してもう少し大きな声で話していただけませんか？　ありがとうございます）

と言おう。これには、質問をもう一回聞けるという利点がある。

質問者だけではなくオーディエンス全体に向かって答えよう。優れたプレゼンターはオーディエンス全体とのアイコンタクトを重視することを忘れない。もちろん質問者にも注意を向けて、そのボディランゲージ（例：頷き、笑み）から、質問者が答えに満足しているかどうかを確認しよう。

自分のボディランゲージにも注意しよう。例えば、腕を組んでいると、守りの姿勢に入っていると理解されてもおかしくはない。

11.6　質問を繰り返す

オーディエンスが大勢いる場合は、質問を受けたらそれを繰り返そう。そうすることで次のようなことが可能になる。

- 質問者以外の人も質問をはっきりと理解することができる。前列の参加者からの質問は、後方の参加者には聞こえにくいので、特にそのようにした方がよい。
- 質問をしっかりと理解できるので、自分の言葉で言い換えることが可能になる。
- 答えを考える時間をかせぐことができる。
- 質問者は、あなたが質問の意図を正しく理解しているかを確認することができる。

いずれにせよ、2～3秒間考えてから答えよう。

11.7 質問を理解できないとき、それはあなたが悪いのではない

質問を理解できるかどうかはあなただけの責任ではない。あなたに理解できる言葉を使って誤解のないように質問することは、質問者の責任でもある。

もし質問を、特にネイティブスピーカーの質問を理解することができなければ、次のように言おう。

> I am sorry, but I am not sure I have understood your question. Could you speak a little more slowly please? Thank you.
> **（すみません、質問がよくわかりませんでした。もう少しゆっくり話していただけませんか？）**

または、次のように言うこともできる。

> Would you mind emailing me that question, and then I will get back to you?
> **（今の質問をメールで送っていただけませんか？　後日お答えいたします）**

> Do you think you could ask me that question again during the coffee break?
> **（今の質問は休憩時間にお答えしてもいいでしょうか？）**

> Sorry, I really need to check with a colleague before being able to answer that question.
> **（すみません、今の質問は、チームに確認してから返答させてください）**

質問を理解できないときの対処法 ➔ *English for Interacting on Campus*（未邦訳）

11.8 質問を遮らない

ほとんどの人は質問を途中で遮られることを好まない。しかし、もし質問に不明瞭な点があれば、そしてそれを解決することが正しいと思えば、So you are asking me if ....（ご質問の意図は～ということですか？）と尋ねてみよう。それは、質問者が言いたいことを正確に引き出して、それを自分の言葉で表現することに他ならない。

質問が長すぎるとき、特に質問者が単に自分のことを話したくて質問しているようなときは、次のように言ってみよう。

> Sorry, I am not exactly sure what your question is. I think it might be best if you asked me at the bar.
> （すみません、質問の意味があまりよくわかりません。この続きはバーでお伺いしてもいいですか？）

もし、オーディエンスにとってはほとんど興味のない質問であると判断したら、質問者に失礼のないように次のように言おう。

> For me this is a fascinating topic, but I think it might be best if we discuss this during the break. If that's okay with you. Now, does anyone else have any questions?
> （とてもおもしろい質問だと私は思います。休憩中に個人的に話すのがよいと思いますが、それでもいいでしょうか？　他の方は何か質問はないでしょうか？）

11.9 簡潔に答える

質問には簡潔に答えるのがよい。長ければ、答えながら質問が何であったかを忘れてしまうかもしれない。もし「はい」か「いいえ」で答えられるような質問であれば、簡潔に答えて次の質問に移るのがよい。

同時に2つの質問を受けることもある。そのようなときは、答えやすい質問から先に答えよう。もう一つの質問を忘れた場合は、質問を繰り返してもらうか、次の質問に進もう。答えずに次の質問に進んだときは、プレゼン終了後にその質問者のところへ行き、直接答えよう。

答えるのに何時間も要する質問もあるかもしれない。しかし、質問者はプレゼンターに知っていることすべてを話してもらいたいわけではない。ポイントを知りたいだけだ。もし回答が長くなりそうだと思ったら、質問者に後で個別に答えることを申し出よう。

11.10 相手への敬意を失わない

オーディエンスの中にはごくまれに挑発的な態度で質問をする人もいる。そのような態度に対して人は自己防衛的になりがちだ。しかし、熟練のプレゼンターをよく観察してみると、彼らは研究者やその発言に対していっさい否定的な回答をしない。あなたも質問者を非難したりその意見に反論したりしてはならない。次のように回答しよう。

> I think you have raised an interesting point and it would be great if we could discuss it in the bar.
> **(とても興味深いポイントですね。後でバーでお話ししませんか？)**

> I was not aware of those findings. Perhaps you could tell me about them at the social dinner.
> **(自分でも気づいていませんでした。懇親会で詳しく話していただけませんか？)**

質問者の中には、自分の知識をひけらかすためだけに質問する人もいる。そのような場合は次のように回答しよう。

> You are absolutely right. I didn't mention that point because it is quite technical/because there was no time. But it is covered in my paper.
> **(あなたのおっしゃるとおりです。かなり専門的になるので/時間がなかったので、コメントしませんでしたが、私の論文に詳しく解説しています)**

ネイティブスピーカーの英語を理解する → *English for Interacting on Campus*（未邦訳）

11.11 著名な教授のプレゼンテーションで質問する

学会に参加する理由は研究発表を行うためでもあるが、人脈を広げて研究の協力体制を構築するためでもある（→**第16章**）。例えば、あなたが博士課程またはポスドクのポジションを探しているとしよう。そして、学会にあなたが非常に大きな興味を抱いている研究チームを率いている教授が参加しているとする。あなたはメールを出すことも可能だが、返事が来ない可能性もある。より確実な方法は、その教授に直接会って自己紹介することだ。面談の約束を申し込むのもよいだろうし、もしその教授が誰かと歓談中であったとしても、上手に間に割って入って話してはどうだろうか。

自分の存在を印象づけるために、その教授のプレゼンの質疑応答セッションで質問しよう。その後、I was the person in the Q&A session who asked you a question about ....（私は質疑応答で先生に～について質問した者です）と自己紹介したときに教授があなたのことを覚えている可能性は高く、後日の面談の約束を得ることも、歓談中の教授からその場で時間をいただいて話すことも容易になる。もし、質疑応答セッションで質問する勇気がなければ、プレゼンが終わってから教授の元に行こう。どちらの解決策を取ろうとも、聞く価値のある質問でなければならない。

著名な教授と面識を得るテクニック → 第17章

11.12 質疑応答で使える表現

本節では、国際的な学会のプレゼンテーション、セミナー、ワークショップ、懇親会などで私が実際に耳にした一般的な質問をまとめた。

よく尋ねられる質問は、その答えをスライドの中に組み込んでおけば、最終的に受ける質問の数を削減できる。この方法は、質問を理解できる自信がないときや、緊張していて上手に答えられそうにないときに行うとよいだろう。

また、これらの質問は、自分が発表者ではなく聴く側のときや（→**11.11節**）懇親会（→**第16章**）でも使うことができる。

同じ内容を2通りの表現で示した質問もある（スラッシュ記号で2つに分けている）。内容は同じでも、さまざまな質問のしかたがあるという点でこれは重要だ。このようなバリエーションにも慣れておく必要がある。

難しい質問に答えるための準備も必要だ（アスタリスクマーク〈*〉を付けた）。そのために、研究チームの仲間と質疑応答の模擬セッションを行うのもよいだろう。

研究を行う理由/研究の意義を問う質問

Why did you carry out this research? / What gap were you trying to fill?
（この研究を実施した理由は何ですか？/どのようなリサーチギャップに焦点を当てたのですか？）

Are there any other research groups working in this area? If so, are their findings similar to yours?
（この分野で研究を行っているグループは他にもありますか？　もしあれば、そのグループの発見とあなたのグループの発見との間に類似性はありますか？）

*I am a little bit confused as to why you set out to do this research. Why did you decide to do this research? / I work in a very similar field to yours, but I am not really sure what exactly your contribution is.
（なぜこの研究を実施されたのか、私には少しわかりにくいです。研究を実施した理由を教えていただけませんか？/私もあなたと同じような分野で研究をしていますが、あなたの研究の意義があまりよくわかりません）

Have you presented these findings before? / I found your talk fascinating. Thank you very much. I was just wondering whether this was the first time you have announced your findings, or have you presented them at other conferences or in papers?
（これまでにこの研究を発表されたことがありますか？/あなたのプレゼンに興味を持ちました。ありがとうございます。この発見を発表されるのはこれが最初でしょうか？　それとも他の学会や学会誌で発表されたことがありますか？）

What key papers did you read while preparing your research?
（この研究の準備中にどのような主要論文を読みましたか？）

What did you enjoy most about doing your research? / What was the most enjoyable aspect of carrying out this research?
（この研究の最大の収穫は何でしたか？/この研究を実施して得られた最大の収穫は何でしたか？）

発見の重要性/限界を問う質問

What do you think is the importance of your findings? / I am curious to know where you think the real significance of your findings lies.
（あなたの発見の意義は何ですか？/あなたが自分の発見の本当の意義はどこにあると思っているかを知りたいです）

What do you think your key finding was? / You made a lot of good points during your presentation. I thought it was very interesting. But I am not completely clear about what you believe your key finding to be, or do you think that there is no one finding that stands out above the rest in terms of real relevance?
（主な発見は何だと思いますか？/プレゼンの中でたくさんの素晴らしい主張をされていました。とても興味深かったです。しかし主な発見が何であるとおっしゃったかはっきりとはわかりませんでした。それとも、注目すべき本当に重要な発見はなかったと思っていますか？）

What are the limitations to your research? / What do you think are the limitations to your research?
（研究の限界は何ですか？/研究の限界は何だと思いますか？）

詳しい説明を求めるときの質問

Could you explain the diagram in the fourth slide? / I got a bit lost when you were explaining the diagram in one of your slides. Could you go back to it and explain it again please.
（4番目のスライドの図を説明していただけませんか？/図表の説明のスライドでよくわからない箇所がありました。もう一度説明していただけませんか？）

What are your recommendations? / I am not entirely clear what your recommendations are.
（あなたの提案は何ですか？/何を提案されているか完全には理解できませんでした）

I missed your first slide. Can you just remind me where you work?
（最初のスライドを見損ねました。どこで働いておられるかもう一度教えていただけませんか？）

I wasn't very clear about the true nature of your first conclusion, could you elucidate for me? / Could you tell me your first conclusion again?
（最初の結論の本質があまりよく理解できませんでした。詳しく説明していただけませんか？/最初の結論を再度教えていただけませんか？）

*Could you repeat your main conclusion please? / I think many of us the audience were a little confused when you outlined your conclusions. Could you recap them for us?
（主要な結論をもう一度説明していただけませんか？/結論の要約のとき、オーディエンスの多くが少し混乱したと思います。もう一度説明していただけませんか？）

発表論文と今後の研究を問う質問

Have you published a paper on this topic? Are you going to talk more about it at tomorrow's workshop? / I was just wondering, given the high level of novelty of your work, which I would actually consider to be breaking new ground, whether you have actually published any papers on this topic? Also, will you be covering more of what you have said today in tomorrow's workshop?
（このテーマで論文を発表したことがありますか？　明日のワークショップではもっと詳しく話される予定ですか？/新規性が高い研究です。新しい研究領域が切り開かれるのではないかと思うほどです。すでにこのテーマで論文を発表していらっしゃいますか？　また、今日話されたこと以上の詳しいことを明日のワークショップで話される予定でしょうか？）

What are you planning for the future? / Your work seems particularly pertinent given the current state of the art in this field. Do you have any idea what your next step will be in this fascinating path that you are following?
（将来の計画について教えてくださいませんか？/この分野における最新研究のことを考えると、あなたの研究は特に意義深いと思います。とても興味深い道を進まれていますが、次のステップを何か計画されていますか？）

共同研究の可能性を問う質問

We are doing similar research. Would it be possible for us to see your full

results? / I found your presentation extremely interesting and informative. At my lab we are working on a similar project. Would you be willing to share more of your results with us?
（私たちの研究チームも同じような研究をしています。あなたの研究結果の全体を拝見することは可能ですか？/あなたのプレゼンは非常に興味深く、有益な情報を得られました。私の研究室でも同じような研究に取り組んでいます。さらに詳しい研究結果を私たちと共有していただけませんか？）

Are you looking for collaborators? / If you don't mind me asking, are you by any chance looking for collaborators to join your team? If so I would be extremely interested.
（共同研究者をお探しですか？/お伺いしたいのですが、ひょっとして、あなたの研究チームと一緒に働ける共同研究者をお探しですか？　もしそうであれば、私は非常に興味があります）

第12章

オーディエンスの注意を引きつけて離さない

ファクトイド

1. きちんと並べば世界中の人がグランドキャニオンにすっぽりおさまる。

＊

2. ニュージーランド、オーストラリア、ウルグアイでは、人の数より羊の数が多い（羊対人の比はそれぞれ10:1、4.9:1、3.2:1）。

＊

3. 最も事故発生率の高い車の色は黒（2.09%）で、白、赤、青、グレー、ゴールド、シルバー、ベージュ、緑、黄と続き、茶色（1.33%）が最も低い。

＊

4. イギリス人の3%は家事をしないようだ。

＊

5. 私たちは平均して1日の90%を室内で過ごしている。

＊

6. 平日の睡眠時間が6.5時間から7.5時間であれば、長生きできる可能性は高くなる。

＊

7. 女性の約66%、男性の約50%が、宿泊しているホテルの部屋の備品を盗む。

＊

8. サッカーのゴール前エリアの28%は、事実上ゴールキーパーがセーブすることが不可能なエリアだ。

＊

9. 人間の脳は平均して一度に4つのことしか覚えられない。

＊

10. アメリカの市民は平均して毎日1時間に約100 gのゴミを排出している。

12.1 ウォームアップ

(1) プレゼンテーションの専門家シェイ・マコノンによると、陪審員は通常、言われたことの60％しか覚えていない。それはなぜだろうか？　この事実から、プレゼンテーションでオーディエンスを巻き込む方法について何かヒントを得られないだろうか？

(2) 前ページのファクトイドから3つ選び、それをプレゼンテーションで活用できないか、次の3つの側面から検討してみよう。

- プレゼンに使えるとすれば、それはどのようなトピックのプレゼンか？
- それはプレゼンのどの段階で使えるか？
- そのファクトイドを聞いてオーディエンスはどのように反応するだろうか？　オーディエンスの気分を害する可能性はないか？　例えば、4つ目のファクトイドはイギリスでは受け入れられないかもしれない。単に既成概念を助長するだけかもしれない。第15章のファクトイドに、同じく使うかどうかは慎重にした方がよいリスクの高い事実を、アメリカの事例から紹介した。

(3) ファクトイド（根拠はないが事実として受け入れられている擬似事実）を使うことがオーディエンスの注意を引きつける唯一の方法ではない。他にどのような方法があるだろうか？

(4) プレゼンテーションのトピックに自分が大きな興味を持っていることを、またそれがオーディエンスにとっても興味深いはずであることを、オーディエンスに説得する方法を考えてみよう。

マグロウヒル社の「36時間で学べるシリーズ」の*Business Presentations*の中で、著者のラニ・アレドンドは次のように述べている。

「人は誰でも自分にとってどれほどの利益があるかに動機づけられて、そして何が自分のニーズを最も満たしてくれるだろうかと考えて行動する。オーディエンスは、自分に関連があるだけではなく、有益で満足を与えてくれるアイデアや情報に聞き耳を立て、それを受容し、行動に移す傾向がある」

本章では主に、オーディエンスの心を掴むための3つのテクニックについて解説する。

- オーディエンスに関連の深いテーマについて、その統計データを提示するテクニック（仕事、出身国、参加中の学会などを題材にして）
- 情報と統計データを、オーディエンスが簡単に理解できるように提示するテクニック（→**12.2節**）
- オーディエンスとのアイコンタクトの取り方

また本章では次のようなことも学習する。

- どのようにすれば最後までオーディエンスの注意を引きつけられるか
- どのようなときにオーディエンスの注意は最高または最低に達するか

12.2 演題が魅力的であること

オーディエンスの注意を引きつけるためにあなたが最初にやらなければならないことは、オーディエンスに実際にプレゼンを見に来てもらうことだ。そのためには、プレゼンの演題が非常に重要だ。

次の例は、ヨーロッパの国際会議に参加したバングラデシュ人研究者のプレゼンの演題だ。

> Preparation, characterization, and degradability of low environmental impact polymer composites containing natural fibers
> **（天然繊維を含む低環境負荷高分子複合体の製法、特性、分解能）**

環境への影響がはるかに低い天然繊維をベースにした複合材についての研究の発表だ。この科学者は次のように説明している。

Getting ordinary plastic bags to rot away like banana peels would be an environmental dream come true. After all, we produce five hundred billion a year worldwide. And they take up to one thousand years to decompose. They take up space in landfills. They litter our streets and parks. They pollute the oceans. And they kill the animals that eat them.

普通のレジ袋を、環境に配慮してバナナの皮のように腐食させることができれば夢のようでしょう。実際、世界中で年間5,000億枚のレジ袋が生産されています。レジ袋が分解されるまでには1,000年かかると言われています。埋め立て処分場のスペースを奪い、道路や公園を汚し、海を汚染しています。また、レジ袋を食べる動物が死んでいます。

この研究者は、研究のコンセプトであるレジ袋、バナナの皮、埋め立て処分場、ゴミ箱、汚染された海などを、タイトルや文字情報のない写真だけのスライドを使って説明した。しかも非常に簡潔な文章を使っていた。本人は話しやすく、オーディエンスにとってはダイナミックだった。

彼はプレゼンの最後に統計データを示し、オーディエンスの中の幾人かに、1ヵ月に何枚のレジ袋を使っていると思うかと尋ね、さらにその数字を使って、もしイタリア国民が1ヵ月に同じ枚数のレジ袋を消費したらイタリア全土（そのときの会議はイタリアで開催されていた）をそのレジ袋で覆うのに何年かかると思うか、と尋ねた。

興味深い情報を提示することで、彼はオーディエンスの注意を引きつけることに成功した。しかし、プレゼンに次のような演題をつけていたら、もっと多くのオーディエンスを集められていたかもしれない。

> Can natural fibers save the planet?
> （天然繊維は地球を救えるか？）

> Can natural fibers save Italy?
> （天然繊維はイタリアを救えるか？）

> Europe is slowly disappearing under polyethylene bags
> （ヨーロッパは徐々にビニール袋で埋め尽くされつつある）

Bags, bags and more bags
(レジ袋、レジ袋、レジ袋)

Will we all be suffocated by plastic bags?
(人間はレジ袋に埋もれて窒息死することになるだろうか?)

アカデミックなタイトルをつけていたため、高分子複合体にそれほど強い関心がない人たちは、このプレゼンには参加していなかったかもしれない。

12.3 プレゼンテーションが予定されている時間帯に注意

学会のプログラムには、プレゼンターにとってよい時間帯と悪い時間帯がある。次のような時間に、いわゆる「墓場の時間帯」(オーディエンスがいない最悪の時間帯)が生じる。

- 参加者が昼食にしたいと思っているとき(学会参加者はプレゼンよりも空腹が気になる)
- その日の最後の時間帯(学会参加者はその時点で一日に吸収できるすべての情報量をすでに吸収しているだろう)
- 学会最終日の最後の時間帯(オーディエンスが最も少ない最悪の時間帯)

もし上記のいずれかの時間帯に自分のプレゼンが割り当てられたら、オーディエンスの注意を引きつけて維持するために特別な努力が必要だ。それは以下のことを行うことで可能になる。

- 少しインフォーマルにする
- オーディエンスが新しい情報をあまり消化できないと見込んだ上で、要点と詳細情報の量を減らす
- 盛況のうちに予定よりも早く終え、オーディエンスにあなたのよい印象を残す

12.4 オーディエンスとのアイコンタクトを怠らない

プレゼン中は常にオーディエンスとのアイコンタクトを維持しよう。もし怠れば、オーディエンスの意識はただちに散漫になるだろう。オーディエンスとのアイコンタクトを維持できるのは、次のようなときだ。

- 自分が話すべきことをはっきりとわかっているとき（次に何を話すべきかがわからなければ、おそらくあなたは天井や床に目をやり始めるだろう）
- スライドがシンプルなとき（スライドが複雑になるほど、スライドに気を取られてオーディエンスに背を向けがちになる）

12.5 フォーマリティのレベルを正しく設定する

プレゼンターの言葉使いがオーディエンスに与える影響はとても大きい。プレゼンターの使う言葉次第で、オーディエンスのプレゼンに対する関心や楽しむ度合いが高まる。そして、プレゼンターに好感を抱き、共同で研究したいと思うかもしれない。

プレゼンテーションのフォーマリティには3段階のレベルがある。

- フォーマル
- ニュートラル/ややインフォーマル
- 非常にインフォーマル

フォーマルなプレゼンを行うプレゼンターは多いが、ほとんどのオーディエンスがプレゼンターにはリラックスしてインフォーマルなプレゼンを行ってほしいと願っている。英語では次のようなテクニックを用いることでインフォーマルなプレゼンになる。

- 人称代名詞（I、we、youなど）を上手に使う
- 受動態よりも能動態を使う（例：It was found ... よりもI found ... を使う）

- 可能であれば名詞よりも動詞を使う
- 専門的で抽象的な名詞（例：vehicular transportation）よりも具体的な名詞（例：car）を使う
- 長く複雑なセンテンスよりも短く簡潔なセンテンスを使う

母語でのフォーマリティのレベルを考えよう。フォーマリティのレベルを大きく上げて話した方が自然に感じるだろうか？　それともできるだけ低くして話した方が自然に感じるだろうか？　上手なプレゼンテーションのコツは、研究者としての威厳や有能さを出すことだけではなく、温かく親しみやすい人柄も出すことだ。

この2つのポイントは相容れないものではない。プレゼンの内容から威厳が伝わり、プレゼンターの伝え方から親しみやすさが伝わる。分析化学のプレゼンの例からこれらのポイントを比較してみよう。修正後のイタリック体の語句は、それがより自然で親しみを感じる話し方であることを意味する。

× 修正前

The application of the optimized procedure to the indigoid colorants allows their complete solubilization and the detection of their main components with reasonable detection limits, estimated at about 1μg/g for dibromoindigotine. Here the markers are shown—dibromoindigotine for purple and indigotine for indigo.
The characterization of organic components was first performed by Py-GC-MS which did not reveal the characteristic compounds of indigo and purple. Quite surprisingly after pyrolysis at 600℃ it was still possible to observe the pink color; the failure of the technique was attributed to the massive presence of the silicate clay and research is

○ 修正後

When we used this optimized procedure on the indigoid colorants, we managed to completely solubilize them. ***We were able*** to detect their main components within ***quite good*** limits, at about 1μg/g for dibromoindigotine. ***Here you can see*** the markers—dibromoindigotine for purple and indigotine for indigo.
We initially characterized the organic components using Py-GC-MS. ***But this did not reveal*** the characteristic compounds of indigo and purple. In fact, after pyrolysis at 600℃ ***you can imagine*** how surprised we were to still see pink. ***We think*** this might have been due to the massive presence of silicate clay. In any case, ***we are still trying to find out***

still in progress.
(最適化した手順をインジゴイド染料に応用することで完全に可溶化でき、ジブロモインジゴチンの場合は約1μg/gと推定される適度な検出限界で主成分を検出することができます。紫色のマーカーがジブロモインジゴチン、藍色のマーカーがインジゴチンを示しています。
有機成分の特性評価は、まずPy-GC-MSによって行いましたが、藍色と紫色の特徴的な化合物を解明することはできませんでした。驚くべきことに、600℃で熱分解した後もピンク色が観察されました。この方法の失敗はケイ酸塩粘土が大量に存在していたことに起因しており、研究は現在も進行中です)

why this happened.
(この最適化した手順をインジゴイド染料に応用することで、私たちはそれを完全に可溶化することに成功しました。ジブロモインジゴチンについては、約1μg/gという非常に良好な限界で主成分を検出することができました。紫色のマーカーがジブロモインジゴチン、藍色のマーカーがインジゴチンです。
最初に私たちはPy-GC-MSを用いて有機成分の特性を調べました。しかし藍色や紫色の特徴的な化合物は発見されませんでした。600℃で熱分解した後も、まだピンク色が観察されたことに私たちがどれほど驚いたかご想像いただけると思います。ケイ酸塩粘土が大量に含まれていたからではないかと私たちは考えています。なぜこのようなことが起きたのか、現在もその原因を究明中です)

修正前の問題点

- 人称代名詞を使っていない。口頭発表というよりも論文のように感じられる。日常生活では誰もこのような話し方をしない
- すべての動詞が受動態である。これではオーディエンスを引きつけるどころか逆に遠ざけてしまう
- 名詞を多く使いすぎている
- センテンスが長すぎる

修正後は多くの人称代名詞が使用されている。そうすることで堅苦しさが取れて話し口調になり、センテンスも短くなった。その方が話しやすい。修正前に使われていた名詞のいくつかは動詞に置き換えられ、また受動態の動詞は能動態に変換されている。さらに、オーディエンスにyou can imagineと直接語りかけ、自然でダイナミックな口調になった。

原稿を書き終えたら、ランチタイムに同僚と会話するような口調で書かれている

ことを確認しよう。もしそのような口調になっていなかったら、オーディエンスが直接語りかけられていると感じるようなシンプルな言葉使いに修正しよう。そうすることで、プレゼンターのあなたにも大きなメリットがある。センテンスがシンプルになり、話すときに間違えにくい。

12.6 オーディエンスの集中力が高いときを利用する

次のような内容はオーディエンスの記憶に残りやすい。

- オーディエンスの注意力が総じて高い、オープニングとエンディングで述べられた内容
- オーディエンスが自分のこととして受け入れやすい内容（➔12.9節）
- 2回以上繰り返された事実や説明
- 好奇心を刺激する、またはユニークな事実

重要なポイントはオープニングとエンディングで述べるのが理想だ。プレゼンの本論でそれを深く掘り下げる。可能なら、それぞれのポイントの、予期していなかった事実、直観に反していた事実、興味深い事実などを盛り込む。データは引用元を添えて、深刻な問題はユーモアのある逸話を添えて紹介しよう。

プレゼンテーションで重要なことは、オーディエンスと発見を共有し、自分の研究に対する彼らの興味を喚起することだ。オーディエンスを引きつけることができなければ、そのプレゼンを行っている意味はない。オーディエンスの注意を引きつけて維持する方法はさまざまだが、次の2点は特に重要だ。

- オーディエンスにとって関心のある内容であること。少なくとも好奇心を刺激し記憶に残る内容であること
- オーディエンスの反感を買う内容になっていないこと

12.7 1枚のスライドに時間をかけすぎない。スクリーンを消してもよい

人の集中力の持続時間は、変化しないものをどれだけ長く見せられているかに影響を受ける。ほとんどの人が静止したものに対しては30秒ほどしか集中して見ていられない。やがて他のことに意識が移ってしまう。したがって、できることなら同じスライドは長く映さない方がよい。スライドの説明が終わってもただちに次のスライドに移らないのなら、その間は（PowerPointではキーボードの［B］を使って）スクリーンを消そう。

12.8 オーディエンスからの注目を失った後に再び獲得する方法

プレゼン中、あなたは以下のような状況の少なくとも一つと、オーディエンス獲得の競争を行うことになるかもしれない。

- オーディエンスがスマートフォン、ラップトップPCなどでメールを見ている
- オーディエンスが隣の参加者とおしゃべりを始める
- オーディエンスの注意が窓の外に向く
- オーディエンスが空腹を感じている（午前中のセッションの終わり頃）
- オーディエンスがあなたのプレゼンに飽きてくる。あなたのプレゼンはその日に参加した6つ目、あるいはそれ以上の発表かもしれない

オーディエンスの注意がこのように散漫になるからといって、プレゼンテーションへの関心の度合いが低いというわけではない。このような場合、オーディエンスの注目を再び集めるためには次のような方法がある。

- スクリーンを消す（PowerPointならキーボードの［B］）。
- ホワイトボードを使う。オーディエンスはあなたがいったい何を書くだろうと興味をそそられる。全参加者に見えるように大きな文字で書くこと。そのためには文字数を少なくし、できればシンプルな図表くらいにとどめておこう。その際、オーディエンスの視野を遮らないように、ホワイトボードの端に立って書く。

- レトリカルクエスチョン（修辞的な質問：答えを求めるための質問ではなく、考えてもらうための質問）をする。その時点でオーディエンスがどのような疑問を持っているか推測してみよう。一呼吸置いて、質問する。再び一呼吸置いて、今度は答える。
- オーディエンスに統計データを示す。人は数字に興味を持ちやすい。また数字があることで状況を多角的に見ることができる。（統計データの示し方 ➔ **6.7節、6.8節**）。
- Here's something you might be interested in seeing.（ここにおもしろいものがあります）とか、I've brought along something to show you.（お見せしたいものがあります）などと言って、ポケットから何か物を取り出す。オーディエンスはそれが何かすぐに見たくなるだろう。用意する物は会場の誰にでも見える大きさのものでなければならない。オーディエンス全員に配れるものなら小さくてもよい。しかし、オーディエンスの注意がさらに散漫にならないように注意が必要だ。何か物を見せながら説明をするというのはよいアイデアだ。
- スライドを工夫して注目を集める。それまで使ったスライドとはまったく異質なスライドを使うのもよい。オーディエンスの興味を引く写真や、シンプルで効果的な図表、または数字や、引用句、質問などでもよい。

12.9 オーディエンスが実感できる統計データを示す

次の例はある統計データを提示したものだ。修正前と修正後を比較してみよう。

✕ 修正前

A bird's eye and a human's eye take up about 50 and 5% of their heads, respectively. In our study of the importance of vision in birds of prey, we found that this factor was ....

（鳥類の目は頭全体の50％を、人間の目は5％を占めています。私たちは猛禽類の視力の重要性を研究し、～であることを発見しました）

○ 修正後

A bird's eye is huge. It takes up about 50% of its head. Half its head. That's 10 times more space than a human's eye takes up. In fact, to be comparable to the eyes of a bird of prey, such as an eagle, our eyes would have to be the size of a tennis ball. When we studied eagles, vultures, and buzzards, we realized that....

（鳥類の目はとても大きいです。頭部の50％を占めています。頭部の半分です。人間の約10倍です。人間がワシなどの猛禽類と同じくらい大きい目を持っているとすると、テニスボールくらいの大きさになります。私たちはワシ、ハゲワシ、ノスリを研究し、～であることを発見しました）

修正後では同じ情報を2回繰り返している（50％と半分）。これは効果的だ。英語の15と50の音は聞き分けにくいからだ（13と30、14と40なども同様）。テニスボールにたとえることで、オーディエンスはその比率を明確に実感できる。ワシやフクロウの頭部とテニスボールのスライドを映すことも効果的だろう。さらに、テニスボールのような目をした人のイラストを映してもよいかもしれない。もちろん、ポケットからテニスボールを2個取り出してもオーディエンスの注意を引きつけられることは請け合いだ。なお、猛禽類の目が頭部の半分を占めているというのは事実だ。

統計データの示し方→6.7節、6.8節

12.10 専門用語として確立していない用語の使用は避ける

次の修正前と修正後の例はどちらが自然で理解しやすいか、比較してみよう。

✕ 修正前	○ 修正後
Engloids are communities gathering scientists of homogeneous thematic areas. They produce and/or consume documents of different types, using different applications and hardware resources. （イングロイドとは同じ分野の科学者が集まるコミュニティです。彼らは異なるアプリケーションやハードウェアを使ってさまざまなタイプのドキュメントを作成/使用します）	Engloids are communities of scientists who study the same topic. What happens is that these scientists need to write documents and correspond in English such as in papers, presentations, emails, referees' reports. And to do this they use different applications and hardware resources. （イングロイドとは同じテーマを研究する科学者のコミュニティです。科学者は、論文、プレゼン、メール、査読レポートなどの文書を英語で読み書きしなければなりません。そのために彼らは異なるアプリケーションやハードウェアを使用しています）

修正前と修正後の基本的な内容はまったく同じだが、修正後は英語がシンプルになった。専門用語として確立されていない用語の使用は避けて、もっと単刀直入に表現しよう。上記の例では、homogeneous thematic areasをwho study the same topicに修正した。

12.11 オーディエンスが知らない言葉は説明するか言い換える

キーワードは、オーディエンスが理解できるようにその意味を説明すること。オーディエンスは世界各国から集まって来ている。キーワード自体のコンセプトは知っていても、その英語表現までは知らないかもしれない。たとえ言葉を明瞭に発音しても、オーディエンスがその言葉を見たことも聞いたこともなければ、理解できない可能性もある。例えば、穀物についてプレゼンしているとする。たとえriceやmaize（トウモロコシ）などの単語を使っても、参加者が農業と関わりの深い人たちであればその意味を理解するだろう。しかし、特殊であまりなじみのないcowpea（ササゲ）やmung bean（緑豆）などの言葉を使うと、正しく使っていても、また多くの人が農業関係者であっても、理解されない可能性がある。それどころか、別の単語を発音し損なったと思われるかもしれない。そのような場合、次のように対処することができる。

- そのキーワードをスライドに映して、「mung beanとはマメ科の植物で、成長したらforage（飼料）として使います」と解説する。forageという言葉を使っても、農業関係者には一般的な言葉であり、理解されるはずだ。
- オーディエンスが理解できるようにmung beanの写真を映す。

専門用語でなくても、オーディエンスが知らないような言葉を使うときは、その言葉を言った後に言い換える。例えば、These creatures are tiny, they are very small.などと説明しよう。

12.12 パワフルな形容詞を上手に使う

オーディエンスに、これから話すことは自分がexciteしたことだと伝えれば、オーディエンスもexciteする可能性は高まる。そうでなくても、少なくともあなたがこれから話す内容が受け入れられやすくなる。図表や結果の説明などに上手に使うと効果的な形容詞には、exciting、great、amazing、unexpected、surprising、beautiful、incredibleなどがある。しかし、使うにしても1回か2回だ。使いすぎると信頼感が薄れ、効果を発揮しない。

12.13 文化の差を意識する

*New Yorker*のライターであるマルコム・グラッドウェルは、著書*Outliers*の中で、人が情報を伝達したり受け取ったりする際の文化的な違いについて語っている。その第8章で非常に興味深いポイントを3つ挙げている。

1. アジアでは多くの国が受信者主導型のコミュニケーションスタイルを取り入れている。話し手の意図を解釈するのは聞き手の責任、という意味だ。
2. 日本人はアメリカ人よりもはるかに粘り強い。これは、仕事面でも日本人がアメリカ人よりもはるかに粘り強いことを意味する。彼らは集中力が高いのだ。

3. それぞれの言語の数字の発音に要する時間と人間の記憶は関連している。アジアの言語は数字の発音にあまり時間がかからず、またその構造も理にかなっている（例えば英語で11はelevenだが、アジアの国々では10と1に分かれている）ので、アジアの人々は、英米人と比較して、数字を理解し計算するスピードが一般的にずいぶん速い。

これらの点から、欧米人（特にアメリカ人とイギリス人）を多く含むオーディエンスに向かって話すときには、次の3つのことに注意すべきである。

- オーディエンスが楽に理解できるように、言葉をできるだけ明瞭に発音する努力をする
- オーディエンスが長時間の集中に慣れていない可能性があること、したがって集中力の持続時間が短い可能性があることを意識する
- 数字や統計データを提示するときは、すべてを理解できる時間をオーディエンスに与える

12.14 真剣に、しかも楽しく

私が教えるクラスの参加者は、私が「自分が楽しむほどオーディエンスの受容感度は高くなる」と説明しても、懐疑的であることが多い。生徒たちはこの真実を疑っているのではなく、研究者らしくない、指導教授から認めてもらえない、と考えている。しかしこれは世界の一流の教授の多くが認めていることだ。数学者であり会議参加の経験豊かなチャンドラー・デイビス教授は、かつて私にこう言った。

「私たちの中には、事実を知った喜びを表現せずにはいられない人がいる。特に自分たちが発見したことについてはそうだ。自然に喜びを表面に出せないプレゼンターに対しては、素直に表現するように促すべきだ」

また、ノーベル化学賞を受賞したマーチン・チャルフィー教授は、「プロフェッショナルなプレゼンテーションとは、真剣で、しかも楽しくなければならない」と主張する。

さらに、コーネル大学の心理学者トーマス・ギロビッチ教授は次のように述べて

いる。

> 「楽しむことに対する私たちの欲望に際限はない。コミュニケーションの後に聞き手が情報を得た、または楽しんだ、のいずれかを感じていれば、その相互交流は聞き手の時間と注目に値したといえる。また、話し手は聞き手が求める基本的な要件のうちの一つを満たしたことになる」

楽しませるといっても、笑わせる必要はない。次のようにしてみよう。

- ごく普通の情報であっても、提示のしかたをこれまでとは変えてみる
- オーディエンスができるだけ簡単に理解できる例を用いる
- 興味を引く、驚くような統計データを示す
- 非常にシンプルで、しかも重要なポイントの強調のしかたがこれまでとは異なるグラフや画像を使う

ユーモアのあるスライドや逸話を盛り込んでもよいかもしれない。一回試してみて、どのような反応があるか見てみよう。うまくいくようであれば引き続き試してみよう。そうでなければやめればよい。

ユーモアのあるスライドを使って冗談を言うとき、気をつけなければならないことがある。

- 自分だけがユーモアを感じて、オーディエンスにはユーモアが感じられない冗談
- 理解されない冗談
- オーディエンスの文化的背景から、不快または不適切と受け止められる冗談
- プレゼンの内容にまったく関連性のない冗談

12.15 オーディエンスの注意を引きつけて離さないコツのまとめ

以下に、オーディエンスの注意を引きつけて離さない方法を、本書の他の章で解説していることも含めて、その要点をまとめた。

1. オーディエンスを知る。オーディエンスがプレゼンのテーマに自然に興味を抱くことを期待しない
2. アジェンダを用意してプレゼンの組み立てを明確に示し、オーディエンスが迷子にならないようにその流れをロジカルに示す
3. オーディエンスが発表内容を追いやすいスライドを作り、説明をする
4. 特別なスライドを映すときは、そのスライドを映す理由をわかりやすく説明する
5. 具体例を多くする
6. アイコンタクトを頻繁に行う
7. スライド上の文字の使用は最小限に抑える
8. 図表はシンプルに作成する
9. 文字も図表もすべてのオーディエンスにはっきりと見えるように大きく表示する
10. あまりにも詳細な説明をしない（オーディエンスにとって本当に必要最小限の情報を提示する）
11. 一つの情報の説明に数分以上かけない
12. スライドに変化をつける（箇条書きスタイル、すべて文字スタイル、すべて写真スタイルなど）
13. 各スライドの説明を、オーディエンスが問題なく理解できるように適度にゆっくり話す
14. プレゼンのテーマを情熱的に語り、オーディエンスの興味を引きつける
15. 声が一本調子にならないように変化を持たせる
16. 一ヵ所にじっとしているのではなく、時には演壇上を左右に動く

第13章

緊張感を上手にコントロールする

30秒から4分間という時間は
さまざまなことが可能になる魔法の時間

1. オーディエンスがプレゼンターの印象を決定する。

*

2. プレゼンターの緊張がほぐれ、落ち着いてプレゼンテーションにとりかかれる。

*

3. 通りがかりの学会参加者にポスターを説明する。

*

4. 選別された履歴書を人事部のマネージャーが読む。

*

5. 面接官が求職者の印象を判断する。

*

6. ネット上の動画を楽しむ。

*

7. お茶の専門家が緑茶を1杯入れる。

*

8. トールキンの遺稿集『中つ国（*Middle Earth*）』の登場人物が赤ワインを飲んで酔っぱらう。

*

9. レストランや映画館などでトイレに行く。

13.1 ウォームアップ

(1) 以下の2つの統計データを読んで、次の問いの答えを考えてみよう。

- あなたはプレゼンの前とその最中ではどちらが緊張するか？　その理由は？
- その緊張は自然か？
- プレゼン中にうまく行かないことのリストを作ってみよう。それを防ぐ方法は何もないだろうか？
- 自分の話す英語をコントロールすることは可能か？

統計データ1

プレゼンターの緊張の90％は実際のところオーディエンスにはわからない。しかし、もし緊張せずに、逆に自信を持ってプレゼンを行うことができれば、それはプレゼンの成功に大いに影響する。

統計データ2

一般市民、大学生、労働者、フォーチュン500のCEOを対象に調査した結果、アメリカ人が最も恐れることは人前でのスピーチであった。

私が教えているプレゼンテーションコースでは、学生が次のように訴えることが多い。

1. 大勢の人の前に立つととても緊張しますが、どうしようもありません。
2. オーディエンスが私の発音を理解できないのではないかと、とても不安です。
3. 英文法が苦手で、語彙もとても貧弱です。母語でプレゼンができればいいのですが……。
4. 私の研究結果はそれほど興味深いものではないので、発表してもよいプレゼンにはなりません。
5. 言いたいことを忘れてしまうかもしれないと思うと、パニックになります。

緊張をコントロールする力は練習によって培われる。プレゼンの経験を積むほど緊張しなくなる。**13.2～13.6節**で上記の5つのポイントについて解説している。

他の章や節でも、以下に概説しているような、緊張の度合いを下げる方法を解説した。

スクリプトを用意し（➔**第3章**）、それを印刷、またはスマホにアップロードしてプレゼン中に参照すれば（➔**13.6節、15.2節**）、話す内容を忘れることはない。スライドがうまくできていれば（➔**第4章、5章**）、緊張はある程度は和らぐだろう。プレゼン中、スライドにもあなたの説明にもオーディエンスの反応がよければ、さらに自信を得られるだろう。

第15章ではリハーサルのしかたについて解説する。何度も練習を行えば、その分だけ自信を得られ、不安は消えていくだろう。**16.13節**では、たとえ内向的な性格であっても、社交的になるきっかけをつかめば会話の中心になれることを学ぼう。

もし英語でプレゼンを行うことに大きな不安があれば、ポスター発表を行うという選択肢もある（➔**第18章**）。

13.2 人前に立つということ

人前に立つことが楽しい人はほとんどいない。しかし数回も経験すれば、楽しむことができるだろう。とても内気な性格であっても、次に紹介する戦略を組み合わせて使うことで、克服できるだろう。

- 勤務先に何かの講師役をさせてもらえないかと願い出る。教えることを経験することで上手な説明のしかたや説得のしかたを学べるし、プレゼンのよい訓練になる。また、講師役を務めるとオーディエンスの注目を浴びるので、人前に立つことに慣れていく。
- 取り組みやすい状況からチャレンジする。例えば、勤務先の大学生の前で話したり、国際会議よりも、まずは国内で開催される会議で発表する。母語でプレゼンすることが、英語のプレゼンに必要なスキルを獲得することに役立つだろう。
- 人前で注目を得やすい状況に自分を置いてみる。例えば、友人と食事をするとき、普段は口数の少ないほうであれば、自分から話題を提供することを努力してみる。学会主催の懇親会を想定して、母語でも英語でもいいので事前に練習してみるのもよい。

- 時間があれば、ダンス、芝居、歌など、他人の前で演じなければならないような活動に参加してみる。
- 観光地に住んでいるなら、電車やバスで乗り合わせた外国人観光客と会話をしてみる。英語のよい練習になる。
- プレゼンの直前に行える、ヨガなどのリラクゼーション術を練習する。

たとえ天性のプレゼンターではなくても、おそらくあなたは専門分野においては並外れた知識、豊かな経験、研究への情熱を有しているはずだ。それらの素質を使って自信を育もう。そして、英語は完璧でなくても、その分野において十分な専門知識を有していることをオーディエンスに示そう。また、出身国、経歴、専門など、自分の独自性にも着目してみよう。

よいプレゼンを行うためには、何回も学習を重ねなければ習得できない多くのスキルが必要だ。これまでにプレゼンで失敗した経験があれば、おそらく準備不足が原因ではないだろうか。再びプレゼンを行うときは、過去の悪い記憶が思い出されるに違いない。しかしそのような過去の悪い経験は忘れ去ることが大切だ。以前に失敗したからといって、今回も失敗するとは限らない。2回目からはさらに内容を充実させて、できるだけ多くの人前で練習しよう。

13.3 自分の英語の発音と文法レベルを受け入れる

英語の発音の改善については**第14章**の「発音とイントネーション」で解説している。プレゼンの内容が明快であれば、少しくらい発音や文法にミスがあっても問題ではない。オーディエンスは科学者であり英語の教師ではない。彼らはあなたの英語を評価するために集まっているのではなく、あなたの研究結果を聞きに来ている。文法や非専門用語に間違いがあったとしても、オーディエンスと良好な関係を築いてその心を掴むことのほうが重要だ。

スクリプトを書いたり修正してもらったりする余裕が時間的にも経済的にもない場合、特に次のセクションでは、自分で自分の英語をできるだけ完璧にしなければならない。

- イントロダクション
- アジェンダの説明
- 一連のスライドの説明を終え、次の一連のスライドへ移行するとき
- 結論
- 質疑応答

これらのセクションは、オーディエンスがミスに気づきやすく、また第一印象と最終印象が形成されるセクションであり、プレゼンターの印象がプレゼン後に強く残りやすい。しかし、プレゼン中に英語を間違えてしまっても、次のことが重要だ。

- 心配しない(オーディエンスは誤りに気づいていないかもしれない)
- 修正しない(修正すると、オーディエンスはそこに注目し、プレゼンターは思考の流れが遮られてしまう)

13.4 否定的な内容や退屈な研究結果をプレゼンしなければならないとき

まず、自分の研究結果が本当に否定的な内容かどうかを判断しなければならない。期待どおりの結果が得られなかったのであれば、オーディエンスに研究背景、当初の期待、なぜ計画どおりに進まなかったのかを説明しよう。そのような説明こそ、特にナラティブスタイルで語れば、オーディエンスの注意を引きつけられるかもしれない(TED Talksでは多くのプレゼンターがこのスタイルを採り入れている)。

科学の領域では否定的な結果が進歩をもたらしていることを忘れてはならない(→**9.8節、9.9節**)。また、オーディエンスの中には同じような(またはまったく異なる)研究に取り組んでいる参加者もいる。彼らは有益なアイデアを持っているかもしれない。否定的な結果を発表することが、そのような参加者との共同研究のきっかけになる可能性もある。

では、退屈な研究結果とは何だろう。もし否定的な研究結果であれば前述のアドバイスに従ってほしい。もしそれが退屈でオーディエンスがプレゼンに飽きてしまうような研究結果だと思うなら、聞くに値するプレゼンに修正しなければならない。同じ研究に携わった同僚からアドバイスをもらうことをお勧めする。退屈かもしれないと自分が思う研究結果でオーディエンスを説得することは、とうてい不可能だ。

13.5 質疑応答セッション中の緊張感を和らげるコツ

最近、私が教える博士課程のイタリア人学生ステファニア・マネッティから、イタリア語で次のような内容のメールを受け取った。

「私は英語がうまくありません。書くことには慣れていますが、話すことには慣れていません。プレゼンは、自分の言うべきことを書いたり準備したりする時間があるので、なんとか乗り切ることができます。しかし質疑応答の時間になると、頭の中が真っ白になってしまい、話すことすらできません。先日の会議では、質問の内容はなんとか理解できても、答えられないことがいくつかありました。そのため、プレゼン自体はよいとしても、自分の研究に関する質問への準備がまったくできていないという印象を与えてしまいました。また、イタリア語を話す人と英語を話す人のどちらも出席している会議に参加したとき、質問は理解できましたが、英語では答えられずイタリア語で答えました。そのような参加者は私だけでした。恥ずかしい思いをしました。水曜日に再び会議がありますが、どうしたらいいでしょうか？」

私はステファニアに次のように答えた。

- 今日から水曜日までに会議で問われる可能性のある質問をすべて書き出して、その答えを同僚の助けを借りてブレインストーミングする。
- それらの質問を（類似の質問も含めて）英語に翻訳し、答えを書き出す。
- 会議の初めに、自分は早口の英語は理解しにくいことを堅苦しくならないように述べ、質問はゆっくりはっきり発音してもらうようにお願いする。このように前置きをすることで質問者はあなたに理解を示すだろう。
- 自分の英語理解力の問題を人前で認めなければならないが、これらの戦略は短期的な解決策として大いに助けになるはずだ。
- 長期的には、この心理的問題を克服する方法を見つけなければならない。教室であなたを見ている限り、英語の問題ではない。1対1の英語のレッスンを受けてはどうか。また人前で注目される経験を積む必要もある。演技やダンスのレッスンを受けてもよいかもしれない。
- 特効薬を授けられなくて申し訳ないが、やるべきことは明確だし、このような問題を抱えているのはあなただけではない。

1週間後、ステファニアから返信があり、私が授けた短期的な解決策が大いに功を奏し、今は長期的目標に取り組みつつあり、また、彼女の学業だけでなく人生においても大いにプラスになると考えている、とのことだった。

質疑応答セッションの緊張を克服することについては、**11.2節**で詳しく解説した。オーディエンスの注目を浴びているときのリラックス法については**16.13節**で学習する。

13.6 セリフをど忘れしたときの対処法

用意していた言葉や表現を忘れてしまうことは往々にして起きる。その解決策として次の3つの対処法がある。

- スクリプトを見る（紙でもモバイルでもよい。→**15.2節**）
- 水を飲む。ハンカチで汗を拭いて時間をかせぎ、その間に考える
- I am sorry I can't think of the word. In any case ....（すみません、ど忘れしてしまいました。とにかく、～）と断って次のスライドの説明に移る

国際会議でスマートフォンを利用するのはプロフェッショナルらしくないと思うかもしれない。しかし、遅かれ早かれ常識となり、メモを持っていることと大差はなくなるだろう。最大のメリットは自信が持てることだ。

私の生徒の多くがスマートフォンを使ってプレゼンを行っているが、スライド操作のためだけに使っているようだ。しかし彼らも、プレゼン原稿の内容を忘れたときにノートやスクリプトを見ることができることは知っている。見ることが可能だという事実が大きな自信につながる。その気になれば簡単にできるという安心感があることで、不思議なことに、実際にはその必要がなくなるだろう。

13.7 ドリンクバーや親睦会でオーディエンスと知り合う

休憩や食事のときはできるだけ多くの人と話そう。自分のプレゼンテーションに

参加予定の人と事前に知り合うことができれば、プレゼン中は知らない人ばかりではなくなり、リラックスできるはずだ。

オーディエンスも、プレゼンターが知り合ったばかりの人であれば、いっそうプレゼンに興味をそそられるだろう。そうなればオーディエンスはもうあなたの味方であり、彼らはあなたのプレゼンが成功裏に終わることを願っている。

できるだけ多くの人と話すことで、プレゼンのテーマに関する彼らの知識を事前に知ることができ、同じ時間に開催される他のセッションではなく、あなたのプレゼンに参加するように説得することもできる。

人脈づくりと社交術について → 第16章、第17章

1 2 3 4 5 6 7 8 9 10 11 12 13 14 15 16 17 18 19 20

13.8 プレゼンテーション会場を事前に確認する

プレゼン会場を下見して慣れておくのはよいことだ。下見したら、自分がプレゼンを行っている様子を想像してみよう。そして次のような項目を確認しよう。

- 会場の大きさを考慮すると、声の大きさはどの程度が適切か？　オーディエンスとの距離感はどうか？
- マイクを使う必要があるか？
- オーディエンスから常に見え、またケーブル類にもつまずかない立ち位置はどこか？
- リモートコントローラーの作動を確認する。プロジェクターの電源を切らなくてもスクリーンを消せるか？　通常は、ブランク、ハイド、ミュート、ノー・ショウなどのボタンがある。レーザーポインターは使えるか？
- 黒板/ホワイトボード用のチョークとペンは用意されているか？
- 飲み水とコップは提供されるか？

13.9 プレゼンテーションの直前に体をほぐす

誰でも試験を受けたときに経験しているように、少し緊張しているくらいのほうが成績はよい。リラックスしすぎていると自信過剰になってしまう。緊張することをあまり心配する必要はない。プレゼンテーションを開始して数分もすれば消えてしまうものだ。

前日は十分な睡眠をとろう。徹夜をしてまでスライドの確認をしないこと。プレゼンには、疲れのないすっきりした気持ちで臨もう。もしプレゼンの最初に体が硬いと感じるようであれば、リラックスするための技術を学んだ方がいいかもしれない。

プレゼンを開始する前に軽く体を動かそう。例えば、以下のエクササイズがおすすめだ。

- 深呼吸をする
- 首と肩の筋肉をリラックスさせる/温める
- あごを動かす

プレゼンの中で使う語句をできるだけ短くするのも、呼吸を整える上で効果的だ。短くすることで、語句と語句の間に時間の余裕が生まれ、その間に小休止を入れて呼吸することができる。緊張していたら、こうしてプレゼンの速度を落とそう。

第14章
発音とイントネーション

ファクトイド

英単語の84％が規則的な綴りと発音パターンに従っている。例外的な単語（例：one、two、Wednesday、February、thought）はわずか3％だ。しかし、英語ではこれらの3％の単語が最もよく使われている。

*

1920年代にアメリカで実施された調査によると、10万人にわずか1人のアメリカ人しか次の10の単語を正しく発音できなかった：data、gratis、culinary、cocaine、gondola、version、impious、chic、Caribbean、Viking。

*

ケンブリッジ大学のある教授がかつてこう言った。「私には確信していることがある。それは、誰であろうと、これまでに聞いたこともない英単語の発音のしかたはわからないということだ」

*

調査が行われ、人は発話されたことの約50％しか聞いていないこと、またその約10％しか記憶していないことがわかった。たびたび指摘されることだが、言葉そのものよりも、どのようにそれを発言するか、またどのような身振りで伝えるかが重要だ。

*

2004年、韓国では、子どもに正しい発音を身につけさせるために、例えばLとRの発音ができるようになるために、なんと舌の手術を強制的に受けさせた親がいたと報じられた。ソウル大学のチェ・キョンエ教授は次のように言っている。「英語は生きていくために必須の道具になっている。大学に入る、就職する、昇進するなど、英語が上達しなければ達成できないことは多い。手術は極端な例かもしれないが、この社会で起きている現象の一つだ」

14.1 ウォームアップ

次の問いの答えを考えてみよう。

1. あなたの国には理解しにくい方言があるか？　理解できない方言を話す人がいるとき、あなたは恥ずかしく感じるか？　それはなぜか？
2. イギリス英語を話す人は、アメリカのDVDを見るときに字幕付きで見ることがあるだろうか？　またその逆があるだろうか？　イギリス人や北米在住者は、お互いの言葉を理解できないとき、相手を馬鹿にする気持ちが生じるだろうか？
3. contribute、innovative、kilometer、eitherには、2通りの発音がある。どのような発音だろうか？
4. address、adult、detail、frustrated、router、twentyのイギリス式発音とアメリカ式発音の違いがわかるだろうか？
5. 上記の1から4の質問から、どのような結論を導くことができるだろうか？　完璧な発音ができることは国際会議ではどれほど重要か？
6. あなたの国の英語の発音に関する典型的な問題は何か？　どのようにしてそれを防ぐことができるか？

ビビアン・クックは著書『第2言語の学習と教授』の中でこう書いている。

「英語教師の目的は、スパイ養成は例外として、ネイティブスピーカーを複製することではない」

たとえ言葉を正しく発音できなくても、誰もあなたを殺そうとはしない。2000年以上も前とでは状況が変化している。以下はその頃の状況だ。

「ギレアデ人はエフライムに通じるヨルダン川の渡し場を攻め取った。エフライムの落人（おちうど）が『渡らせてください』と言うたびに、ギレアデの人々は『あなたはエフライム人ですか』と尋ねた。その人が『そうではありません』と答えると、ギレアデ人はその人に『それではシボレテと言ってごらん』と言い、その人がそれを正しく発音できずに『セボレテ』と言うと、その人を捕らえてヨルダン川の渡し場で殺していた。こうして、4万2,000人のエフライム人が殺された（旧約聖書：士師記12章5–6節）」

しかし、もし訛りが強かったり発音が著しく悪かったりすれば、オーディエンスはあなたの話す内容を理解できないだろう。本章では、このようなあなたの問題を解決するために役立つ、発音を改善する方法といくつかのヒントを授ける。

14.2 英語の発音が綴りと一致しないことがある

英語は、次の表に示したように、極めて不規則なシステムに従うことがある。

発音と綴りの不一致	例
綴りが同じでも発音が異なる	live [laiv]：a live concertと live [liv]：I live in London readの現在形と過去形 lead（鉛）とlead（導く） wind（風）とwind（巻く）
綴りが異なり、発音が同じ	wouldとwood whereとwearとware holeとwhole sceneとseen
最後の音節の綴りが異なり、発音が同じ	manageとfridgeとsandwich foreignとkitchenとmountain
母音の綴りが同じで、発音が異なる	wereとhere cutとput choseとwhose oneとphone

上記以外にも、黙字を持つ単語は多い。例えば、We(d)n(e)sday、bus(i)ness、dou(b)t、comf(or)tableなどだ。黙字は英語の話し手によっても異なる。例えば、twen(t)yと発音するのはイギリスではエセックス州だけだが、アメリカでは多くの州で一般的な発音だ。

14.3 発音に「ある程度うまく」なる

発音はプレゼンで通用する発音であればそれで十分だ。母国語訛りを完全に修正することは不可能かもしれないが、プレゼンで使う言葉を明瞭に話すことは可能だ。これらの言葉を「ある程度うまく」発音できなければならない。「ある程度うまく」とはほぼ正確という意味で、ゆっくりはっきりと発音することが望ましい。たとえ標準的な発音でなくても、少なくとも理解されるはずだ。これは非常に重要だ。もしオーディエンスがあなたの言葉を理解できなければ、あなたのプレゼンを理解することは非常に難しくなるだろう。

だからといって焦ることはない。TEDでも、訛りや文法の問題があっても素晴らしいプレゼンが行われている。そのよい例がフランス人デザイナーのフィリップ・スタルクだ。彼はプレゼンをこう始めている。「私の話す英語はまったく理解できないでしょう」と（**➔2.9節**）。

典型的な10分間のプレゼンには300～450ワードの単語が含まれている（専門用語の数とプレゼンターの話す速度に左右される）。15～20分間のプレゼンであれば、そこに含まれる個別単語数は、それより短いプレゼンと比較して、通常は10～20ワード多いだけだ。キーワードのほとんどが最初の10分以内で紹介されることが多いからだ。

これらの個別単語数のうち、その大多数がすでによく知っている言葉だ。例えば、代名詞、前置詞、副詞、接続詞、冠詞、一般動詞などだ。博士課程の大学生にプレゼンテーションを教えた私の経験から言えることは、平均的な人が発音を学ばなければならない単語は10～20語くらいだろう。このようなごくわずかの単語の正しい発音を学習することは難しくない。スクリプトを書き出してみれば、どこに落とし穴があるかを知ることができる（**➔第3章**）。

14.4 オンライン上のリソースを活用して発音を確認する

第3章で解説したようにスクリプトを書き出して、Google翻訳（音声も確認できる）やIvona、Odd Cast（http://oddcast.com/home/demos/tts/tts_example.php）な

どのテキスト読み上げソフトにかけてみる。IvonaとOdd Castは、地域差（イギリス英語、アメリカ英語、インド英語など）や話し手の性別を選べるので楽しい。この2つの無料ソフトで再生される発音とアクセントはほとんどの場合は正確だが、いつも正確というわけではない。

また、オンライン上の音声辞書を使うのもよい。どこにアクセントを置けばよいかを明確に教えてくれる。howjsay.comもお勧めだ。このソフトは、単語によっては***inn**ovative*と*inno**va**tive*のどちらが正しいかなどを示してくれる。ちなみにこの2つの単語は、今ではどちらも正しいと考えられている（注：*in**no**vative*は多くのノンネイティブスピーカーには典型的なアクセントの置き方だが、まったくの誤りであり選択肢としては提示されない）。

以下に役に立つオンライン辞書を紹介する。

- https://howjsay.com/
- https://www.wordreference.com/
- https://www.britannica.com/dictionary/
- https://www.oxfordlearnersdictionaries.com/
- https://dictionary.cambridge.org/

オンライン上のリソースを活用することで次のようなことが可能になる。

- 複音節の単語の発音を聞いて、アクセントの位置を確認することができる（例：*con**trol***であり***con**trol*ではない）。
- 母音の発音を聞いて、*bird*は*word*と母音が同じであるとか、*beard*とは母音は異なるなどの情報を得ることができる。
- 正しく発音できない単語を見つけることができる。それがキーワードでなければ発音できる同義語で置き換えるとよい。いくつか例を示す。
    - *innovative*などのような複音節語は*new*などのような単音節語と置き換える
    - *usua**ll**y*や***th**esis*などの子音の発音が難しい単語は、そのような音を含まない*often*や*paper*などのような単音節語と置き換える
    - *w**or**ldwide*などの母音の発音が難しい単語は、発音しやすい母音を持つ*gl**o**bally*などのような単語と置き換える
- 発音が難しい、しかし重要な専門用語であるために他の単語に置き換え

られない単語をリストアップできる。

✏ 長すぎるセンテンス、発音が難しいセンテンスを知ることができる。

母語の発音の癖が英語の発音に影響して、英語を正しく発音できないことがある。[母語名＋English pronunciation＋typical mistakes] でインターネット検索をすれば、自分と同じ言語を話す人が苦手に思う英語の発音について知ることができる。可能なら、模範的な発音、その発音を確認できる音声、その音声が発音されるときの唇と舌の形などを載せたウェブサイトを探してみよう。もし自分の唇や舌が正しい位置になければ、正しい音を再生することは不可能だ。

14.5 プレゼンターを真似て発音を練習する

プレゼンテーションに使われたスクリプトを使って単語の正しい発音を学ぶこともよい方法だ。多くのニュース配信会社や教育機関（bbc.co.uk や ted.com）が自社のウェブサイトから英語の字幕やスクリプト付きのニュースを配信している。これを使うと、プレゼンターが話す内容を聞いたりその正確なスクリプトを読んだりすることができる。音声を消してスクリプトの音読の練習もできる。また、音声を再生しながら正しい発音を聞く練習にいっそう意欲的に取り組めるようになる。

プレゼンテーションで頻繁に使用される語句の発音が学べるサイトもある。

✏ https://www.bbc.co.uk/worldservice/learningenglish/business/talkingbusiness/

14.6 話すスピードは速すぎず、声の調子は変えながら

速く話しすぎると、緊張しているときは特に、オーディエンスがプレゼンの内容を理解することは難しくなる。そのうえ、「早口で話しているということは特に重要な内容ではない」という印象を与えるかもしれない。

適度に間を取りながら話すこと。絶え間なく話し続けてはならない。スライドから次のスライドに移る間だけではなく、説明をしているときも、1～3秒間の間を入れよう。オーディエンスには、あなたのプレゼンの内容を理解するための時間が必

要であると同時に、頭を休める時間も必要だ。

もし、あなたの声の調子がまったく変化しなかったら、あるいは、あなたの声のイントネーションに繰り返し現れる癖があったら（例えば、語尾のイントネーションが妙に上がり調子であるとか、語尾が著しく小声になるなど）、オーディエンスはあなたの説明を理解する手がかりを見失い、そのうち眠りに落ちてしまうだろう。そうならないためにも、話すスピード、声のボリューム、ピッチ、トーンに変化をつけなければならない。

スピード	言葉を発する速度。重要なポイントや難しいポイントではゆっくり話して強調する。オーディエンスにすでにある程度の理解のあることや、理解しやすいことは速く話してもよい
ボリューム	声の大きさ、小ささ。語尾で急に声を小さくしてはならない
ピッチ	声の高さ、低さ
トーン	声の高さ/低さの変化に感情を込めた表現

これら4つの要素を組み合わせながら変化させ、重要なポイントをオーディエンスに伝えよう。次のようなテクニックを用いて声に変化をつけることもできる。

- オーディエンスの目が不自由、あるいはオーディエンスとの間がカーテンで仕切られ、自分の声が情熱や感情を伝えるための唯一の手段であると想像してみる
- 人を引きつける声をしている人の声をよく聞き、何が話を興味深くしているのかを分析する
- 自分の声を録音し、批判的に聞く

あなた自身が自分の発表内容に興味を持って話さなければ、オーディエンスがあなたのプレゼンに興味を持つはずがない。

プレゼンテーションの専門家ジェフリー・ヤコビは、著書*How to Say It - Persuasive Presentations*の中で、「主張が強く表れている、または生き生きした表現を用いている文章、例えば新聞の投書欄、童話、広告などのような文章を声に出

して読んでみよう。最初は母語で練習を始め、次に英語で練習してみよう」と勧めている。

また、声の調子と雰囲気、例えば、怒り、幸福、皮肉、威厳などの要素をさまざまに変化させるのも、プレゼンのよい練習になる。

14.7 キーワードを強く発音して強調する

英語は強勢拍リズムの言語だ。重要な単語を強くゆっくり発音することで、弱く素早く発音した重要でない言葉との差別化を図ることができる。

強く発音することで、話者が重視している要素を明示することもできる。次の例文をイタリック体の単語を強く発音して読んでみよう。

- Please ***present*** your paper next week.
  (writeではなくpresentであることを強調)
- Please present ***your*** paper next week.
  (myではなくyourであることを強調)
- Please present your ***paper*** next week.
  (reportではなくpaperであることを強調)
- Please present your paper ***next*** week.
  (this weekではないことを強調)
- Please present your paper next ***week***.
  (monthではないことを強調)

すべて同じセンテンスであるが、強く発音する単語を変えると意味が変わる。またそうすることで、聞き手は何が重要で何がそうでないかを知ることができる。センテンスの中の単語を強く発音するときは、次のような工夫をしよう。

- その単語をその前後の単語よりもゆっくりと発音する
- 少し大きい声で発音する
- 声のトーンやニュアンスを少し変えてみる

また、単語を交互に強く発音したり弱く発音したり、あるいは常に文末（または文頭）を強く発音するような癖をつけないようにしよう。

14.8 母語にも存在する英語の専門用語には注意する

多くの英単語が他の言語に借用されている。その多くは発音も意味も異なる。その例として、hardware、back up、log in、PC、CD、DVDなどは、他言語へ借用されている英語の専門用語/頭字語だ。注意点として、

- 2語で成り立っている英単語は、第一音節にアクセントがある。
  例：hardware、supermarket、mobile phone
- 後半部が前置詞の英単語は、第一音節にアクセントがある。
  例：back up, log in
- 頭字語は、それぞれの文字に同等のアクセントが置かれる。
  例：P-C、C-D、D-V-D

キーワードと専門用語は他の単語よりもよりゆっくり発音したほうがよい。頭字語はそれぞれの文字に等しくアクセントと時間を置く。IAEなどの頭字語は3つの母音が含まれており、理解することが難しい。また母音は（子音もそうだが）、言語が異なれば発音も異なることがある。頭字語をプレゼンで使うときはスライド上にも映写しよう。

14.9 -ed形で終わる動詞の語尾を練習する

動詞の語尾を-ed形に変化させて過去形を作るとき、新たに音節を足すことはしない。例えば、focused、followed、informedなどの単語は、focus sed、follow wed、inform medなどと発音されるわけではない。動詞の音節数は、原形（例：focus）と過去形（例：focused）とでは同じだ。例外は、原形が-dや-tで終わる動詞だ。例えば、addedやpaintedがそうであり、add did、paint tidと発音される。

14.10 数字は明瞭に発音する

重要な数字はオーディエンスの理解を助けるためにスライドに映し出そう。また、13と30、14と40などは明確に区別しよう。アクセントの位置はthir**teen**と**thir**tyだ。thirtee**n**とfourtee**n**などのnの音ははっきり発音しよう。

14.11 er、erm、ahなどの間投詞の使用は避ける

オーディエンスの注意が散漫にならないためにも、語句と語句の間に非言語的なノイズを挟まないように最大の注意を払おう。うっかり“er（えー）”を発声しないために、次のようなことを試みてはどうだろうか？

- and、but、also、however、which、thatなどの単語を発話することを避ける。なぜなら、これらの単語を使うたびに人は口癖のようにerを続けて発声する傾向があるからだ。例えば、**and er then er** I did the tests **but er this er** also meant **that er**といった具合だ。
- センテンスを短く分割して話す。
- erの代わりにポーズ/息継ぎを入れる。

何度も練習を行えば、言いたいことがすぐに口をついて出てくるようになり、考えながら話すこともなくなる。やがて語句と語句の間に間ができることもなくなり、erを発声する必要もなくなる。

自分ではこのようなノイズを発声していることに気がついていないかもしれない。自分にそのような癖があるかどうか、プレゼンを録音して確認してみよう。

14.12 ネイティブスピーカーにチェックしてもらう

ある程度練習が進んだら、ネイティブスピーカーに自分のプレゼンを聞いてもらおう。そして発音の誤りがあればすべて書き出してもらい、正しい発音を教えてもらおう。プロの先生にお願いすれば高い費用が必要かもしれないし、また時間もかかるかもしれない。しかし必ずその甲斐はある。

1 2 3 4 5 6 7 8 9 10 11 12 13 14 15 16 17 18 19 20

第15章 リハーサルと自己評価

ファクトイド

Unskilled and Unaware of It: How Difficulties in Recognizing One's Own Incompetence Lead to Inflated Self-Assessments（能力不足とそれを認識できないことについて：能力不足を理解できないことが自己の過大評価につながる）と題された論文の中で、著者は、変装もせず白昼堂々とピッツバーグ市内の銀行に押し入ったマッカーサー・ウィーラーを例に取り上げた。ウィーラーは、監視カメラの映像が夜11時のニュースで流れると、1時間も経たないうちに逮捕された。警察が本人に監視カメラの映像を見せたところ、ウィーラーは信じられないといった顔をして、「あのとき俺はジュースを被っていたのに」と供述した。ウィーラーはレモンジュースを顔に塗っておけばビデオカメラには映らないと信じ込んでいたようだ。このような錯覚は、この論文著者にちなんでダニング＝クルーガー効果と呼ばれている。この事件を最初に報じたのは*Pittsburgh Post-Gazette*新聞のマイケルA. フスコで、そのときの見出しは、「まさに試行錯誤：窃盗を思いつくも、頭隠さず」というものだった。

*

2000年4月17日付けの*Washington Post*の記事によると、2,000万人のアメリカ人が自分は宇宙人に誘拐されたことがあると信じている。

*

アメリカ合衆国元大統領のジョージ・Wブッシュ氏は教育に関するスピーチ（YouTubeで視聴可）の中で、areと言うべきところをisと間違えてこう言った。"Rarely is the question asked, is our children learning?"（めったに質問されないことだが、我が国の子どもたちは果たして学んでいるのか？）

*

18～24歳のアメリカ市民を対象に行われた全国地理知識調査により、次のような結果が得られた。アフガニスタンの位置を指し示せない人の割合は83%、同様にイギリスは69%、日本は58%、アメリカは11%。

15.1 ウォームアップ

(1) リハーサル中に確認すべきことを5つリストアップしてみよう。

(2) 次の3点について考えてみよう。

- 自分の弱点は何か？ 冒頭のファクトイドで紹介したウィーラーのように、自分の弱点には気づきにくいか？ 同僚には自分の弱点は明白か？
- 同僚にはどのような弱点があるか？ 同僚はあなたの評価を受け入れると思うか？
- もしあなたが何人かのグループの一人であり、同僚の一人のプレゼンを評価することになったとしよう。あなたの評価はグループとしての評価とほぼ同じだろうか？

(3) 同僚の、またはTED（➔**第2章**）のプレゼンをよく見て、そのスライドについて以下のことを検討してみよう。

(a) スライドは、オーディエンスのトピックの理解を助けるようにデザインされているか？
(b) スライドは、プレゼンターの次のセリフが自然に出てくるように工夫されているか？

スライドの主な役割は、(a) を実現することであるが、同時に (b) も満たさなければならない。

私はこれまでに多くの博士課程の学生や研究者のプレゼンテーションを見てきた。学生のほとんどが自分の弱点を明確には理解できていない。多くの学生が緊張や英語そのものを重視しすぎている（「私は文法が苦手で語彙にも誤りが多いんです」と言う学生が多い）。

実際には、彼らの問題は言語にも緊張にも関係のないことが多い。具体的に彼らは次のような点に気づいていない。

- プレゼン中にオーディエンスに背中を向けていることが多い

- 体はオーディエンスの方を向いていても、視線はオーディエンスにまっすぐ向かず、その頭上や足元にある
- スライドに文字を使いすぎ
- スライドから次のスライドに移るときのum（う～ん）やer（え～と～）などの発音が耳障り
- 熱意が感じられない
- その他（よくある誤りについて➜**1.5節**）

要するに、往々にして私たちは自分の弱点を評価することができていない。強みについても同様だ。人は、自分の弱点には気づかないのに、他人の弱点にはよく気づく。一般的には、他人のプレゼンのどこが悪いかについて多くの人が同じ意見を持っている。ポイントを整理しよう。

- 自分のプレゼンの強みと弱みを判断することは非常に難しい
- 学会でプレゼンをするときは、事前に必ず同僚の前でリハーサルを行ってフィードバックをもらうこと

本章では、リハーサル中に確認すべきことについて考える。また、自分のプレゼンを他人に評価してもらうときのポイントや、自分で評価するときのポイントについても考える。

15.2 メモをスマートフォンにアップロードする

もしスクリプトを用意しているのであれば、最初に練習すべきことは、**第3章**で紹介したように、スクリプトが口になじむまで声に出して読むことだ。その後はスクリプトのことは忘れてメモだけを見る。

もし練習中に語句が自然に出てこなければ、言いたいことがスムーズに出てくるように語句に修正を加えよう。

最後は、メモを演台の上に置き、メモは見ないようにしてリハーサルを行う。もちろんセリフを忘れることもある。そのときは、メモにさっと目をやればよい。

優秀なプレゼンターでもメモを使ってプレゼンをしている。メモを使うことは今や常識であり、スクリプトを思い出すために時々目をやる程度であれば、誰もプロフェッショナルらしくないとは思わないだろう。例えば、TEDに登壇するプレゼンターもメモを使っている。ジェイ・ウォーカーの*English Mania*という演題のスピーチがそのよい例だ。ジェイのスピーチは、一つ一つのセンテンスを簡潔にすることで、プレゼンターはスクリプトを覚えやすく、オーディエンスはプレゼンターの発話内容を理解しやすいという点において、非常によい例だ（➔**19.2節**）。

メモを使うこと以外にも、プレゼン資料をスマートフォンにアップロードすることを強くお勧めする（➔**13.6節**）。そうすることで、スライドとスクリプトの両方を確認することが可能になる。スマートフォンにも、Bluetoothを使ってスライドを操作できるアプリがいくつかある。それらのアプリを使えば次のようなアクションが可能になる。

- 壇上で左右に歩く。ラップトップPCの前でじっとしている必要はない
- スマートフォン上でスクリプトやメモを確認する

スマートフォンを手に持ってプレゼンを行うことは受け入れられないという人もいるかもしれないが、私は本書の中で、今では急速に常識となってきていると何回か強調している。それには次のような大きなメリットがあるからだ。

- スライドを操作できる
- リモートで操作するポインターのように、図表の特定の要素を指し示すことができる
- スクリプトやメモを見てセリフを確認することができる

私の考えでは、これらの機能を使ったからといってプロらしさが失われるわけではない。むしろ、プロらしいプレゼンを非常に効果的に行うことが可能になる。

15.3 練習するパートの順序を変えてみる

時間の制約があり、一部しかリハーサルできないことも珍しくはない。その結果、プレゼンの前半しかリハーサルできないこともある。そのような場合、専門的な部

1 2 3 4 5 6 7 8 9 10 11 12 13 14 15 16 17 18 19 20

分だけを練習するのではなく、時には途中から、あるいは結論から始めるのもよい考えだ。質疑応答の練習も忘れてはならない。質問を想定し（質問の意図がわからないといった状況も含めて）、いくつかの答えを考えてみる。

とにかく、オープニングとエンディングは何度も繰り返して練習しよう。この部分は即興でプレゼンを行ってはならないし、言うべきことがしっかり頭に入っていなければならない。第一印象と最終印象は、オーディエンスの記憶に定着する。

15.4 スクリーンとの位置関係を確認する

できるなら、本番に近い会場設定を再現しよう。同僚と複数人で練習するのであれば、並んで立たない。お互いの立ち位置に距離を保つこと。机を演台代わりに使い、背景にスクリーンがあると想像し、どこに立って話すのがよいか考える。

スクリーンの前に立てば、光の加減でオーディエンスからあなたがよく見えない。これはスクリーンを暗くする（PowerPointではキーボードの［B］）ことで解決する。スライドがオーディエンスから見えなくなることを防ぐためにも、スクリーンの前に立たない。前に立つのはスライド上の情報を指す必要があるときだけにしよう。

スクリーンの左側に立てば右側の（右側に立てば左側の）オーディエンスだけに注意が向くことに注意しよう。左右の立ち位置は適宜変える必要がある。またすべての人と、たとえ最後列の人であっても、アイコンタクトを取ることも忘れてはならない。あなたからのアイコンタクトが届かない人がいれば、その人たちはやがてプレゼンへの興味を失うだろう。

自宅で個人練習をすることもできる。自宅の一番広い部屋の隅に立ち、家具の一つ一つ（椅子、テーブル、デスク、棚、窓など）を幾人かのオーディエンスの集まりに見立て、それぞれの家具に向かって話す練習をする。一つの家具から次の家具に移るまで3秒以上の時間をかけないこと。また、一人一人のオーディエンスに2秒以上の時間をかけてもならない。その人はきっと居心地が悪くなってしまう。

スライドを壁に直接映写するのもよいアイデアだ。映写しながら、スライドではなくオーディエンスに目をやる練習をしよう。当然、スライドの枚数が少なく、しかもスライドにするほどでもない単純で覚えやすい内容であれば、スクリーンを振り返って見たくなる回数も減る。とにかく、最初の60秒間は、スクリーンを振り返って見たり、ラップトップPCやメモを読んだりせずにプレゼンできなければならない。

15.5 同じ場所にじっと座らず、立って動く

ラップトップPCの前でじっと座って話すのはやめたほうがよい。座って話すと声の通りもよくない。

後方のオーディエンスとも、演壇を降りて会場内を歩き回りながら近くまで行ってアイコンタクトを取ることができる。あなたもきっとリラックスするだろう。またそれは、スクリーンにずっと集中していたオーディエンスの注意を引きつけるよい方法でもある。床にケーブル類があると危ないので注意する。

オーディエンスの前でリラックスして動くと（決して右往左往しない）、あなたがプレゼン環境の中にいて快適で落ち着いているという印象を与える。またそうすることで、あなたが自分のプレゼンに自信を持っているとオーディエンスに思わせることができる。

立ち位置は2、3分おきに変えて、一部のオーディエンスだけに注意が向かないようにしよう。

15.6 身振りを効果的に使う

自分に最も自然な手のアクションを使おう。経験不足のプレゼンターは、両腕を体の横に硬く沿わせたまま、あるいは腕組みをしたままであったりすることが多い。このような腕の位置は、あなたが緊張または少し警戒している印象をオーディエンスに与えてしまう。プレゼンを開始したらできるだけ早く腕を動かそう。そのベストなタイミングは、プレゼンのアウトラインを説明する際に、例えば「最初に、次に、3番目に……」と言いながら、右手で左手の指先を折りながら3～4つのキーポ

イントを数えるときだ。

手に何か（リモートコントローラー、ポインター、ペンなど）を持っていると緊張がほぐれるという人もいる。持つにしてもほんの数分がよい。やりすぎると手が使えなくなる。手をポケットに突っ込んでいるとリラックスする人もいる。しかし、この姿勢はあまりプロフェッショナルらしくない人という印象をオーディエンスに与えるかもしれない。

また、オーディエンスの注意を逸らす動作、例えば指輪を触るとか体の一部を掻くなどの動作は避けること。

優れたプレゼンターの多くが、発言内容をさらに強調するために手に動きを加えている。しかし、文化背景的な理由により、手を使うことは相手に対して失礼だとか、プロらしさの欠如だとオーディエンスの大多数が理解するようであれば、自分にとって最も違和感のない方法でよい。

15.7 表情を豊かに、笑顔を忘れずに

あなた自身が興味を持ってプレゼンに臨んでいることが表情に表れていれば、オーディエンスはそれを察し、あなたの発表に積極的に耳を傾けるだろう。もしあなたが無表情であれば、オーディエンスが肯定的な感情を持つことはないだろう。

あなたの本物の熱意を伝えるためには、あなた自身がそれを感じられなければならない。そのためには、まず自分が心から特別だと思える、オーディエンスも興味を持つと思える、そしてこれなら情熱を持って話せると思える関心領域（研究者としての生活や自分の住んでいる国/都市に関することでもよい）を見つける必要がある。

鏡の前で笑顔を作る練習をしよう。笑顔が自然に出てこなければ、アメリカやイギリスでは笑顔講座を受講するのもよいだろう。笑顔を作ることが難しくても心配はいらない。大げさな身振りを交えながら情熱的にプレゼンを行えば、笑顔が出てこないことを補うことができる。

15.8 タイムマネジメント

プレゼンが計画どおりに進むことはめったにない。次のような状況が起こりうる。

- 前のプレゼンターが持ち時間を超過して、自分の持ち時間が短くなる
- 参加者が遅れて会場に入る

そのような場合のために、次のような対応をとろう。

- プレゼンの各パートにどのくらいの時間が必要か、正確に把握しておく。
- 最も重要な部分はプレゼンの前半で発表する。決して後半で発表しない。
- 特にプレゼンの後半の、削除してもよいスライドをあらかじめ決めておく（➔**15.9節**）。
- 口頭での説明を簡略化できるスライドがないか、あればどのように簡略化できるかをあらかじめ考えておく（➔**15.9節**）。
- プレゼンソフトの機能を使い、必要に応じてスライドをスキップする。

時には、プレゼンにあまりにも夢中で終了時刻を忘れていることもある（特に時間変更があったときなど）。そうならないように、終了予定時刻を紙に書いてラップトップPCの横に置いておこう。一緒に時計も置いておこう。ラップトップPCには時計機能も付いているが、時計を置いたほうが時間を確認しやすい。もし時間が無くなってきても、突然「ここで終了します」と言って終わるのではなく、結論を簡潔に述べる。

予定よりも早く終わったら、その分、質疑応答セッションに時間を取れる。いずれにせよ、与えられた時間枠を使い切らなければならないと思う必要はない。数分早く終わっても誰も苦情は言わない。しかし、時間を超過すると苦情が出るかもしれない。

15.9 興味を引くスライドは残し、複雑なだけの不要なスライドを削除する

プレゼンのリハーサルを（自分一人でも同僚の前でも）数回終えたら、削除でき

るスライドと簡略化できるスライドを特定できるはずだ。

プレゼンの主な目的は、オーディエンスの好奇心をそそり、もっと情報を得たいという欲望を刺激することだ。クライマックスしか見られない、見終えた後に全体を見たいと思う映画の予告編のようなものだ。プレゼンが終わった後に、関連する論文や資料を読んでみたい、製品を買ってみたい、マニュアルを読んでみたいと参加者に思わせよう。

プレゼンのテーマについては、あなたはオーディエンスに発表する情報の何倍もの情報量を持っている。あなたが発表する情報は氷山の一角であり、10%ほどにすぎないだろう。残りの90%はあなたの頭の中にしっかりと格納されている。どの情報をオーディエンスに発表するべきか、よく考えて判断しよう。

自分に与えられたプレゼン時間が60分から40分に短縮されたとしよう。このような場合、プレゼン予定の情報について次のような点を検討する。

- オーディエンスがすでに知っている情報や興味を持てない情報が含まれていないか？
- できるだけ多くの情報を発表したほうがプロらしいと考えた、または発表したほうが上司によい印象を与えると考えた、このような単純な理由で判断して用意した情報が含まれていないか？
- 付加的な情報は、プレゼンの骨子から離れない範囲で配付資料の中に挿入できないだろうか？（オーディエンスは詳細な情報は空いた時間に自分のペースで読みたいだろう）
- 関連性が高いからではなく、単に自分がおもしろいと感じているからという理由でプレゼン資料に含めている情報はないか？
- 他の情報と一緒にして簡潔に説明できるように、同じカテゴリーにまとめられる情報はないか？

事前にこのような対策を講じても、あなたのプレゼンは成功しないだろうか？それとも、以前よりも明解かつダイナミックなプレゼンを行えるだろうか？

15.10 ソフトウェアやシステムの故障に備える

プレゼン資料は会場のPCにアップロードすることになるはずだ。十分な時間的余裕を持って万事うまく作動することを確認しよう。ソフトウェアのバージョンが異なっていたり、PC間の互換性（特に動画の再生）が悪かったりするので、事前の確認は重要だ。

大きな成功を収めたプレゼンのいくつかはスライドを使わずに行われている。スライドの配付資料があれば、コンピュータが故障してもスライドを使わずにプレゼンを継続することは可能だ。必要なら、ホワイトボードに図表を描くこともできる。

そのような不測の事態に備えて、スライドを見ずにプレゼンの練習をするのもよい。スライドがなくてもプレゼンができるとわかり、不要なスライドがあるかどうかもわかるだろう。

15.11 自分のプレゼンテーションを録画して分析する

同僚から詳細で客観的なフィードバックをもらうことは、次節（→**15.12節**）で解説している評価シート方式を採用しない限り難しい。もしフィードバックをもらうことに積極的になれない、または恥ずかしいと思うなら、自分で自分のプレゼンを録画してみるのもよい（スマートフォンを使って録画できる）。

動画を再生しながら、次のような点を確認しよう。

- スクリーン、天井、床には目をやらずに、オーディエンスとアイコンタクトを取っているか？
- 不愉快な身振り、不適切な身振り、同じ身振りの繰り返しなどはないか？
- 自分でも気づかないうちに体をあちこち触っていないか？
- um、erm、erなどの耳障りな声を出していないか？

15.12 同僚との練習では、自己評価を厳しく

科学分野のプレゼンを成功に導くためには、自分のプレゼンを分析してプレゼンスキルを自己評価できるようになることが極めて重要だ。もし何人かの同僚と一緒に学会に参加するのであれば、それはお互いにプレゼンを事前に練習し合う絶好の機会だ。

もしあなたが同僚に「どうだった？」とか「どう思う？」と聞くと、おそらく曖昧な激励の言葉しか返ってこないだろう。そうならないためにも、お互いを評価するチェックリストを用意しておくのがよい。同僚のプレゼンのマイナス面がそのまま自分のプレゼンのマイナス面でもあるかもしれないので、お互いに評価し合うことで学べることは大きい。

次の表は、チェックリストに含めると有用と思われるヒントをまとめたものだ。

評価シート

全体的な構成	□オープニングにインパクトはあるか？
	□トピックの導入は明快か？
	□プレゼンの全体構成を説明しているか？
	□ポイントからポイントへの流れはスムーズか？
	□結論は明解で説得力があるか？
スライドの使い方	□文字ははっきり見えるか？
	□図表はシンプルか？
	□詳細に書きすぎていないか？
	□色、フォント、アニメーションが悪目立ちしていないか？
ボディランゲージ	□視線はスクリーンではなくオーディエンスに向いているか？
	□壇上を広く使って動いているか？
	□手の動きを効果的に使っているか？
声の出し方	□適度なスピードか？　特にオープニングは落ち着いているか？
	□発音は明瞭か？　声量は適切か？
	□簡潔で明解な言葉を選んでいるか？
	□一つ一つの言葉を明瞭に発音しているか？
	□er、erm、umなどの耳障りな音を発声していないか？
	□発音はきれいか？
	□熱意が伝わり、親しみを感じられるか？
	□信頼感はあるか？
オーディエンスの巻き込み	□オーディエンスの注目をただちに得られたか？
	□オーディエンスはテーマを明確に理解したか？
	□オーディエンスを引き込むことができたか？
	□オーディエンスの集中力を持続させるための工夫があるか？

理想的には、リハーサルを2回行い、そのうちの1回は、あなたが次のことをするたびにリハーサルを止めてもらおう。

- 理解できない言葉を発したとき（どの言葉の発音を練習すべきか、他の同義語に代えるべきかを知ることができる）
- 視線がオーディエンスではなくスクリーンやラップトップPCに向いたとき

同じ学会に参加予定の同僚と練習することのもう一つのメリットは、彼らがあなたのプレゼンの流れを把握できることだ。実際のプレゼン中に彼らの姿をオーディエンスの中に発見すると、彼らはきっとポジティブに反応してくれるだろうと思えて、それが励みになるだろう。もし事前にプレゼンを見てもらっていなければ、彼らがどう反応するかわからず、自信を失うことになるかもしれない。

15.13 同僚にスライドを評価してもらう

同僚にプレゼンを見てもらったら、削除できるスライドはないか、複雑で理解できないスライドはないか、意見をもらおう。その際には、プレゼンの各ポイントを次の3段階で評価してもらおう。

A：絶対に必要
B：重要
C：時間に余裕があるときにのみ話す

オーディエンスが聞きたいこと/聞く必要があることを最優先してスライドを用意しなければならない。できるだけ多くの情報を発表したほうがプロらしいと考えたとか、発表したほうが上司によい印象を与えると考えたとか、そのような単純な理由で判断して用意したスライドを含めてはならない。

15.14 指導教授と同僚にプレゼンテーション資料をメールする

本番前に、あなたの上司と同僚に、プレゼン資料またはその練習風景を必ず見てもらおう。事前にメールに添付して送るだけでよい。何を期待されているかは自ずと理解してもらえるはずだ。上司が絶望して頭を抱え込んでしまうような事態や、同僚を混乱させてしまうような事態だけは避けなければならない。あなたの上司は忙しくてプレゼン資料をチェックする時間がないかもしれない。そのような場合、「プレゼン資料を添付しました。20枚目のスライドを見ていただけませんか？オーディエンスがよい反応を示すかどうか自信がありません」とだけ伝えればよい。この方法は、次のような確認をしたいときにも使える。

- オーディエンスにとって図表はわかりやすいか？
- 文字情報が多すぎ（または少なすぎ）ないか？
- ユーモアを表現したスライドが不適切になっていないか？
- 必要な情報はすべて網羅しているか？

15.15 最後にスライドのスペルチェックをする

可能なら、まだプレゼン資料を見せていない人にスペルチェックをしてもらおう。自分ではスペルミスを見つけにくいものだ。書いたときの記憶が邪魔になって、実際に書いてある単語の間違いを自分自身で見つけるのは難しいことが多い。

15.16 プレゼンテーションが終わったら、スライドとスクリプトを修正する

プレゼンを実際のオーディエンスの前で行うと、練習中にはわからなかった欠点に気づくことがある。本番のプレゼンが終わったら、次のようなことを自分に問いながらスライドを厳しい目で見直そう。

- このスライドは必要か？　削除したら何か変わるか？
- このスライドはプレゼンの目的の達成に役立っているか？
- この情報を含めたのはなぜか？　この情報は重要/興味深い/明快か？　どのようなインパクトがあったか？
- この情報をもっと明快にまたは適切に説明することはできなかったか？
- この部分のスライドはこの順序でよいか？　何か欠落している情報はないか？
- これらのスライドは似すぎていないか？　オーディエンスの注意を十分に引きつけられたか？

プレゼンが終わったら、オーディエンスから受けた質問は書き残しておき、次回、同じプレゼンをする機会があったときは質問にすぐに答えられるよう準備しておこう。また、将来的に学会に参加して、まったく同じプレゼンを行う機会があるかもしれない。そのときのためにスクリプトを用意しておけば、練習がずいぶん楽にな

るだろう。

プレゼンの終了後、オーディエンスの反応や質問を参考にしながら、スクリプトを見直して修正し改良することには価値がある。補足すべき箇所や、不要だったところ、オーディエンスが理解できなかったところ、説明が難しかったところなどの、削除すべき箇所が見えてくる。

第16章

懇親会に参加して人脈を広げる

ファクトイド

調査によると、87％の人が社交的な場で退屈な会話を聞かされることを恐れている。

＊

EU（欧州連合）の報告によると、ヨーロッパ人の約50％が英語で日常会話ができ、ヨーロッパ人管理職の約70％が実用的な英語の知識を有している。

＊

知り合って間もない人同士で許容される会話の内容は、その人の文化的背景によって大きく異なる。アジアでは収入を尋ねても問題にならない国もあるが、西洋の文化圏ではこれは極めて失礼で恥ずかしいと受け取られかねない。

＊

フロリダ大学の社会心理学者シドニー・ジュラードは、人はレストランで一緒に食事中の相手の体にどのくらい頻繁に触れるかを調べた。プエルトリコのサンファンのレストランでは1時間に180回、同様にパリでは110回、アメリカのゲインズビルでは2回、ロンドンでは0回であった。

＊

活動的な社会生活を送っている人ほど、健康であり長生きする。社会とのかかわりが多様な人ほどこの傾向は顕著だ。

＊

アメリカでは労働者の約55％の昼食時間が15分未満だ。平均は30分にも満たない。1週間に昼食を取れない日が5日もある人が20％いる。

＊

イギリスと北アメリカでは、ビジネス会議は5分以内の、ディナーであれば15分までの遅刻は許容範囲と考えられている。

16.1 ウォームアップ

(1) あなたが学会に参加する主な理由は次のうちどれか？

(a) 研究の結果を発表するため
(b) 最新の研究知識を得るため
(c) 将来共同で研究を行うかもしれない人たちとの人脈を広げるため

(2) ネットワーキング（人脈づくり）のうまい人になるためにはどのようなスキルが必要か？　そのうちあなたがすでに獲得しているスキルは何か？　また獲得しなければならないスキルは何か？

(3) 社交の場で英語で話すことは、母語で話すことよりどれくらい難しいか？

(4) 人と人との口頭によるコミュニケーションのスタイルは国籍によってさまざまであることにあなたは気づいているか？　国際会議でこのような多様性を認識しておくことはどれほど重要か？

懇親会で交流することは、仕事でそうすることよりも難しいと思うかもしれない。自分の研究について話すときは、議論に必要な語彙をすでに持っているので楽だろう。しかし、たとえ懇親会であっても、会話の方向性を、英語で話すことが楽な話題や、全般的に深い知識を持っている話題へと転換することは可能だ。

本章では、学会でのネットワーキングの重要性と懇親会への備えについて学ぶ。

16.2 学会を自分の研究を宣伝する場、人脈づくりの場として活用する

学会に参加することは、外国で数日間を過ごすことのよい口実でもあるが、それ以外にも多くの学びを得ることができる場である。もしあなたがプレゼンテーションやポスターセッションを行う予定があれば、それは自分の研究結果を宣伝し、あなた自身とあなたの研究を参加者に知ってもらうよい機会だ。そうすることで参加

者から価値ある注目を、ひいては信頼までも獲得できるだろう。そしてそれが新しい人脈と協力体制を構築するよい機会となるだろう。

学会に頻繁に参加する人たちは、あまり多くのセッションやプレゼンに参加しすぎないほうがよいと勧める。その意図は、自分の研究テーマに関連することについてできるだけ多くのことを学ぶだけではなく、空いた時間があればネットワーキング（新しい協力体制を築くために新しい人と出会うこと）に投資するべき、というものだ。また、私がこれまでに会った教授たちは、著名な先生のプレゼンよりもそうでないワークショップに多く参加することを勧めていた。そのほうがより多くのことを学び、より多くのイベントに参加し、より多くの人と出会う機会があるからだ。一流の論文なら自宅で読むことができる。

自分のプレゼンや懇親会でどのような印象を与えられるかは、プレゼンの内容と同じくらい重要だ。私が博士課程の学生を対象に行った研究では、プレゼンのわずか10日後であったにもかかわらず、その内容の記憶よりもプレゼンターの印象の記憶のほうが強く残っていた。

プレゼンを行わなくても、学会に参加すれば多くのことを学ぶ機会がある。

- 今話題の研究テーマを見つけられる。他の研究者の取り組みを知ることができる。技術の進歩を把握することができる。もしあなたが国際的プロジェクトチームの一員であれば、あるいは国際的協力関係を築きたければ、これは重要だ。
- 自分が発表した研究にフィードバックをもらえる。
- 他の人たちと意見を交換しているうちに新しいアイデアが浮かぶ。
- 旧知の友人や同僚、これまでメールや電話でしか連絡を取っていなかった人たちに会える。

英語で話すことに自信があれば、これらのことは上手に達成できるだろう。また正しい英語表現を知っていれば、それも大いに役立つはずだ。本章の目的は、読者の皆さんがこれらの目標を達成することをお手伝いすることだ。

16.3 プレゼンテーション後に受ける質問の答えを用意する

学会でプレゼンを行う予定があれば、プレゼンの後にオーディエンスから質問を受ける、または後日面談を行いたいと申し出がある可能性は十分に高い。

よい印象を与えたければ、また恥ずかしい思いをしたくなければ、できるだけ多くの質問を想定してその答えをあらかじめ準備しておいたほうがよい。適切な英語表現を使って答えられるよう、学会に参加する前に準備しておこう（➔ **11.12節**）。

16.4 フォーマルな自己紹介とインフォーマルな自己紹介

多くの英米人がとてもシンプルに自己紹介をする。

- Hi, I'm James.
- Hi, I'm James Smith.
- Hello, I'm James Smith.
- Good morning, I am Professor Smith.

フォーマルな場では、ファーストネーム（James）とその後にファミリーネーム（Smith）をつける。What is your name? と尋ねられたら、通常は、ファーストネームとファミリーネームの両方で答えるべきだろう。

英米人は、相手の名前を直接尋ねることを避けるために、先に自分の名前を言うことが多い。この挨拶は、会話を始めて数分が経過し、その会話を継続する価値があると判断されたときに起きるかもしれない。以下に典型的な自己紹介の例を示す。

> By the way, my name is Joe Bloggs.
> （ところで、私の名前はジョー・ブロッグスです）

> Sorry, I have not introduced myself—I'm Joe Bloggs from NASA.
> （すみません、まだ自己紹介をしていませんでした。私はジョー・ブロッグスと申します。NASAで働いています）

I don't think we have been introduced have we? I'm ….
（まだ自己紹介をしていなかったようです。私は～です）

この時点で、あなたは自分の名前を紹介することが期待されている。

Pleased to meet you. I'm Brian Smartarz.
（お会いできて嬉しいです。私はブライアン・スマーターズと申します）

名前を聞き取れなかったら次のように言おう。

Sorry, I didn't catch your name.
（すみません、お名前を聞き取れませんでした）

Sorry, I didn't get your name clearly. Can you spell it for me?
（すみません、お名前がはっきりとは聞こえませんでした。綴りを教えていただけませんか？）

Sorry, how do you pronounce your name?
（すみません、お名前はどう発音するのですか？）

名前を繰り返して言ってもらうことに躊躇する必要はない。もし怠れば、会話の間ずっと相手のネームタグをジロジロ見ることになってしまう。そもそも人は自分の名前を覚えてもらうと嬉しいものだ。自分の名前を覚えてくれた人のことは大切に思い、良くしたくなる。

もし名前を繰り返して言ってもらうことに気後れするようであれば、お互いの名刺を交換しよう。名刺を渡すという行為は、話したいことがあることを相手に伝えることでもある。例えば、次のように言おう。

Oh, I see you are from Tokyo, I was there last year.
（東京からいらっしゃったのですね。東京には昨年行きました）

So you work for the Department of Linguistics, do you know Professor Kamatchi?
（言語学部で働いているのですね。蒲池教授をご存じですか？）

So you work in Italy, but I think you are from China, is that right?
（イタリアで働いておられるのですね。ご出身は中国でよかったですか？）

16.5　できるだけ肩書きを使って話しかける

英語の二人称代名詞はyouの一つしかない。相手に敬意を表したければ、Dr …（～博士）、Professor …（～教授）のように肩書きをつけよう。しかし多くの英米人が肩書きを使うことはフォーマルすぎると考えているので、Please call me John（ジョンと呼んでください）などと言われるかもしれない。そう言われたら、その時点から打ち解けた雰囲気で話してもよいということだ。逆に言うと、あなたが博士課程の学生で、スミス教授と話している場合、教授からジョンと呼んでくださいと言われるまでは、Professor Smithと呼んだほうがよいということだ。

英語の肩書きは非常に少ない。アカデミアではDr（博士）とProfessor（教授）しか存在しない。あなたの国ではこのほかにも多くの肩書きがあるかもしれない。例えば、○○弁護士や○○エンジニアなどだ。だがこのような肩書きを英語に翻訳するのは難しい。つまり、あなたがエンジニアだとして、他のエンジニアをEngineer Smithのように呼ぶことはしないということだ。この場合、シンプルにDr SmithやProfessor Smithでよい。しかしメールでは、英語が母語ではないエンジニアを、その人の母語でengineerに相当する言葉を使って、例えばドイツ語であればHerr Diplom Ingenieur Weber（ウェーバー工学修士）と呼んでもよい。

研究職以外の人に敬称をつけたければ、男性にはMrを、女性にはMsを使う。MrとMsは既婚か未婚かを区別しない。MrsとMissは既婚か未婚かがわかるので今日ではあまり使われない。そもそもそのような情報を明らかにする必要はない。

メールを書くときの敬称の使い方 → 『ネイティブが教える　日本人研究者のための英文レター・メール術』（講談社）第2章

16.6 プレゼンターに自分を売り込む

プレゼンに参加したら、プレゼンターにドリンクバーや懇親会で質問をすることをお勧めする。相手の注意を引きつけてから自己紹介をしよう。

> Excuse me, do you have a minute? Would you mind answering a few questions?
> (すみません、少しお時間をいただいてもいいでしょうか？　いくつか質問したいことがあるのですが)

> Excuse me, do you think I could ask you a couple of questions about your presentation? Thanks. My name is ... and I work at .... I am doing some research on .... What I'd like to ask you is: ....
> (失礼ですが、先ほどのプレゼンテーションについていくつかお伺いしてもいいでしょうか？　ありがとうございます。私は〜と申します。〜で働いており〜の研究を行っています。お伺いしたいのは〜)

他にも質問があれば、次のように聞くことができる。

> Could you give me some more details about ...?
> (〜についてもう少し詳しく教えていただけませんか？)

> Where can I get more information about ...?
> (〜についてさらに詳しい情報はどこで入手できるでしょうか？)

> Can I just ask you about something you said in your presentation?
> (プレゼンの中でおっしゃったことについて質問してもいいでしょうか？)

> I'm not sure I understood your point about .... Could you clarify it for me?
> (〜について理解できていないようです。詳しく説明していただけませんか？)

> Have you uploaded your presentation? If so, where can I find it?
> (スライドはアップロードされましたか？　どこで入手できますか？)

プレゼンターの多くがプレゼン直後はとても疲れており、休憩を取りたい、何か飲みたい、または食べたいと思っている。また、もし質問者の列ができていれば、プレゼンターはできるだけ一人一人の時間を短くしたいと思っているはずだ。ようやくプレゼンターと話せたら、次のように言おう。

> I don't want to take up your time now. But would it be possible for us to meet later this evening? I am in the same field of research as you, and I have a project that I think you might be interested in.
> （今お時間をいただくのも申し訳ないので、今夜お話しするお時間をいただけませんか？　私はあなたと同じ分野で研究をしていますが、実はあなたに興味を持っていただけそうなプロジェクトがあります）

16.7　会話の輪に入って自己紹介をするときのコツ

会話の輪に入っていって自己紹介をすることは難しい。それを避けるために懇親会には早く到着しよう。そして、あなたが話をしたいと思っている人が会場に姿を現したら、その人が誰かと会話を始める前にその人に近づいて行こう。

もしその人がすでに誰かと会話を始めていたら、その人たちのボディランゲージと、お互いにどう向かい合っているかを観察しよう。小さい輪をつくって、体を接近させ、お互いに顔を見ながら話していたら、しばらく時間を置いて話しかけたほうがよい。もし、それほど体は接近しておらず、一定の距離を保っていたら、次のように言いながらその輪に加わろう。

> Do you mind if I join you?
> （お邪魔してもいいですか？）

> I don't really know anyone else here. Do you mind if I join you?
> （ここには面識のある人が誰もいません。お仲間に入れてもらえませんか？）

> Is it OK if I listen in?
> （お話を聞いていてもいいですか？）

> Sorry, I was listening from distance and what you are saying sounds really interesting.
> （失礼します。向こうで皆さんのお話が聞こえていました。とてもおもしろそうですね）

会話が一瞬中断したら自己紹介する。

> Hi I'm Adrian from the University of Pisa.
> (私はピサ大学のエイドリアンと申します)

この時点であなたに注目が集まる。そこで、自分が質問をしたいと思っていた人がその人であるかを確認する質問をする。

> Are you Professor Jonson? Because I have been really wanting to meet you.
> (ジョンソン教授ですか？　ぜひお会いしたいと思っていました)

質問したいと思っていた人がそのグループにはいなくても、会話がおもしろそうであれば、次のように言える。

> What you were saying about x is really interesting because I have been doing some similar research and ….
> (Xについてのお話が聞こえてきましたが、とても興味深いです。実は私も同様の研究に取り組んでいます)

> So where do you two work?
> (お二人はどこで働いておられるのですか？)

このようにして、ただちに自己紹介をしたり、同席の人に質問をしたりすることができる。質問をすることは、相手に対する興味の表れでもあり、非常に丁寧な方法だ。また彼らの会話についていくよい機会でもある。

その後、そのグループの誰かがあなたの仕事を聞くかもしれない。単に自分の仕事を答えるだけではなく（例：私は博士課程の学生です。私は講師です。私は准教授です)、具体的にわかりやすく答えよう。

> I am investigating new ways to produce fuel efficient cars.
> (私は低燃費車を生産する新しい方法を研究しています)

> I am doing some research into the sensations people have when beggars ask them for money.
> (私はお金を物乞いされたときに人が感じる感覚について研究しています)

詳しく説明するほど、それに対するコメントや質問が多くなる。しかし、もし「私は博士課程の学生です」とだけ言うと、会話の主導権は他の誰かに移ってしまう。とにかく、自己紹介にあまり時間をかけすぎないようにしよう。他の同席者の興味も探って、それを話題にするのもよい。

そのグループとの会話を終えるときは、次のように言える。

> Well, it's been really interesting talking to you. I'll see you around.
> （お話しできて本当によかったです。またお会いしましょう）

> I've really enjoyed talking to you. Enjoy the rest of the conference.
> （お話しできてよかったです。残りの発表を楽しんでください）

現在完了（It has beenやI have enjoyed）を使うと、あなたが今まさに去ろうとしていることが相手に伝わる。

16.8 典型的な話題を用意し、それに関連する語彙を増やす

会話に発展しそうなトピックに関連する語彙を豊かにすれば、社交の場での会話を理解できる可能性は大いに高まる。懇親会での話題は無数に存在するが、そのうちのいくつかは頻出のトピックだ。例えば次のようなものがある。

- 開催地、学会運営
- 学会が推薦する社交イベント（市内観光など）
- 天気
- 食文化
- 他のプレゼンテーション
- 最新のテクノロジー（携帯電話、アプリケーション、PCなど）

これらのトピックに関連する語彙が多くなるほど、あなたは次のような変化を経験するだろう。

- 自信を持って話せるようになる。すなわち、自分の意見を言え、相手の意

見にも応答できるようになる
- 相手の話をリラックスして聞いていられるようになる

結果的に、会話に積極的に参加できるようになり、有意義で実りの多い体験となることだろう。このほかにも、懇親会でよく話題になるトピックには、家族、仕事、教育、スポーツ、映画、音楽、政治経済の国際的問題などがある。これらのトピックに関連する語彙を強化することで（意味と発音）、よりスムーズに会話に参加できるようになるだろう。

16.9 国によっては会話に不適切なトピックがある

どこの国にも、雰囲気を和らげるために使われる会話のトピックがある（➔20.2節）。しかし、イギリス人は、あまりよく知らない人とお金について社交の場で語ることは不謹慎だと考えるだろう。つまりイギリス人は、収入がいくらだとか、家の価値がいくらだとか、教育費にいくら必要かとか、そのようなことは尋ねられたくないと思っている。会話に適したトピックといっても国によってさまざまだ。私はある日本人研究者と話したことがある。その人はこう語ってくれた。

「日本では個人的なことを話すことにためらいがあります。これまでに出会った多くのイギリス人が、家族について写真を見せながら上手に話していましたが、日本人はそうしません。少なくとも詳しく話す人はいません。話すにしても、『結婚していて、息子が1人、娘が2人います』程度です。日本人の男性はゴルフなどの趣味や食べることについて話すのが好きで、女性は血液型を話題にすることもあります」

会話中、相手に対して、あまりにも個人的な質問を矢継ぎ早にしてくる人だという印象を抱くことがある。多くの英米人は、どこで研究されていますか？　どのような研究をしていますか？　何を専攻しましたか？　次はどのようなセミナーに参加する予定ですか？　休暇は取りましたか？　などの質問が個人的すぎるとは思わない。このような質問は単に相手との共通点を探すための悪意のない質問だ。

英米人が不適切と考える質問は、例えば次のような質問だ。

How old are you?
（何歳ですか？）

What is your salary?
（給料はいくらですか？）

What is your religion?
（どの宗教を信じていますか？）

Are you married?
（結婚していますか？）

How old is your husband/wife?
（ご主人/奥さんは何歳ですか？）

Do you plan to get married?
（結婚する予定はありますか？）

Do you plan to have children?
（子どもをつくる予定はありますか？）

How much do you weigh?
（体重はどのくらいですか？）

Have you put on weight?
（最近体重が増えましたか？）

How much did you pay for your car/house?
（あなたの車/家はいくらでしたか？）

16.10 相違点よりも類似点を探す

国際学会で催される懇親会は、文化的類似点と相違点をディスカッションする絶好の機会だ。自国が他国より優れている点を主張するのではなく、お互いの類似点に着目することで、おおむね良好な雰囲気を作り出すことができる。

といっても倫理的または政治的に深刻なディスカッションをする必要はない。もっと率直で、それでいて興味深い次のようなトピックでよい。

- 法定年齢（運転免許、選挙権など）
- 同じ国内であっても方言や言語の差があること
- 家族の役割（高齢者のいる生活、家庭を出て自立するときの年齢など）
- 余暇の過ごし方
- チップの習慣（ホテルやレストランで、またはタクシー運転手に）
- 休日の過ごし方（カラオケなど）
- 仕事、転職、通勤
- 国技
- 天然資源
- 店舗や企業の始業と終業の時刻
- 時間厳守とその重要性

上記のトピックについて語彙集を準備し、その発音を練習すれば、会話を始める（または会話に参加する）自信が生まれるだろう。

16.11 学会開催地の近くに住んでいれば、その都市に関する質問に備える

学会が開催される地域に住んでいるなら、それは自分の知識を役立てながら英語を練習する絶好の機会だ。よくある質問とそれに対する答えをいくつか紹介する。

> Are there any good restaurants where I can try/sample the local food?
> （地元料理を食べてみたいのですが、よいレストランはありませんか？）

> Yes, there is a good one near the town hall, and another one just round the corner from here on Academia Street.
> （市役所の近くによいレストランが１軒、アカデミアストリートの交差点にもう１軒あります）

> What local sites would you recommend that I go and see?
> （このあたりの観光名所を推薦してもらえませんか？）

Well the standard places where all tourists go are .... But I suggest that you visit the museum of ... and if you like food you could go to the market on Academia Street.
（～は多くの旅行客がよく行く人気のスポットですが、～博物館をお勧めします。もし食べ物がお好きでしたら、アカデミアストリートの市場もお勧めです）

Do you have any suggestions as to where I might buy a ....
（～を買えるところはないでしょうか？）

You could try the department store which is on the main road that leads to the mosque.
（モスクに通じる本通りの百貨店に行ってみてはどうでしょうか）

なお、suggestとrecommendは、「suggest/recommend＋that＋人＋do…」の形で使うとよい。

もし誰かが現地のサービスや学会組織委員会のサービスについて批判的で、あなたがその弁護に時間を割きたくない場合、深く考えずに次のように言おう。

Yes, I know what you mean.
（はい。おっしゃることはわかります）

もし少しでも弁護したければ、次のように言った後、理由を説明しよう。

Well, to be honest, I just think you have been unlucky.
（率直に言って、運が悪かっただけだと思います）

16.12 懇親会で披露できるエピソードを用意する

もし会話のきっかけを自分で用意すれば、会話にもっと上手に参加できるようになるだろう。次のような短いエピソードを、1つか2つ用意することはできるのではないだろうか。

- 旅先で、飛行機に間に合わなかった/ひどいホテルに泊まった体験

- 研究室で起きた不運な出来事
- これまでに経験した最悪のプレゼン
- これまでに参加した最高/最悪の学会

これらは癖のない、誰でも会話に入ってこられるよいトピックだ。これらのトピックを使って会話を始めることで、大いに自信がつくに違いない。

エピソードや逸話の代わりに、ファクトイド（例：興味を引く統計データ）でもよい。その他に、自分の国や研究についておもしろいと思ったことは何でもよい。私は興味深い事実や引用を収集するよい方法を発見した。それは、本を読んでおもしろい情報に出会ったらメモすることだ。

例えば、私はちょうどアンディ・ハンツが書いた*Pragmatic Thinking and Learning*という本を読み終えたところだが、次のような箇所をメモした。

- 科学情報の大部分が15年以内の情報だ。
- 人の情報量はプロジェクト開始時にはわずかだが、終了時に最大になる。
- 思考の最中にバグが発生することがある。これは情報処理、意思決定、状況評価における根本的なエラーだ。
- リベラル派になるか保守派になるか、自由主義者になるか無政府主義者になるか、仕事中毒になるか怠け者になるかを、あなたはこれまでに腰を落ち着けてじっくりと考えたことがあるか？
- プレゼンがうまくいったのは楽しかったからだ。通常、ありきたりのプレゼンでは誰も注目しない。
- マルチタスクは生産性が20～40%低下する。

このようなファクトイドを、次のような英文を作って紹介できる。

> I read in the newspaper this morning that ....
> （今朝、新聞で読んだのですが～）

> I was surfing the web the other day and I found an interesting statistic that says ....
> （先日、インターネットでおもしろい統計データを発見しました。それによると～）

> Did you know that ...?
> （～ということを知っていましたか？）

> I read some research that says you can tell the difference ....
> （ある調査結果によると～の差を判別できるということです）

> I have heard that apparently most people would prefer ....
> （多くの人が～を好むらしいと聞きました）

会話の中に、ファクトイドや引用、またはアイデアを上手に挟み込むこともできる。基本的に身の回りの出来事に好奇心がなくてはならない。読書して興味深いことを発見したらノートにメモしよう。これまでに体験したおもしろい出来事をリストに書き出してみよう。このようにして集めた情報を社交の場で使ってみよう。

心理学やコミュニケーションスキルについて学ぶことも役に立つ。社交術とは、他の学会参加者と上手にコミュニケーションを取り良好な人間関係を築くことに他ならない。優れたコミュニケーションスキルとソーシャルスキルを学ぶことで、人の脳がどのように情報を受け取っているのか、人はどのようにお互いを認識しているのかを理解することができる。

16.13 リスクの低いところで注目を浴びる練習をする

あなたは人前に立つことが好きだろうか？　それとも緊張して上がってしまうだろうか？　もしあなたが、懇親会やパーティに、あるいは日常のちょっとした社交の場であっても（例：電話／コーヒー休憩中など）あまり多くを話さない人であれば、人前で話す努力をしてみよう。

いつも聞き手に甘んじるのではなく、勇気を出して自分の意見を述べてみよう。次のようにコメントして、自分の経験を相手のコメントに関連づけよう。

> I know exactly what you mean. In fact, ...
> （おっしゃることはよくわかります。実は、～）

Actually I had a very similar experience to what you have just described.
（実際、私も今おっしゃったような経験をしました）

I was once in exactly the same situation.
（私もかつてまったく同じ状況にありました）

I completely agree with what you are saying. In fact, ….
（おっしゃることにまったく同感です。実際、～）

I am not sure I totally agree with you. In my country, for instance, ….
（完全に同意できるかわかりませんが、私の国ではこういうことがありました～）

身の回りの出来事や、読んだり聞いたりしたことを人に話してみよう。会話力や英語力を判断されるわけではない、リスクの低い状況、例えば友人たちとの会話の中で試してみよう。

友人たちと2分間プレゼンを練習してみるのもよい。母語でも英語でもどちらでもよい。次のようなトピックを練習しよう。

- 毎日の生活の中で特に楽しんでいること
- 好きな映画や本と、なぜ好きか、その理由
- これまで経験した最悪の旅行
- これまで経験した最高の休日
- 将来の夢
- 理想の家

働いている部署や研究室で自分から講師役を買って出るのも一つの解決策だ。教えることはプレゼンテーションのよいトレーニングになる。わかりやすく説明するとはどういうことか、オーディエンスの心を掴むとはどういうことかを学ぶことができるからだ。人前で注目を集める練習をすれば、いっそう自信がつくはずだ。

第17章 個別に面談して人脈を広げる

ファクトイド

プロトコールとは、どのようなコミュニケーション行動（例：学会での行動）を取ればよいかを定めた一連のルールのことをいう。もともとは古代ギリシャで使われていた言葉で、著者を明らかにするために原稿に糊付けされた一枚の紙のことを指していた。同様に、エチケット（社会的に許容される行動）は、フランスで宮廷行事に参加する人たちに小さな札が渡されていた習慣に由来する。この札に参加者が式典中に守るべき行動が示されていた。

*

How to prepare, stage, and deliver winning presentations（トーマス・リーチ著）に掲載された研究では、経営者や、各界のリーダー、大学教授たちが、大学で研究されているさまざまなテーマの相対的重要度をどのように判断しているかの調査が行われた。コミュニケーションスキルが、すべての典型的な技術的スキルの上にランク付けされていた。

*

カナダ生まれの日系アメリカ人で研究者であり政治家でもあるサミュエル・ハヤカワは、自身のエッセイ *How to Listen to Other People* の中で、「聞くということは、会話のきっかけが掴めたら話そうと思っていることを頭の中でリハーサルしながら、相手の言うことを単に行儀よく黙って聞くということではない。また、いつでも相手の足元をすくえるように、相手の主張の矛盾点を注意深く探しながら聞くことでもない。聞くとは、話し手が感じている問題を発見しようと努めることだ」と書いている。

*

会議の結果の80％以上が会議が始まる前に決定している。

*

会議の進行について調査が行われ、会議が非効率であることの主な原因は（影響度の大きい順に）、議論が本論から逸れる、参加者の準備が不足している、参加者が話しすぎる/黙っている、会議が長い、であることが判明した。

✳

ギリシャ語を話すストア派哲学者のエピクテトスは、「人に2つの耳と1つの口があるのは、話すことの2倍の情報を聞くためだ」と言ったとされている。

17.1 ウォームアップ

(1) ある国の研究施設から学会に参加している教授と会えることになったとする。その教授がインターンシップの機会をあなたに提供することに興味を持つかもしれないと、あなたは期待している。すでにあなたはメールで連絡を取り合い、面談を設定した意図を簡単に説明している。そして今、学会のバーで向かい合ってコーヒーを飲んでいる。このような状況を仮定して、2人の間で想定される会話を書き出してみよう。例えば、自己紹介の後、教授のもとで研究を行いたいと申し出てみよう。

(2) 想定された会話について、次の問いの答えを考えてみよう。

- あなたと教授のどちらの発言が多いか？　最初はあなたの発言は少ないほうがよいか？　このような内容の会話では、お互いの発言のバランスを取ることが重要だ。
- 自分の側のメリットだけを述べていないか？　教授側のメリットも説明したか？　お互いのメリットのバランスを取ることも重要だ。

調査によって、仕事で成功を収めているかどうかの判断には、3つの要因が関わっていることがわかっている。実績は10%、印象が30%、そして残りの60%は顔の広さだ。研究者として目立っているほど、より興味を持って取り組めてより報酬の高い仕事に就く可能性が高まる。学会に参加してできるだけ多くの人と出会って自分を紹介できれば、新しい人脈を構築する機会は広がる。単に自己紹介するだけでは不十分で、相手によい印象を与え、雑談にまで引き込まなければならない。

公認心理師であり『ハニーとマムフォードの学習スタイル質問票』の開発者のピーター・ハニーはこう言っている。

「他人の目には、あなたの行動があなたそのものとして映っている。他にもあなた自身を形成している要因はあるだろう。あなたの考え方、感じ方、態度、意思、信念などだ。しかし誰の目にも明らかなものはあなたの行動だ」

本章では、英米人の典型的な自己紹介の方法と面談の設定のしかたを紹介する。しかしそれが最善の方法だというつもりはない。単に英語が第一言語の国々ではそれが標準的であるということだ。以下のようなポイントを学ぶ。

- さまざまな状況で面と向かって自己紹介する方法
- 初めて会う人に面談を申し込む方法
- キーパーソンとのインフォーマルな面談を行う方法
- 面談から最善の結果を引き出す方法
- 面談が終わった後のフォローアップについて

17.2 会いたいキーパーソンを事前に決めておく

人はプレゼンテーションを見に行くためだけに学会に参加するのではない。ネットワーキング、すなわち、研究の協力体制を構築できそうな人、自分の研究によいフィードバックを与えてくれそうな人と会うこともその主な理由の一つだ。

ネットワーキングを成功させるためには、会いたい人（キーパーソン）について事前に情報を得ておくことだ。それを実現するための方法として次のようなことが考えられる。

- 学会プログラムからキーパーソンの名前を探す
- キーパーソンの所属する研究施設のウェブサイトから、キーパーソンの詳細情報を入手する
- 会場の離れたところにいてもわかるように顔写真を確認しておく

尋ねたいことは英語で言えるように用意しておこう。自分の質問に対してどのような答えが返ってくるか、あらかじめ考えておこう。そうすることで彼らの答えをより深く理解できるようになり、フォローアップの質問を考えられるようになる。

17.3 学会開催の前にキーパーソンとメールで連絡を取る

1
2
3
4
5
6
7
8
9
10
11
12
13
14
15
16
17
18
19
20

学会の前にキーパーソンにメールで面談を願い出れば、会える可能性は格段に高まる。以下にその例を示す。

Subject: XYZ Conference: meeting to discuss ABC

Dear Professor Jones

I see from the program for the XYZ Conference that you will be giving a presentation on ABC. I am a researcher at The Institute and I am working in a very similar field. There seems to be a lot of overlap between our work and I think you might find my data useful for .... I was wondering if you might be able to spare 10 minutes of your time to answer a few questions.

There is a social dinner on the second night - perhaps we could meet 15 minutes before it begins, or of course any other time that might suit you.

I look forward to hearing from you.

件名：XYZ学会：ABCについて面談を希望します
ジョーンズ教授
先生がABCについてプレゼンテーションされることをXYZ学会のプログラムで知りました。私はザ・インスティテュートの研究者で、先生と同様の分野で研究しています。先生と私の研究には多くの共通点があるようで、私の～に関する研究データに興味を持っていただけるのではないかと思っています。いくつかお伺いしたいことがあります。10分ほどで結構ですのでお時間をいただけませんか。
2日目の夜にディナーがありますが、その15分前にお会いできれば幸いです。もちろんそれ以外の時間でも、先生のご都合のよいときにいつでも結構です。
ご連絡をお待ちしております。

このメールの要点をまとめてみよう。

1. キーパーソンについて知っていることを述べている（同じ学会に参加する予

定であること)
2. 簡単な自己紹介をしている
3. お互いの研究の共通点について述べている
4. 面談の所要時間について言及している(できるだけ短時間がよい)
5. 面談の場所と時刻を(フレキシビリティがあることも)提案している

もちろんメールを読んでもらえるかどうかはわからない。しかし読んでもらえれば、面談に応じてもらえる可能性は高い。このようなメールの作成に時間はかからないし、また事前に連絡を取ることで、面識のない人に近づいて行って英語で自己紹介するという気恥ずかしい思いをしなくてもよくなる。

17.4 学会開催の前にキーパーソンと電話で連絡を取る

多くの人がメールやスマートフォンのアプリを使ってコミュニケーションを取っている時代だが、電話という従来のコミュニケーション方法を使ってアピールすることも可能だ。

その人はあなたのメールを読まないかもしれないし、読むにしてもずいぶん後になってからかもしれない。それでは間に合わない。そう考えると、電話をかけるだけでその人と会える可能性は大いに高まる。

ロチェスター工科大学ソーシャルコンピューティング研究所のスーザン・バーンズ教授は、かつて私に、メールは面識のない人と最初にコミュニケーションする手段としては必ずしも最善とはいえないことを、次のように教えてくれた。

> 「面識のない人に重要なことを伝えたいときは、メールよりも電話で伝えたほうがよい。最初の一本の電話で人はお互いに親しくなれるものだ。そのとき構築された良好な人間関係は、後のメールのやり取りまで継続する。一方、急いで書いたメールは誤りも多く、否定的な第一印象を与えてしまうことがある。人はメールより電話を重視する。良好な人間関係を構築できれば、その後のコミュニケーションはきっとうまくいく」

電話での会話を成功させるためには、電話をかける前に伝えたい内容を明確に整理しておくとよい。伝えたい内容を書き出してみよう。そしてそれを英語でどう表現するか、事前に考えよう。

相手のことについてもできるだけ多くの情報を収集しよう。フォーマリティのレベルはどの程度が適切か？　相手の英語のレベルはどの程度か？　英語のネイティブスピーカーか？　同僚にその人物と話したことのある人はいないか？　同僚の経験から何か学べることはないだろうか？　例えば、早口で話すことで有名だとか。もしそうであれば、ゆっくり話してもらいたいと伝えるときの英語表現を確認しておこう。逆に自分が質問されるかもしれないので、あらかじめ答えを用意しておこう。しっかり準備をしておけば、質問されてもその内容を理解できるはずだ。

その電話が非常に重要な電話になるかもしれない。同僚を相手に、電話をかける練習と質問を出してもらって回答する練習を行うのもよいだろう。

電話中はメモをとり、相手の発言内容をパラフレーズして自分の理解を確かめよう。メモをとることで相手の発言内容を記憶にとどめることができるし、電話の内容を要約してメールで送るときにも役立つ。

電話を終える前に、聞き逃したことがないかを確認するためにも、話し合ったことを要約しよう。相手も要点を確認することができる。例えば次のように言うことができる。

Can I just check that I have got everything? So we have decided to meet at the end of the first session on the second day. We will meet at the coffee bar near the main entrance. We will both remember to wear our name badges. Thanks very much. I am really looking forward to meeting you.

お話しできたことを確認させてください。学会2日目の最初のセッションが終わってから会うこと。メインエントランス近くのコーヒーバーで会うこと。お互いに名札を忘れないことです。ありがとうございました。お目にかかれるのを楽しみにしています。

17.5 面談が相手にとってもメリットが大きいことを伝える

人は純粋に利他的な理由で行動を取ることも多いが、自分にもある程度のメリットがあるときに利他的になりやすい。あなたと共同で研究を行うことが相手にとってどの程度のメリットであるかを考えることは重要だ。あなたは相手にとって何か有益な知識を有しているだろうか？　相手の研究であなたが代わりにできるところはないか？　相手側にとって有益な人脈を有しているか？

17.6 キーパーソンについてできるだけ多くの情報を収集する

面談を行うことが自分のキャリアアップに大いに役立つと思えば、何としても面談を成功裏に終わらせなければならない。相手に関する情報をできるだけ多く収集しよう。その人の発表した論文を読み、LinkedInやFacebookで検索し、個人のウェブサイトを見て、所属先のウェブサイトで業績を確認してみる。その人が価値を置いているものは何か、研究以外に興味を持っていることがあるか、自分との共通点はないか、などを探してみよう。

> I read in one of your papers that ....
> （～についての先生の論文を読みました）

> I was looking at your profile on your university's website and saw that ....
> （先生の大学のウェブサイトに掲載されているプロフィールを拝見し～ということを知りました）

> Diego mentioned that you are doing some research into ....
> （ディエゴから先生が～の研究をされていると聞きました）

ほとんどの人が、論文を読みましたとかプロフィールを見ましたとか言われると気分がよくなるものだ。しかし、仕事上の活動は知られても気にならないのに、Facebookで休日の写真を見られたり趣味を知られたりすることを不気味に（あるいは不快や不安に）感じるのも確かだ。したがって、個人的な情報を知ってそれについて語るときは、最大限の注意が必要だ。

出会う人から興味深い面を探そうという気持ちがあれば、出会いがより実りあるものになる。そうすることであなた自身がワクワクし、相手の目にあなたがより興味深い人物として映る。またあなたは相手に完全に集中できるので、注意が散漫になることがない。

面談中に、自分の理解を確認するために、重要なポイントを別の言葉で言い換えるか要約しよう。これは自分の思考を明敏に保つためであると同時に、相手の発言に対する敬意の表れでもある。

17.7 キーパーソンに自分の発表を見に来てもらう

プレゼンを見に来てくれる人が増えるほど、あなたに直接会って（またはメールで連絡して）研究について話を聞きたいと思う人は多くなる。そのような人が少しでも増えるように宣伝を行うとよい。特にキーパーソンには来てほしいものだ。社交の場やラウンジや喫茶コーナーで会ったできるだけ多くの人に声をかけよう。

> I am doing a presentation on X tomorrow at 10.00 in Conference Room number 2. It would be great if you could come.
> （明日10時から第2会議室でXについてプレゼンを行う予定です。よかったら見に来てください）

> If you are interested in X, then you might like to come to my presentation tomorrow. It's at 11.00 in Room 13.
> （もしXについてご興味があれば、明日の私のプレゼンに来ませんか？　11時から第13会議室で行います）

> I don't know you would be interested, but this afternoon I am presenting my work on X. It's at three o'clock in the main conference hall.
> （ご興味があるかどうかわかりませんが、本日の午後からXについて私の研究結果をプレゼンします。本会議場で3時からです）

このように言いながら、事前にプレゼンのテーマ、時間、場所を手書きでメモしておいた名刺を相手に渡す。

17.8 喫茶コーナーでの出会いを活用する

もしキーパーソンが喫茶コーナーに一人でいたら、それはその人の注目を一人で集めるよい機会だ。まず、キーパーソンに気づいてもらわなければならない。そのようなときに役立つ表現を紹介しよう。

> Excuse me. I heard you speak in the round table / I saw your presentation this morning.
> (失礼します。今朝、円卓会議で発表/プレゼンされていましたね)

> Hi, do you have a couple of minutes for some questions?
> (こんにちは。少し質問したいことがあるのですが、2〜3分お時間をいただけますか?)

> Excuse me, could I just have a word with you? I am from ....
> (失礼します。少しお話ししたいことがあるのですが。私は〜から来ました)

> I am X from the University of Y, do you think I could ask you a couple of questions?
> (私はY大学のXと申します。2、3質問したいことがあるのですが、構いませんか?)

次に、相手の印象または相手の研究について、肯定的な感想を述べよう。

> I really enjoyed your presentation this morning—it was certainly the most useful of today's sessions.
> (今朝のプレゼンテーションはとても素晴らしかったです。今日のセッションでは最も勉強になりました)

> I thought what you said at the round table discussion was really useful.
> (円卓会議でのご発言はとても素晴らしかったです)

そして、どこかで座って話すことを提案する。

> Thank you, shall we go and sit in the bar?
> (ありがとうございます。ドリンクバーで腰かけてお話ししませんか?)

Shall we go and sit over there where it is a bit quieter?
（向こうの静かなところに腰かけてお話ししませんか？）

相手が急いでいるようであれば、後で会う約束を申し入れよう。相手が忙しいことへの理解を示し、相手の時間をあまり長く取りたくないと思っていることを伝える。必要な時間を正確に伝えると、あなたの申し入れが受け入れられやすくなる。

Would after lunch suit you?
（ランチの後ではどうでしょうか？）

Shall we meet at the bar?
（ドリンクバーでお会いしませんか？）

When do you think you might be free? When would suit you?
（いつごろお時間が取れますか？　何時頃だとご都合がいいですか？）

Would tonight after the last session be any good for you?
（今夜、最後のセッションが終わった後のご都合はどうですか？）

Could you manage 8.45 tomorrow? That would give us about 10 minutes before the morning session starts.
（明日の8時45分ではどうでしょうか？　午前のセッションが始まる前に約10分話せると思います）

I promise I won't take any more than 10 minutes of your time.
（10分以上かからないようにいたします）

あなたの申し出が受け入れられたら次のように言おう。

That would be great/perfect
（大変ありがとうございます）

That's very kind of you.
（大変ありがとうございます）

17.9 面談の申し入れを断られた場合の返事を用意する

あなたの申し入れが受け入れられなかったら、次のように言おう。

> Oh, I understand, don't worry it's not a problem.
> （わかりました。心配なさらないでください。問題ありません）

> That's fine. No problem. Enjoy the rest of the conference.
> （大丈夫です。問題ありません。学会を楽しんでください）

> OK I have really enjoyed speaking to you in any case.
> （問題ありません。お話しできてよかったです）

> In any case, maybe I could email you the questions? Would that be alright?
> （お尋ねしたかったことはメールでお伺いしても構いませんか？）

17.10 どのような1対1の面談にも準備を怠らない

面談に両者が十分な準備を整えて臨めば大きな成果を得られる。そのためにも、あなたがどのような情報を求めているかを前もって相手に伝えておいたほうがよい。面談を翌日に設定して、相手に考える時間を与えることは理にかなっている。

> Would you mind giving me your email address, so that I can email you my questions?
> （メールアドレスを教えていただければ、お伺いしたいことをメールでお送りします）

> I have prepared a list of three questions that I would like to ask you—they are here on this sheet. If perhaps you could take a look at them before we meet, that would be great.
> （3つのことをお伺いしたいと思っていますが、それをこのようにまとめました。お話しする前に目を通していただけると大変助かります）

質問事項を用意することで、あなたが真面目な人物であり、他人の時間を無駄にしたくないと考えていることがよく伝わる。

17.11 インフォーマルな1対1の面談では常にポジティブに

インフォーマルな面談の成功の鍵は、どれだけ上手に面談を始められるかだ。キーパーソンが遅れて来ても、問題ではないことを伝えよう。

> Don't worry, I am very grateful you could come.
> （ご心配なく。来ていただいて感謝いたします）

> No problem, it doesn't matter.
> （問題ありません。気にしないでください）

> Can I get you a coffee?
> （コーヒーはいかがですか？）

あなたが遅れてしまった場合は、

> I am so sorry I am late—I got held up paying my bill—have you been waiting long?
> （遅くなり申し訳ございません。支払いに時間がかかってしまい、お待たせしました）

まず、時間を取って来ていただいたことに感謝の気持ちを伝えよう。

> First of all, it is very kind of you to come.
> （お越しいただき、ありがとうございます）

> Thank you so much for coming. I really appreciate it.
> （お越しいただき、ありがとうございます。感謝いたします）

> Did you have time to have a look at the questions I sent you?
> （お送りしていた私の質問には目を通していただけましたか？）

学会、開催地、運営についてはポジティブなコメントだけをすること。人はポジティブ思考の人に対してはとても好意的であり、そのような人の話にはよく耳を傾ける。ポジティブな態度でいることで、将来的に共同研究へ発展する可能性は高い。次のようなネガティブなコメントをしてはならない。

Last year's edition of this conference was much better don't you think?
（昨年の学会のほうがずっとよかったと思いませんか？）

I have been so bored by some of the presentations.
（とても退屈なプレゼンがいくつかありました）

I have been surprised by the total lack of any decent social events.
（まともな社交の場がなくて驚きました）

ポジティブな話題を見つけて自分の意見を言おう。

I really enjoyed the first presentation yesterday.
（昨日の最初のプレゼンはとても素晴らしかったです）

The trip to the museum was very interesting I thought.
（博物館まで行ってきましたがとてもおもしろかったです）

I am enjoying trying out all the local food.
（いろいろな地元料理を楽しんでいます）

有益な情報が得られないこともある。それでも、相手に対して興味を示し、メモを取りながら聞こう。

キーパーソンに発言する時間を十分に与えることは重要だが、最初に設定した時間枠は守ること。最後は次のように言って終わる。

OK, I don't want to keep you any longer.
（そろそろおしまいにしたいと思います）

Well, I don't want to take up any more of your time.
（これ以上お時間をいただくことはできません）

Well I think we've covered all the questions … but would it be OK if I email you if I need any further clarifications?
（お伺いしたいことはすべて話したと思いますが、何かあればメールでご連絡を差し上げても構いませんか？）

Well, it was really kind of you to spare your time / of you to come.
(貴重なお時間をいただき/わざわざおいでいただき、ありがとうございました)

What you said has been really interesting and useful, thank you.
(とても興味深いお話をお伺いできました。ありがとうございました)

I am sure there are other people you will be wanting to meet.
(私の他にも面会されたい方がおられるのではないですか？)

17.12 面談の相手に話す機会を与える

会話を決して独り占めしてはならない。特に会話の相手がいつか協力をお願いしたいと思っている人物であればなおさらだ。相手と交わす会話は卓球のようなものだ。あなたが数秒間話して会話のボールを相手に返す。相手はそのボールを受け取って話す。話し終えたらボールをこちらに打ち返す。

次の2つのダイアログを比較してみよう。研究者のカルロスは神経言語学の専門家であるジャガナーサン教授との共同研究に興味を持っている。カルロスは、教授から研究室でのポジションを提供してもらえることを望んでいる。

ダイアログ1

Carlos: Good morning Professor Jaganathan. I saw your presentation this morning and in my opinion it was very good. My name is Carlos Nascimento and I work at the Brazilian National Research Council. My field of interest is neurolinguistics applied to second language learning. Last year we began some experiments on blah blah blah blah … [*talks continuously for another three minutes*]. I believe our fields of interest have much in common. I was wondering if you might be available to discuss a possible collaboration together. Would you be free for dinner tonight, or tomorrow evening? It would be very useful for me if we could meet. And also ….

Jaganathan: Um, sorry I am rather busy at the moment, could you send me an email?

カルロス：ジャガナーサン教授、おはようございます。今朝、先生のプレゼンテーションを拝見しました。とてもよい（very good）と思いました。私の名前はカルロス・ナシメントと申します。ブラジル国立研究評議会に勤務しています。私の関心領域は第二言語習得に応用されている神経言語学です。昨年、私たちは～の実験を開始しました［さらに3分間話し続ける］。先生が関心をお持ちの領域との共通点は多いと思います。共同研究の可能性についてお話しすることは可能でしょうか？　今晩のディナーあるいは明日の夕方にお時間をいただけませんか？　お会いできればとてもありがたいです。また～。
ジャガナーサン：すみません。このところ忙しくしております。メールでご連絡いただけませんか？

ジャガナーサン教授の返事の意味は、カルロスと一緒に夕方を過ごすのは難しいということだろう。教授はカルロスの間断のない話を聞かなければならない。カルロスは自分のことだけにしか興味がないのではないか、教授を自分の目的を達成するための単なる手段と考えているのではないか、という印象を与えてしまったようだ。また、カルロスが教授のプレゼンテーションをvery goodと評価したことが、まるでカルロスが教授よりも地位が高いかのような印象を与えてしまった。

カルロスの本意はこれとはまったく異なっているかもしれない。カルロスは、自信を持って話すことでよい印象を与えようとしたのかもしれない。カルロスが一方的に話したのは緊張していたからかもしれない。人は緊張すると普段よりも早口になり口数も多くなる。そしてそれは聞き手にあまりよい印象を与えない。

ダイアログ2

Carlos: Good morning Professor Jaganathan, my name is Carlos Nascimento. (1) Do you have a minute?
Jaganathan: Er, yes. But I have to be at a meeting in ten minutes.
Carlos: (2) Well, I promise I won't take more than two minutes of your time. (3) I thought your presentation was really very interesting. (4) I am just curious to know how you set the last experiments up. It must have been quite challenging.
Jaganathan: You are right it was. In fact, we had to … and then we had to … and finally we ….

Carlos: That's really interesting. Well, my group in Rio did a very similar experiment, and I think our results and our project in general might be (5) very useful for you in terms of speeding up the test times.

Jaganathan: Really?

Carlos: So I was wondering if you might be free for a few minutes at the (6) social dinner tonight, or tomorrow evening? (7)

Jaganathan: Sure, that sounds great. Let's make it tonight.

カルロス：ジャガナーサン教授、おはようございます。私はカルロス・ナシメントと申します。(1) 今、少しお時間をいただけませんか？

ジャガナーサン：はい、でも10分後に面談があります。

カルロス：わかりました。(2) でも2分とかかりません。(3) 先生のプレゼンテーションはとてもおもしろいと思いました。(4) 最後の実験をどのように準備されたのか知りたいと思いました。きっと難しかった（challenging）に違いありません。

ジャガナーサン：そのとおりです。~しなければなりませんでしたし、~もしなければなりませんでした。そしてとうとう~でした。

カルロス：とても興味深いです。実は、リオの私の研究グループがよく似た実験を行いました。(5) 私たちのプロジェクトと研究結果は検査時間を短縮したという点で、先生のお役に立てるかもしれません。

ジャガナーサン：本当ですか。

カルロス：(6) 今夜のディナーまたは明日の夕方、(7) 数分お時間をいただけないものかと思っています。

ジャガナーサン：もちろんですとも。おもしろそうですね。今夜にしましょう。

ダイアログ2 では交渉がうまく進んだ。それはカルロスが次のようなテクニックを使ったからだ。

(1) 教授に「今は時間がない」と言う選択肢を与えた。これは相手に対するリスペクトでもある。

(2) 面談に必要な時間（2分）を伝えている。そうすることで教授が次の面談に遅れる心配がなくなる。

(3) プレゼンに感銘を受けたことを素直に伝えている。

(4) 教授の研究について質問し、きっと難しかったに違いないと感想を述べることで、教授がコメントする必要が生じ、会話の中心が教授に移った。

(5) カルロスと話すことで教授にどのようなメリットがあるかを伝えている。
(6) カルロスと2人で会うのではなく、教授に余計な気苦労をかけないように、学会主催のディナーで会うことを申し出ている。
(7) 共同研究のことは何も言わずに面談を調整した。教授が共同研究をしたくなるような理由を十分に伝えてからにすべきだ、とカルロスは思ったからだ。

結果的にジャガナーサン教授はカルロスと会うことを喜んで受け入れた。

ダイアログ2 のようなコミュニケーションができるようになるためには事前の練習が必要だ。次に何を言うべきかをよく考えなければならない。同様に重要なことだが、自分が一方的に話すのではなく、相手にも発言させるにはどのようにしたらよいかを真剣に考えなければならない。相手と意見を交換することはとても重要だ。同僚と意見の交換の練習をすることを強くお勧めする。まず母語で練習してから英語で練習するとよい。

会話や学会が終わって別れの挨拶をするときにも同じことが言える。次の **ダイアログ3** では学会の最終日にカルロスがジャガナーサン教授に別れの挨拶をする。会話は言葉の卓球をプレイしているように進んでいる。

ダイアログ3

Carlos: Professor Jaganathan, I just wanted to say how much I enjoyed meeting you the other night. The food was great wasn't it?
Jaganathan: Yes, it was really delicious and the location was great too.
Carlos: So, when I get back to Rio I will discuss what we said with my professor and then he will contact you. Is that still OK with you?
Jaganathan: Yes, of course.
Carlos: And finally can I just thank you again both for your presentation and particularly for finding the time to speak with me—I really appreciate it. Have a great trip back to Bombay.
Jaganathan: Thank you.

カルロス：ジャガナーサン教授、先日の夜はお会いできて本当によかったです。料理もとても美味しかったですね。
ジャガナーサン：ええ、本当に美味しかったです。場所もとてもよかったです。

カルロス：リオに帰ったら先生とお話ししたことを私の指導教授に相談します。教授から先生に連絡があると思います。それで問題ないでしょうか？
ジャガナーサン：ええ。それで結構です。
カルロス：最後に、先生のプレゼンテーションと、私との面談に時間を割いていただいたことにもう一度感謝いたします。本当にありがとうございました。ボンベイへはお気をつけてお帰りください。
ジャガナーサン：ありがとうございます。

もちろん、教授よりもカルロスのほうが発言は多いが、少なくとも教授は自分が会話の中心にいることを理解している。このような会話のキャッチボールをあらかじめ準備せずに即興で行うと、相手に否定的な印象を与えるかもしれない。

カルロスは面談の内容をI will discuss ....と要約している。重要なポイントを要約することは、誤解を避けるためにもお互いにとって重要だ。

17.13 面談のフォローアップを行う

1対1の面談のフォローアップをすることは、ネットワーキングのための最も重要なことの一つだ。せっかく面談を行ったのにメールを送るなどのフォローアップを行わなければ、潜在的利益を失うことになるかもしれない。次にフォローアップのメールの例を示す。

Dear Professor Kisunaite,

I am the student in Social Psychology from *name of institute/country*.

Thank you very much for sparing the time to meet with me last week. Your comments were particularly useful.

As I mentioned at our meeting, if by any chance a position arises in your laboratory, I would be very grateful if you would consider me - my CV is attached.

I am also attaching a paper which I am currently writing that I think you will find of interest.

Once again, thank you for all your help and I do hope we will meet again in the near future.

Best regards

キスナイテ教授
私は～の～大学で社会心理学を専攻する学生です。
先週は私のために時間をいただきありがとうございました。いただいたご意見はとても勉強になりました。
その際にもお話ししましたが、もし先生の研究室で欠員を募集されるときがあれば、私を候補に入れていただけるとありがたいです。履歴書を添付しました。
現在執筆中の論文も添付しました。きっとおもしろいと思っていただけるのではないかと思います。
いろいろご指導いただき、本当にありがとうございました。近い将来もう一度お会いできることを楽しみにしています。
よろしくお願いいたします。

このメールはリマインダーとして機能し、教授に次のことを思い出させている。

- あなたと面談したこと
- あなたと話し合った内容
- どのような合意点/提案に達したか

第18章
ポスター発表

ファクトイド

科学分野の世界初のポスター発表は、1981年の米国臨床腫瘍学会年次総会で行われた。

*

学会ポスターは通常、縦のA0サイズだ（841mm×1,189mm）。少なくとも1m先から（タイトルとサマリーは80ポイントのフォントを使い3m先から）でも明瞭で、キーメッセージは5～10秒間で読めることを専門家は推奨している。

*

ポスターが使われるようになって何百年も経っているが、大量に複製が可能になったのは1796年に石版印刷が発明されてからだ。

*

初期のポスターは広告（鉄道会社の路線図広告など）に使われていたが、ベル・エポック（1871～1914年）に芸術性が高まり、その後アール・ヌーヴォー（フランスで始まり欧米全土に広がった）的特徴を帯びていった。

*

最初のポスターは、第一次世界大戦のプロパガンダと徴兵を目的に使用された。イギリスの「キッチナーの募兵ポスター」とアメリカの「アンクルサムがあなたを望んでいる」が有名なキャンペーンだ。

*

ピンナップポスター（特に女性の写真）は1920年代に人気が出始めた。

*

Busy Teacherというウェブサイトは、英語の教室に300種類以上のポスターを提供している。最も人気があるのは*English is a crazy language*というタイトルのポスターだ。

*

世界最大で最も高価な映画ポスターは、2015年に制作された4,650m^{2}のポスターで、『バーフバリ　伝説誕生』というボリウッド映画の宣伝用だった。

18.1 ウォームアップ

（1）次の問いの答えを考えてみよう。

（a）あなたは1日に何枚のポスターを目にするか？　そのポスターの目的は何か？
（b）あなたがこれまでに見た最も効果的な広告キャンペーンポスターと、政治キャンペーンポスターはどのようなものか？　なぜそう思うか？
（c）学会のポスターセッションで使われるポスターと、製品広告に使われる屋外宣伝用ポスターとの間には、どのような共通点があるか？
（d）宣伝用ポスターの広告テクニックのうち、学会ポスターに応用できるものがあるか？
（e）学会ポスターの目的は何か？　優れたポスターに共通して見られる特徴にはどのようなものがあるか？
（f）学会ポスターに見られる典型的な誤りはどのようなものか？　どのような欠点を改善しなければならないか？
（g）ポスターが人を引きつける力と、ポスターに描かれた科学的結果の間に、何か関連性があるか？
（h）学会でポスターを見かけたとき、説明されている研究の基本コンセプトを理解するためにかかる時間は、何秒（何分）までであれば許容可能か？
（i）academic postersやconference postersという用語をGoogle画像検索すると、ポスターにもさまざまなものがあることがわかる。いくつか画像を選択して、どのポスターが効果的でどのポスターがそうでないか、同僚と一緒に考えてみよう。

学会ポスターのデザインのテクニックについて解説し始めると、本一冊分の紙面が必要だ。デザイン面の問題点は非常に重要ではあるが、本書では扱わない。本章ではポスターの目的、使用機会、構成、説明のしかたについて考える。

18.2節では、ポスターの作り方について、またポスターに興味を示している人に対する効果的な説明のしかたについて考える。**18.3節**では、どのようなセクションを含めるべきか、また各セクションでは何を説明すべきかを概説する。

18.2 ポスターの作り方と説明のしかた

18.2.1 ● ポスターの目的

ポスターの主な目的はプレゼンの目的と同じだ。

- 研究結果を伝える
- 自分に注目を集める
- 他の研究者の興味を集め、自分の研究者としてのキャリアを継続させるための資金を集める機会を増やす

ポスターにはプレゼンよりも優れている点がある。

- 相手と1対1で会うことができる。その人にいつか自分の研究に協力してもらえるかもしれないし、インターンシップの機会を提供してもらえるかもしれない。
- それほど緊張しない。指導教授はあなたに最初の学会発表としてポスター発表を勧めるかもしれない。
- プレゼンは通常10～15分間だが、ポスター発表はそれ以上の時間をかけられる。
- 意見を交換する機会が多い。
- ポスターは学会開催中、常時展示されている。多くの人がポスターを読み、あなたの説明を聞き、あなたの詳しい連絡先を得る可能性がある。

18.2.2 ● プレゼンテーションよりもポスター発表に適している研究

ポスター発表は次のような研究に適している。

- 研究方法や研究結果が複雑、またはコンセプトを理解しにくい場合
- 関心は高いが実際にプレゼンを聞きに来る人数は少ないと思われる、または大きなオーディエンスの中では埋没してしまいそうな、非常に特殊または難解な研究の場合

18.2.3 ● ポスター発表の内容を考える

ポスター発表では、フォーマルな口頭プレゼンのように自分の知っているすべてを発表しようとするのではなく、オーディエンスが本当に知りたいことだけを発表することが重要だ。口頭プレゼンではキーポイントを3つ選んでもよい。しかしポスター発表では、できるだけ1つの重要コンセプトにしぼろう。そうすることで、次の例のような大きなメリットがある。

- ポスターを文字と図表で埋め尽くさなくても済む。センスのよいポスターを作製できる。
- 1つのストーリーに集中でき、ポスターの構成が容易になる。
- ポスターの説明がしやすくなる。

コンセプトのシンプルさが評価され、結果的に問い合わせや共同研究の連絡が増えるだろう。ポスターの提示のしかた次第では、あなたの将来が変わるかもしれない。

ポスターの文字情報の構成方法➜18.3.1〜18.3.6項

18.2.4 ● 研究の目的を箇条書きにして伝える

文章が散漫に続くよりも、要点ごとにポイントを抽出して箇条書きに整理しよう(➜**4.4節**)。以下に例を示す（注：本書のために創作した架空の例)。

✕ 修正前

Research objectives: The purpose of this research was threefold. The first aim was to identify the top 10 websites offering advice on alternative treatments for depression. Secondly, we compared the alternatives offered by these sites with traditional medical practice. Thirdly, we interviewed a set of 25 parents whose children (aged from 16-26) had suffered as a consequence of opting for the alternative medicine when they had already been prescribed traditional medicines.

（研究の目的：本研究には3つの目的があった。まず、鬱の代替療法について助言している上位10位のウェブサイトを特定すること。次に、これらのサイトが提案する代替治療を従来の治療法と比較すること。最後に、すでに従来薬を処方されているのに代替療法を選択して悪化した子ども（16〜26歳）の親25人に聞き取りを行うことだった）

○ 修正後

Research objectives

- identify top 10 'alternative medicine' websites for treating depression
- compare 'alternatives' with traditional medical practice
- interview parents whose children (aged from 16-26) had suffered as a consequence of opting for the alternative medicine when they had already been prescribed traditional medicines

（研究の目的

- 鬱治療の代替療法を紹介しているウェブサイトのトップ10を特定すること
- 代替療法と従来の治療法を比較すること
- すでに従来薬を処方されているのに代替療法を選択して悪化した子ども（16〜26歳）の親に聞き取りを行うこと）

箇条書きの効果は以下のとおりだ。

- 文法に縛られないため文字数を削減できた。ツイートや電報文のようだ。
- 改行のない散漫な文章よりも要点が目立っている。
- 3つ目の箇条書きは長いが、これは研究の要点（従来薬を処方されているのに代替療法を選択して悪化したこと）を説明している。

研究の目的と結果を目立たせるためには、そこだけ大きめのフォントを使おう。太字にしてもよい。重要なことは、ポスターの前で立ち止まって詳しく読んで質問するだけの価値があるかどうかを、数秒間で判断できるようにすることだ。

18.2.5 ● 箇条書きを使うべきその他のセクション

前項で解説したことは次のセクションにも応用できる。

- 仮説/予測
- 研究方法
- 研究結果
- 研究意義
- 提案

しかし、ポスター全体を箇条書きで埋め尽くしてはならない。目的は人を引きつけるポスターをつくることだ。そのためには、読む人のことを考えて、変化に富んだポスターでなければならない。

箇条書きにした文字のフォントを大きく、また太字にしてみよう。オーディエンスはあなたの研究の意図、内容、結果、意義を数秒間で理解できるだろう。詳細情報を補足することも可能だが、あなたがポスターの前にいて質問に答えられるので、情報としては箇条書きだけで十分だろう。

18.2.6 ● 下書きをチェックする

いったん下書きを終えたら次のような問題点がないか確認しよう。括弧内の章番号は『ネイティブが教える　日本人研究者のための 論文の書き方・アクセプト術』（講談社）の章番号と対応している。

- センテンスが長い（第4章）
- 冗長な説明（第5章）——できるだけ削除する。仮に単語の数だけ学会主催者側に料金を支払わなければならなかったらと想像してみよう
- 曖昧な説明（第6章）
- 研究結果の説明が不明瞭（第8章）

18.2.7 ● クオリティチェックを行う

まず、ポスターのサイズが学会主催者側の仕様に適合しているかを確認しよう。次に、友人や家族にポスターを見てもらって、誤字脱字、わかりやすさ、読みやす

さ、引きつける力を確認しよう。そして、ベストと思われるポスターが仕上がったら、研究のキーポイントが最も説得力を持って目に入ってくるかを確認する。最後に、フォントの色がどのような照明の下でも正しく発色するかどうか（窓の位置、時間帯、電球の明るさで変化する）を確認しよう。

18.2.8 ● オーディエンスに声をかける

あなたのポスターを見て足を止める人が100人いるとしよう。しかし、彼らに声をかけなければ、あなたの目的が達成されることはない。中には、要約を読んでそれ以外のパートはあなたに説明してもらいたいと思っている人もいれば、要約を丁寧に読んだ後に詳しくはあなたから話を聞きたいと思っている人もいるはずだ。

第一に、学会開催期間中は何度も説明をしなければならないだろうから、ポスター全体を明瞭簡潔に説明できるようになるまで練習が必要だ（役に立つ表現集➔**20.1節**）。

第二に、質疑応答セッションと同じように、想定される質問をあらかじめ用意しておこう（➔**11.12節**）。

第三に、関連文献を読み返し、なぜその研究方法と統計検定を選んだのか、しっかりとした根拠を持とう。これらについても質問されるかもしれない。

第四に、専門分野以外の訪問客もあるかもしれない。専門用語と研究コンセプトについては、自分の家族に話しても理解されるくらい平易な言葉で説明できるように準備しておこう。

第五に、中には重要な訪問客、例えば研究室での仕事をオファーしてくれる教授も見に来てくれるかもしれないので、こちらも準備をしておこう。会いたいと思う重要人物は事前に名前を覚え、名札を見る、名前を尋ねるなどして訪問客の名前を確認しよう。あなたの将来にとって重要な人たちだ。自分の研究を売り込むチャンスを逃してはならない。服装がカジュアルかもしれないので、一見して教授かどうかはわからないこともある。

最後に、配付資料と名刺を用意する。配付資料は1ページのサマリーでよい。配付資料にはあなたの発表のタイトル、学会名（開催地と開催年月日も）、あなたの名前と共同研究者の名前、研究を行った大学名（または勤務先の施設名)、メールアドレスも書いておこう。

さて、ここで上記6つのポイントを振り返ってみていただきたい。これらを①、②といった数字を使って箇条書きにすればもっと読みやすい（覚えやすい）だろうか？　それともこの章ではすでに箇条書きを使いすぎているので不要だろうか？もしそうであれば無理に箇条書きにする必要はない。

18.3 ポスターにはどのセクションを掲載し、何を解説すべきか

本章の後半では、検索エンジンを使って引き出せる情報の量と質に、使用言語がどのような影響を与えるかを調査した研究について考察する。これは架空の研究だが、データはその多くが正確だ。典型的なポスターは、本節で解説する要素のいくつか、またはほとんどを掲載している。またその構成も類似している。

18.3.1 ● タイトルの書き方

1行に何文字使えるかにもよるが、研究テーマは1～2行で簡潔にまとめよう。できるだけ多くの人を引きつけることが重要だ。自分の研究が他のまったく異なる分野で参照される可能性が広がるかもしれないからだ。また、タイトルをすべて大文字にしてはならない。太字、イタリック体、下線などの装飾文字はどれか1つを使い、3つを同時に使わないこと。

次の例は、言語とウェブサイト検索について調査した研究のタイトルの例だ。

> If you are born and live in Italy, does your web search return the same quality of information as a person born in the US?
> （あなたがイタリアで生まれてイタリアに住んでいるとする。あなたはアメリカで生まれた人と同質の情報をウェブサイト検索で得られているか？）

> Italy vs US: the digital divide in terms of quality of information gleaned through websites.
> （イタリア対アメリカ：ウェブサイトで得られる情報の質にみるデジタル格差）

18.3.2 ● サマリーの書き方

サマリーがあることで、通りがかりの人がポスターを詳しく読みたいと思う可能性が高まる。いくつか例を示す。

Aim: 62% of websites worldwide are in English, only 2% in Italian. Does this mean that a non-English speaking Italian is at a disadvantage when searching, for example, for medical information or a movie review?

Example finding 1: 4,200,000 hits for ***anorexia nervosa***; 110,000 for ***anoressia nervosa***. No. 1 hit for google.com: a Wikipedia entry on anorexia. No. 1 hit for google.it (i.e. Italian Google): a Nestlé advert on dietetic products.

Example finding 2: 20.9 million hits on google.com for ***Roman Empire***, in the top 10 returns no mention of movies, videogames, or books. 589,000 hits on google.it for ***Impero Romano***, a YouTube video is at No. 6, and the top 20 includes four pizzerias/restaurants named 'Impero Romano'.

Conclusion: Which is better - info on health and history, or the address of a great place to eat?

目的：世界中のウェブサイトの62%が英語で書かれている。イタリア語はわずか2%にすぎない。英語を話せないイタリア人は、医療情報や映画評論などのウェブ検索で不利か？

検索例1：神経性拒食症は英語のanorexia nervosaで検索すると420万件のヒットがあり、イタリア語のanoressia nervosaで検索すると11万件のヒットがある。Google.comでのヒット数第1位はウィキペディアの拒食症の解説であり、Google.it（イタリア語のGoogle）でのヒット数第1位はネスレの栄養補助食品の広告である。

検索例2：Google.comでRoman Empire（ローマ帝国）を検索すると2,090万件のヒットがあり、上位10位内に映画、ビデオゲーム、書籍は検索されない。Google.itでImpero Romano（ローマ帝国）を検索すると58.9万件のヒットがあり、6位にYouTube動画が、上位20位以内に4軒のImpero Romanoという名前のピザ店とレストランがランクインする。
結論：健康と歴史に関する情報と、食事をするための素晴らしい場所の情報のどちらがよいか？

この研究の場合、ネスレの栄養補助食品の広告画像や、ウィキペディアのスクリーンショット、ローマの観光地の画像などのビジュアルを添えると魅力的になる。

18.3.3 ● イントロダクションの書き方

最小限の研究背景の説明と、専門外の読者のために必要と思われる用語解説を記載しよう。小規模な学会でない限り、あなたのポスターに足を止めてくれる多くの人は専門外の人だろう。

自分の研究を最新の研究に照らし合わせて、そのギャップをあなたが埋めようとしていることを説明する（この点は研究論文と同様。わかりやすく説明しよう）。次はイントロダクションの悪い例だ。

Now that Google virtually controls the information we have access to, on the basis of previous searches (thus serving up the most recent and most eye-catching info, rather than necessarily the most pertinent), we decided to investigate what the various Google search engines around the world return to the websurfers, focusing on Italy (where our research team is based) and the US. Following on the work of Jatowa [2018] we ....

Googleは、過去の検索結果に基づいて我々がアクセスできる情報を事実上コントロールしている（そのため、必ずしも最も関連性の高い情報を提供するのではなく、最新の最も注目された情報が提供される）。そこで我々は、世界中のさまざまなGoogle検索エンジンが検索者にどのような検索結果を表示しているのかを、アメリカと我々が調査拠点を置いているイタリアに焦点を当てて調査することにした。ジャトワの研究［2018年］から我々は～。

最初のセンテンスは短い4つのセンテンスに分けられる。短いほうが読者は理解しやすい。また参考文献の情報を挿入しやすい。次にこの点を修正した例を示す。

Via search engines, governments virtually control all the information we have access to [Orwell, 1984]. Returns are made on the basis of previous searches [Deja Vu, 2016]. This provides the most recent and most eye-catching info [I Candy, 2017], rather than necessarily the most pertinent. We investigated what the various Google search engines around the world return to the websurfers. We focused on Italy (where our research team is based) and the US (where we would all like to work - offers please!).

政府は検索エンジンを介して、我々がアクセスできるすべての情報を事実上コントロールしている［オーウェル、1984年］。検索結果の表示は過去の検索に基づいて行われる［デジャヴ、2016年］。ゆえに、必ずしも最も関連性の高い情報が提供されるのではなく、最近の最も注目された情報が提供される［アイキャンディ、2017年］。我々は世界中のさまざまなGoogle検索エンジンが検索者にどのような情報を提供しているのかを調査した。我々は調査チームが拠点を置いているイタリアと調査チーム全員が働きたいと思っているアメリカに焦点を当てた（仕事のオファーをお待ちしています！）。

フォーマリティのレベルが低い（仕事のオファーをお待ちしています、と記載している）ことにも注目していただきたい。ポスターは必ずしもプレゼンよりインフォーマルである必要はないが、インフォーマルにしてはならない理由もない。

図表を挿入することも検討しよう。上の例では、変化をつけるために写真よりも円グラフがよいだろう。

18.3.4 ● 材料と方法の書き方

研究の材料と方法については、装置や統計の説明も含めて詳細は最小限に抑えて簡潔に書くのがよい。

Searches were made using google.com and google.it on five topics: medicine, history, tourism, social networks, food recipes. (Topics chosen at random from a collated list of the 50 most searched for topics in the US and Italy).

Within each topic, five specific areas were chosen (using same randomized method - e.g. for medicine: anorexia, bipolarism, motor neurone disease, dyslexia, Alzheimer's).

To avoid locational bias, identical searches were conducted from 20 different PCs located in 20 different countries (plus 5 locations in US and 5 in Italy).

The top 20 returns generated by each PC and on each topic were inputted into a database.

The results were processed using GooStat vers. 2.1. and ScattiStat 3.1.

調査では、Google.comとGoogle.itを使って5つのトピック（医療、歴史、観光、社会的ネットワーク、料理レシピ）を検索して行った（トピックはアメリカとイタリアで最も頻繁に検索されている50のトピックを集めたリストから無作為に抽出した）。
各トピックから5つの分野（同じ無作為化法を用いて、例えば“医療”の場合、拒食症、双極性障害、運動ニューロン疾患、識字障害、アルツハイマー病）を選んだ。
検索実施場所によるバイアスを避けるために、20ヵ国に設置された20台のPCを使って同一の調査を行った（加えてアメリカで5ヵ所、イタリアで5ヵ所）。
各PCに表示された各トピックの上位20位の検索結果をデータベースに入力した。
結果はGooStat ver. 2.1とScattiStat ver. 3.1を使って処理した。

この例では、短いセンテンス（冠詞と動詞のいくつかを削除した電文スタイル）を受動態で使っている。また、速読を助けるためにセンテンスごとに改行している。論文に記述するような詳細な情報は、図表やフローチャートなどに置き換えて説明しよう。

18.3.5 ● 結果の書き方

結果のセクションが最も広いスペースを要する。このセクションでは次のすべて、または一部を説明しなければならない。

- 研究の手順と方法はうまく機能したか？
- 期待した結果が得られたか？　その結果は仮説どおりであったか？
- 主な結果は何か？　その意義は何か？

このセクションでは図表やグラフを使うが、明解な説明文とともに必要な情報だけを載せよう。情報はできるだけ図表にまとめたほうがよい。ポスターを見ている人は可能な限りわかりやすく表示された情報を求めているはずだ。

18.3.6 ● 結論の書き方

結論のセクションでは、1~2つのセンテンスを使って研究結果の意義を述べる。次の例では、結論の終わりかたがおもしろい。読者にポジティブな印象を与えつつ、パイナップルピザ（カナダのオンタリオ州にあるレストランの経営者が1960年に考案した）を紹介している。必ずしもこのようなインフォーマルなトーンでポスターを終える必要はない。しかし、この方法を採用しないのであれば、その前に、採用しないことにどのようなメリットがあるかを考えるべきだろう。

Our results indicate that if your first language is not English then you are probably being denied a lot of key information, irrespectively of the country where you make your search in your language. This is confirmed by the literature which states that ….

Future work will repeat the same procedure using Spanish and Chinese (i.e. two major languages) and Swahili (60-150 million speakers, Italian: 65 million).

Key question arising from our research: can a people (i.e. North Americans) that put pineapples on a pizza and think it tastes great, really be taken seriously?

研究結果は、もし第一言語が英語でなければ、母語を使って検索をするとき、そのときどこの国にいようとも、多くの重要な情報を入手できないことがあることを示している。このことはある文献によって確認された。その文献によると～。
将来的には、2大言語のスペイン語と中国語、および6,000万～1億5,000万人の話者がいるスワヒリ語（なお、イタリア語は6,500万人）を使って同じ手順で実施予定だ。
研究から得られた重要な疑問は、パイナップルをトッピングしたピザを美味しいと感じる北アメリカ人のことを真に受けてよいかということだ。

上記の最後のアプローチを不真面目、またはプロらしくないと考えるなら、もっと真剣なトーンで終わってもよいかもしれない。以下に例を示す。

Key question arising from our research: Why is the quality of info returned by google.it in Italian inferior to that returned by google.com in English? Is it simply due to a kind of international digital divide which saw Italians writing content for the Internet (e.g., Wikipedia pages) around 10 years later than their native English-speaking counterparts in the USA, and so they just need to catch up? Or is it more serious: will non-English-speaking people never have the same access as, for example, US and UK citizens?

研究から得られた重要な疑問は、なぜGoogle.itで検索して表示されるイタリア語の情報の質はGoogle.comで表示される英語の情報の質に劣るのか、ということだ。それは、インターネットのコンテンツ（例：ウィキペディアのページ）を書くイタリア人はアメリカの英語のネイティブスピーカーよりも10年ほど遅れているという、一種の国際的なデジタル格差のせいか？　そしてそれは追いつけば済む話なのか、それとももっと深刻なことか？　つまり、英語を母語としない人は、アメリカ人やイギリス人と同じように情報にアクセスできるようにはなれない、ということか？

注：本節の冒頭でも述べたように、私が知る限り、言語と地域でGoogle検索の結果に差が生じるかどうかの調査はまだ行われていない。本書の読者の誰かが調査を行ってその真偽を明らかにしていただければと思う。私は、英語を話す人には、英語を話さない人よりも言語以外に不公平な優位性があるのではないかと憂慮している。

18.3.7 ● 連絡先の書き方

次のような情報は大きなフォントではっきりと書く。

- 連絡先情報（メールアドレス［1つで十分］。電話番号やSkype番号は不要）
- あなたのことを知ることができるウェブサイトを1つ（あなたの研究室のウェブページや、LinkedInページ、ResearchGateページなど）
- 2番目と重複しない、読者がポスターや関連論文をダウンロードできるリンク

18.3.8 ● その他の載せるべき情報（小さめのフォントを使う）

- 本文中や図表で言及した参考文献一覧
- 文献引用に関しては学会に独自のルールがあるかもしれないので、それに従う
- 協力者や実験装置などの提供者への謝辞
- 利益相反の有無の開示

第19章

ノンネイティブの参加者が多い学会での発表

ファクトイド

英語を第一言語として話す人は世界の8%に満たない。この数字は2050年までに5%前後まで減少する。ブリティッシュ・カウンシルによると、世界の4人に1人が英語をある程度理解している。

*

デビッド・クリスタル教授によれば、世界の言語の96%が4%の人によって話されているという。

*

レイモンド・マーフィーが書いた外国人向けの英文法書は、イギリスの出版社から刊行されたノンフィクションの世界最大のベストセラーの一つだ（1,500万冊超）。1985年に最初に出版された。

*

英語の語彙は、技術用語も科学用語も含めて約100万語だ。成人の英語ネイティブスピーカーの多くが、日常生活ではわずか1万語の英単語しか使っていない。語彙が1,000～2,000語もあれば、ただしそれらの言葉が相手の語彙の中にもあるならば、相手との意思の疎通は可能だ。ノンネイティブスピーカーの専門分野の語彙はネイティブスピーカーと同等に豊富だろうが、一般的な語彙はネイティブスピーカーよりもずいぶん少ない。

*

1997年にインターネットで最も人気のあった言葉は、sex、chat、nude、porno、weatherであった。2015年時点で、最も検索された言葉として1997年から継続的にリスト入りしている言葉はweatherだけであった。

*

1994年のイギリスの英語教育業界は年間7億ユーロの価値があった。25年後にはその5倍の価値があった。現在では年間25%増の成長が見込まれている。

19.1 ウォームアップ

プレゼンテーションの方法について解説したあるベストセラーの初版本の中で、著者は次のように述べている。

「さまざまな国籍の参加者が集まり、外国語でプレゼンを行う国際学会に参加したことがありますか？　途中まで聞いて初めてそれが英語で話されていると気づいたプレゼンはありますか？　私にはあります」

私の経験では、多くのノンネイティブが、例えばヨーロッパや、アジア、南アメリカの人と英語を使って働くことよりも、アメリカやイギリスの研究グループと口頭でコミュニケーションを取ることに大きなストレスを感じている。その原因は性格や、効率、協調性の差にあるのではなく、言語に存在する。

ネイティブとの質疑応答は、多くのノンネイティブにとって、想像しただけでも冷や汗が出る。ネイティブの質問の一部しか理解できないからだ。ノンネイティブは、講演、ワークショップ、ミーティングなどは、ネイティブが議論を支配する傾向があるので総じて非生産的だと考えている。

ネイティブは速く話しすぎたり、不適切な言葉（口語的な表現や文法構造）を使用したり、相手が聞いたことのないような強い訛りを話したりすることがある。また、多くのネイティブが、発話するときにモゴモゴと言葉を飲み込むように発音しがちだ。英語の文法と語彙が非常に優秀なノンネイティブでも、どのような訛りであれ、このモゴモゴした発音を聞いて理解することはできない。

もし本章が少しでもお役に立てば、そしてもしあなたが査読者かエディターであれば、姉妹書の『ネイティブが教える　日本人研究者のための英文レター・メール術』（講談社）の第11章「査読報告書の書き方」も興味深く読んでいただけるのではないだろうか。ノンネイティブの研究を相手の気持ちを害さずにレビューするときのヒントを載せている。

本章の目的は、ノンネイティブのオーディエンスに対してどのようにプレゼンテーションやワークショップを開催すればよいかを理解することだ。

19.2 ノンネイティブとの対話をTEDで学ぶ

*English Mania*と題されたジェイ・ウォーカーのスピーチを視聴すると、英語が世界中でどのように学習されているかを知ることができる。

ジェイ・ウォーカーはウォーカーデジタル社の創設者で、*TIME*誌から世界で最も影響力のあるデジタル時代の50人の一人に選ばれた。グローバル英語についてだけではなく、ジェイのスピーチがノンネイティブと対話するときのよい例であることを学ぶことができる（といってもオーディエンスの多くはネイティブではないかと思われる）。ジェイのスピーチを分析してみよう。

Let's talk about manias. Let's start with Beatle mania: hysterical teenagers, crying, screaming, pandemonium. Sports mania: deafening crowds, all for one idea — get the ball in the net. Okay, religious mania: there's rapture, there's weeping, there's visions. Manias can be good. Manias can be alarming. Or manias can be deadly.

The world has a new mania. A mania for learning English. Listen as Chinese students practice their English by screaming it.

熱狂について話しましょう。まずビートルズマニアについて。ヒステリックな10代の若者が大声を出し、泣き叫び、大混乱に陥りました。スポーツマニアはどうでしょうか。群衆が耳をつんざくような声を出し、ボールをゴールに入れるという目標に向かって全員が一つになります。次に宗教的なマニア。歓喜があり、嘆きがあり、ビジョンがあります。熱狂にはよいことも警戒すべきことも、時には命を落とすこともあります。
世界には新しい熱狂が生まれました。英語学習マニアです。中国の学生が叫びながら英語を練習しているのを聞いてください。

全体で72ワード、10センテンス、60秒だ。1センテンスに平均して7.2ワードが使われ、1分間のワード数は100を大きく下回る。ジェイは次の3つの戦略を選択した。

- センテンスを簡潔にする
- シンプルな文章にする
- ゆっくり明瞭に話す

ジェイはただちにトピック（英語）を話し始めてはいない。その前に熱狂について語っている。そうすることでオーディエンス（特にノンネイティブ）にジェイの声に慣れる時間を与えている。あなたもプレゼンするときは、トピックと関連があり、彼らの興味を誘い、しかしメインメッセージではない30秒間の導入部を置いてみよう。

ジェイは画像だけを使っている。文字スライドは使っていない。この方法は、もしあなたのメッセージがとても明快で、オーディエンスへの負荷を最小限に抑えられるなら機能するかもしれない。しかし一般的には、さまざまな国から参加するオーディエンスは文字情報の入ったスライドを望んでいる。発表者の発話内容を理解できないときは、少なくともスライドを頼りにできるからだ。

19.3 スライドを2タイプ用意する

スライドは2タイプ用意しよう。1つはスクリーン上でオーディエンスに見せる原稿。もう1つはオーディエンスがダウンロードして見るための追加情報が入った原稿で、3つの活用法がある。

- オーディエンスにあらかじめプレゼンの発表内容を知らせることができる。統計データや図表のインパクトは薄れるかもしれないが、ノンネイティブのオーディエンスにとってメリットは大きい。
- オーディエンスの多くがラップトップPC、iPad、タブレット、スマートフォンなどを持っているので、プレゼン中でもダウンロードできる。
- プレゼン後、オーディエンスは要点を復習することができる。

19.4 ノンネイティブが好むネイティブの長所に着目する

一部のネイティブ、特に地方訛りのある人やボソボソと話す人の英語はほとんど理解できないと評されているが、彼らのプレゼンの枠組みやスタイルはおおむね評判が高い。ノンネイティブに好まれるネイティブのプレゼンのスタイルには、次のような特徴がある。

- 文字の少ない魅力的なスライド
- 親しみのこもった話し方
- 例が多い
- 詳細に説明しすぎない
- 自分との関連を感じる
- ナラティブスタイルの口調。例えば、So, then you think 'Hey, we could do this instead'（それなら、代わりにこんなことができるんじゃないか、と思うでしょう）
- プレゼンターの情熱を感じる

これらの7つのポイントを実践して、オーディエンスのことを第一に考えたプレゼンであることを印象づけよう。さらに、ゆっくりはっきりと話せば、きっと好感を持って受け入れられるだろう。

19.5 文化的背景の差に気をつける

他の国の文化に言及することは、それが肯定的な印象を与えるか否定的な印象を与えるかわからないので、避けたほうがよい。エジプトのカイロで英語を教えていたとき、私の妻がオーディエンスに向かって、「ナイル川が干上がったと想像してみてください」と、たとえ話を投げかけた。するとその直後、多くの学生が混乱し大きな論争に発展した。参加者にとってあまりにも繊細なたとえ話だったからだ（ナイル川は人によっては命の源泉だった）。

文化をテーマに取り上げて話すときは、リスクの少ない自国の文化に限ろう。

19.6 適切な語彙を選択する

以下は、英語の歴史（紀元前55年～西暦1301年）を非常に簡潔にまとめた文章だ。

「紀元前55年にジュリアス・シーザーがブリタニアを侵攻したが、このとき、いくつかの軍事用語が古代の英語にもたらされた。さらに、西暦697年、ローマ法王から派遣された聖アウグスティヌスが、アイルランド（さらにはブリテン島本土）の人々をキリスト教に改宗させたことで、ラテン語を基本にした宗教用語（spirit、priest、religion、redemptionなど）が多く使われるようになった。その後イギリスは、アングル人、サクソン人、ジュート人、次いでバイキングに侵略された。これらはすべて北ヨーロッパからの侵略者で、英語にアングロサクソン的要素をもたらした（4文字言葉などもそうだ）。1066年までには、英語（古英語）は複雑ではあるが、かなり正規の体系を持つ言語になっていた。しかし、1066年のヘイスティングスの戦いでノルマン人がイングランド王ハロルドを殺害するとすべてが変わり、その後1301年までフランス語が公用語として使用された」

このような歴史的背景があり、ラテン語とフランス語に由来する言葉には学識とフォーマルさが漂う。例えば、心からの歓迎を意味するhearty welcomeとcordial receptionを比較してみるとよくわかる。このように、使う言葉によりその意味合いが大きく異なるので、プレゼンでは言葉の選択に注意が必要だ。

ノンネイティブは次の表のどちらの言葉を理解しやすいだろうか？　実は、ほとんどすべての人がフォーマルな英単語（すなわち、ラテン語、ギリシャ語、フランス語に由来する単語）を理解しやすい。これは、母語がラテン語や、フランス語、ギリシャ語から派生した言語かどうかに関係なく当てはまる。その理由として以下の2つのことが考えられる。

- 多くのノンネイティブが非常にフォーマルな文章を使って学習している
- 綴りが長いほど、その理解に長い時間をかけられる（例：hardとdifficult）

意味	アングロサクソン系の言葉	ラテン語、フランス語系の言葉
目的	aim	objective
理解する	understand	comprehend
人間	mankind	humanity
信じられない	unbelievable	incredible
手がかり	clue	indication
おもしろい	funny	amusing
結果	outcome	result
欠点	drawback	disadvantage
無責任な	reckless	irresponsible
利益	earnings	profits

つまり、あなたの選んだ言葉は、あなたには非常にフォーマルに聞こえているかもしれないが、オーディエンスにとってはそうでもないかもしれない、ということだ。とにかく、フォーマルに話せば、おそらくオーディエンスはあなたの言うことを理解できるはずだ。

一方、短いセンテンスもカジュアルさの印の一つだ。この事実もしっかり認識しておかなければならない。明確に発音した短いセンテンスのほうが、長いフォーマルなセンテンスよりも理解しやすい。

同義語を思い浮かべる習慣を身につけよう。同義語は、相手に理解できない言葉があったときのコミュニケーションにきっと役に立つ。これは、プレゼンや社交の場だけではなく、メールのやり取りにおいても役に立つ。

19.7 できるだけ早くオーディエンスの緊張をほぐす

オーディエンスの緊張を最小限に抑えることも、プレゼンターが忘れてはならない重要な役割の一つだ。具体的には次のような方法がある。

- オーディエンスの立場に立つ
- ゆっくりはっきりと話す
- 質問をするときは必ず2回繰り返し、オーディエンスが理解しやすく、返

答しやすい言葉で表現するということを、あらかじめ説明しておく

19.8 参加者に質問をする

ワークショップや講演が成功するかどうかは、どれだけオーディエンスの理解を得られたかに左右される。オーディエンスの理解度を確認するには2つの方法がある。

1. あなたが説明した内容に関連して実践的な課題を設定する。その課題をどれだけ解けたかが、彼らの理解度の明確な指標となる。
2. あなたが説明した内容に関連する質問をする。

1の解決策は学会には適さないだろう。しかし、2の解決策は完全に実行可能であり、根本的な解決策だ。オーディエンスが理解できたかどうかは完全に把握しなければならない。もしオーディエンスに何の質問もしなければ、プレゼンターだけが話すことになり、オーディエンスが大いに退屈するリスクがある。

他にも問題がある。どのような文化的背景を持つ人であっても、

- 他のオーディエンスはきっと理解しているだろうと思い込み、自分だけが理解できていないことを認めたくない、と思う。
- 自分の質問は他の参加者の興味を引かないかもしれないと思い、あるいは自分の英語レベルを恥ずかしく思い、質問をしない。

その結果、英語が上手な人だけが質問をすることになる。英語が苦手な人は、英語力の高い人が尋ねた質問を理解することすらできないだろう。

19.9 プレゼンテーションの全体像を示す

オーディエンスが常にプレゼンの全体像を把握していることを、以下の方法で確認しよう。

- アジェンダに戻って、今どこを話しているかを確認する
- 前のスライドを口頭で、または実際に示しながら確認する
- 今なぜこの話をしているのか、その目的を確認する
- ポイントを要約しながら進める。あなたはそのテーマを熟知しているが、オーディエンスはそうとも限らないので理解の確認が必要だ
- 次のスライドに移る前にその内容に触れる

19.10 ポイントを要約したスライドを用意する

ワークショップでは、要約のスライドを適宜挿入すると、プレゼンに変化をつけることができる。要約スライドを映して、どのポイントを再度説明してほしいか、どのポイントが最も理解しにくかったかなどを確認しよう。次のように言うとよい。

> Can you explain exactly what it is that you did not understand?
> （理解できなかったところはどこか、詳しく教えていただけませんか？）

このように尋ねることで、参加者から自然に確認の質問が出てくるはずだ。とにかく、重要なポイントは何回でも確認しよう。

第20章

ネイティブが教えるプレゼンテーション表現

1
2
3
4
5
6
7
8
9
10
11
12
13
14
15
16
17
18
19
20

20.1 プレゼンテーションとポスター発表

20.1.1 ● 自己紹介と概要説明

所属先や学部を紹介する

☐ Hi. Thanks for coming.

（こんにちは。お越しいただきありがとうございます）

☐ I am a PhD student/researcher/technician at …

（私は～の博士課程の学生/研究者/技術者です）

☐ I am doing a PhD/a Masters/some research at …

（私は～で博士課程の/修士課程の/ある研究をしています）

☐ I am part of a team of 20 researchers and most of our funding comes from …

（私は20人の研究者からなるチームの一員であり、資金のほとんどは～）

☐ The work that I am going to present to you today was carried out with the collaboration of the University of …

（今日皆さんにプレゼンする研究は、～大学の協力を得て実施されました）

自分の研究が現在どの段階に到達し、どのような状況にあるのかを伝える

☐ What I am going to present is actually still only in its early stages, but I really think that our findings so far are worth telling you.

（これから発表する内容は実際にはまだ初期段階ですが、
これまでに得られた知見は皆さんにお伝えする価値があると考えています）

☐ We are already at a quite advanced stage of the research, but I was hoping to get some feedback from you on certain aspects relating to …

（私たちの研究はすでにかなり進んでいますが、～に関して皆さんの
フィードバックをいただけないものかと思っています）

☐ Our research, which we have just finished, is actually part of a wider project involving ...

(私たちの研究は終わったばかりですが、実は、～を巻き込んだ広範囲なプロジェクトの一部です)

概要を説明する（フォーマル）

☐ In this presentation I am going to / I would like to / I will ...

(このプレゼンで私は～する予定です/したいと思います/します)

⇒ discuss some findings of an international project.

(国際的なプロジェクトで得られたいくつかの知見を議論する)

⇒ examine/analyze/bring to your attention ...

(～を検討する/分析する/注意を喚起する)

⇒ introduce the notion of/a new model of ...

(～の概念/新しいモデルを紹介する)

⇒ review/discuss/describe/argue that ...

(～をレビュー/考察/説明/議論する)

⇒ address a particular issue, which in my opinion, ...

(特定の問題を取り上げ、私の意見では～)

⇒ give an analysis of / explore the meaning of ...

(～を分析する/～の意味を調査する)

⇒ cite research by Wallwork and Southern.

(ウォールワークとサザンの研究を例証する)

アジェンダを伝える（従来の方法）

☐ I will begin with an introduction to ...

(まず、～を紹介します)

☐ I will begin by giving you an overview of ...

(まず、～の概要を説明します)

☐ Then I will move on to ...

(その次に、～の説明に移ります)

☐ After that I will deal with ...

(その次に、～を説明します)

☐ And I will conclude with ...

(最後に、～について説明します)

アジェンダを伝える（ややインフォーマル）

☐ First, I'd like to do X / I'm going to do / First, I'll be looking at X.

(まず、Xを行います/行う予定です/見ていきます)

☐ Then we'll be looking at Y / Then, we'll focus on Y.
(次に、Yを見ていきます/Yに焦点を当てます)

☐ And finally we'll have a look at Z / Finally, I'm going to take you through Z.
(最後に、Zについて検討します/最後に、Zについて説明します)

☐ So, let's begin by looking at X.
(それでは、Xから始めましょう)

アジェンダを伝える（インフォーマル）

☐ So this is what I am going to talk about …
(これが本日お話しする内容です)

☐ … and the main focus will be on …
(主に〜についてお話しします)

☐ … and what I think, well what I hope, you will find interesting is …
(〜にきっと興味を持っていただけるのではないかと思います)

☐ I'm NOT going to cover P and Q, I'm just going to …
(PとQについては詳しくは取り上げませんが、ただ〜する予定です)

アジェンダを伝える（ダイナミックに）

☐ This is what I'm planning to cover.
(今日はこちらを取り上げる予定です)

☐ I've chosen to focus on X because I think …
(Xを中心にお話しします。その理由は〜)

⇒ it has massive implications for …
(〜への影響が大きいからです)

⇒ it is an area that has been really neglected …
(これまで誰も注目してこなかった分野だからです)

⇒ I'm hoping to get some ideas from you on how to …
(皆さんから〜の方法についてアイデアをいただけるかもしれないと期待しているからです)

⇒ that what we've found is really interesting.
(私たちの発見はとても興味深いものだからです)

☐ I think we have found a …
(私たちの発見は〜と思います)

⇒ radically new solution for …
(〜のための極めて新しい解決策です)

⇒ truly innovative approach to …
(〜するための真に革新的なアプローチです)

⇒ novel way to …

（～するための斬新な方法です）

☐ We are excited about our results because this is the first time research has shown that …

（このような結果が得られたのは初めてで、私たちは非常に感激しています）

☐ Why is X so important? Well, in this presentation I am going to give you three good reasons …

（なぜXはそれほど重要なのでしょうか？　プレゼンでは3つの理由を紹介したいと思います）

☐ What do we know about Y? Well, actually a lot more/less than you might think. Today I hope to prove to you that …

（Yについて私たちが知っていることは何でしょうか？　実は、思っている以上に知っています/思っているほど知りません。本日は、～であることを証明したいと思います）

配付資料に言及する

☐ I've prepared a handout on this, which I will give you at the end — so there's no need to take notes.

（最後に資料をお配りしますので、メモを取る必要はありません）

☐ Details can also be found on our website. The URL is on the handout.

（詳細はホームページでもご覧になれます。URLは配付資料に載せています）

20.1.2 ● トランジション

プレゼンテーションの本論に進むとき

☐ Okay, so let me start by looking at …

（では、まず～を見てみましょう）

☐ So first I'd like to give you a bit of background.

（それでは、最初に少し背景説明をいたします）

☐ So why did we undertake this research? Well, …

（では、なぜこの研究を行ったのでしょうか？　それは～）

☐ So what were our main objectives? Well, …

（それでは、私たちの目的は何だったのでしょうか？　それは～）

新しい要素やテーマを導入する

☐ With regard to X …

（Xに関しては、～）

□ As far as X is concerned …

(Xに関する限り、～)

□ Regarding X …

(Xに関しては、～)

話題が変わることを示唆する

□ Before I give you some more detailed statistics and my overall conclusions, I am just going to show you how our results can be generalized to a wider scenario.

(より詳細な統計データと全体的な結論をお伝えする前に、どのようにして私たちの結果をより広い枠組みに一般化できるかをお見せします)

□ In a few minutes I am going to tell you about X and Y, which I hope should explain why we did this research in the first place. But first I want to talk to you about …

(数分後に、XとYについてお話しする予定です。そもそもなぜ私たちがこの研究を行ったのかをご理解いただけると思います。しかし、その前に、～についてお話しします)

今プレゼン全体の中のどこを話しているかを示す

□ Okay so this is where we are …

(さて、私は今このポイントを話しています)

□ This is what we've looked at so far.

(これまでこのポイントについて見てきました)

□ So, we're now on page 10 of the handout.

(それでは、これから配付資料の10ページについて説明していきます)

前のテーマを振り返りながら次のテーマを紹介する

□ Before moving on to Z, I'd just like to reiterate what I said about Y.

(Zに移る前に、Yについて述べたことをもう一度確認したいと思います)

□ Okay, so that's all I wanted to say about X and Y. Now let's look at Z.

(XとYについては以上です。次はZについてです)

□ Having considered X, let's go on and look at Y.

(Xを検討しましたので、次はYについて考えてみましょう)

□ Not only have we experienced success with X, but also with Y.

(XだけでなくYについても成功しました)

☐ We've focused on X, equally important is Y.

(Xに焦点を当てましたが、同じくらい重要なのがYです)

☐ You remember that I said X was used for Y, well now we're going to see how it can be used for Z.

([前のスライドに戻って] 先ほどXがYに使われると言いましたが、今度はZにはどう応用されているかを見てみましょう)

次のトピックに興味を持たせる

☐ Did you know that you can do X with Y? You didn't, well in the next section of this presentation I'll be telling you how.

(YでXができることをご存じでしたか？　ご存じなければ、次のセクションでその方法をお話しします)

次のテーマへただちに移る

☐ Let me now move onto the question of …

(それでは～の問題に移りましょう)

☐ This brings me to my next point …

(では次のポイントですが、～)

☐ Next I would like to examine …

(次に～について考えてみたいと思います)

☐ Now we're going to look at Z. / Now I'd like to show you Z. / Now I'd like to talk about Z.

(ではZを見てみましょう/ではZをお見せしましょう/ではZについてお話しします)

☐ Okay, let's move on to Z.

(ではZに移りましょう)

☐ Now we are going to do X. X will help you to do Y.

(次にXについて説明します。XはYを行うときに役立ちます)

20.1.3 ● 強調する、補足する、例を挙げる

要点を強調する

☐ I must emphasize that …

(～であることを強調させてください)

☐ What I want to highlight is …

(強調したいことは～です)

☐ At this point I would like to stress that …
(この時点で私が強調したいことは～です)

☐ What I would really like you to focus on here is …
(ここで注目していただきたいことは～です)

☐ These are the main points to remember:
(以下は覚えておくべきポイントです)

☐ The main argument in favor of / against this is …
(賛成/反対の主な論点は～です)

☐ The fact is that …
(実際のところ、～です)

☐ This is a particularly important point.
(これは特に重要なポイントです)

☐ This is worth remembering because …
(これは覚えておく価値があります。なぜなら～)

☐ You may not be aware of this but …
(こちらはご存じないかもしれませんが、～)

価値と利点を伝える

☐ So, the key benefit is…
(つまり、主な利点は～です)

☐ One of the main advantages is …
(主な利点の一つは～です)

☐ What this means is that …
(これは～ということを意味しています)

☐ We are sure that this will lead to increased …
(このことが～の増加につながるのは確かです)

☐ What I would like you to notice here is …
(ここで注目していただきたいことは～です)

☐ What I like about this is …
(私が気に入っている点は～)

☐ The great thing about this is …
(これの素晴らしい点は～)

興味を引きつけるために驚きを持って伝える

□ To our surprise, we found that …
（驚いたことに、私たちは～を発見しました）

□ We were surprised to find that …
（私たちは～を発見して驚きました）

□ An unexpected result was …
（予想外の結果が得られました。それは～です）

□ Interestingly, we discovered that …
（おもしろいことに、私たちは～を発見しました）

要約する

□ Broadly speaking, we can say that …
（大まかに言えば、～と言えます）

□ In most cases / In general this is true.
（ほとんどの場合/おおむねこれは当てはまります）

□ In very general terms …
（非常に一般的な言い方をすれば～です）

□ With certain exceptions, this can be seen as …
（ある種の例外を除いて、これは～とみなすことができます）

□ For the most part, people are inclined to think that …
（多くの場合、人々は～と考える傾向があります）

□ Here is a broad outline of …
（これが～の概要です）

前言を捕足する

□ Having said that …
（とは言っても、～）

□ Nevertheless … / despite this …
（それでも/にもかかわらず、～）

□ But in reality …
（しかし現実的には～）

□ In fact …
（実際、～）

原因や理由を述べる

☐ As a result of … / Due to the fact that … / Thanks to …
（～の結果/～という事実のために/～のおかげで）

☐ This problem goes back to …
（この問題は～までさかのぼります）

☐ The thing is that …
（問題は～です）

☐ On the grounds that …
（～という理由で）

例を挙げる

☐ Let's say I have … and I just want to …
（私が～を持っていて～をしたいとしましょう）

☐ Imagine that you …
（あなたが～だとします）

☐ You'll see that this is very similar to …
（これが～と非常によく似ているのがわかると思います）

☐ I've got an example of this here …
（一例をお見せします［と言ってスライドを見せる]）

☐ I've brought an example of this with me …
（一例を持ってきました［と言って物を見せる]）

☐ There are many ways to do this, for example / for instance you can …
（これを行うには多くの方法があります。例えば、～をすることができます）

☐ There are several examples of this, such as …
（これにはたくさんの例があります。例えば、～）

20.1.4 ● 図表を説明する

図表を最初に説明するとき

☐ Here you can see …
（ご覧いただいているのは～）

☐ I have included this chart because …
（この図表をスライドにした理由は～）

☐ This is a detail from the previous figure …
(こちらは先ほどの図を詳しくしたもので～)

☐ This should give you a clearer picture of …
(こちらの図表で～がよりはっきりとわかるはずです)

☐ This diagram illustrates …
(この図は～を示しています)

図表を簡略化するために行ったことを説明する

☐ For ease of presentation, I have only included essential information.
(簡略化するために、重要な情報だけを含めました)

☐ For the sake of simplicity, I have reduced all the numbers to whole numbers.
(簡略化するために、すべての数字を整数にしました)

☐ This is an extremely simplified view of the situation, but it is enough to illustrate that …
(とても簡略化された概略図ですが、～を説明するにはこれで十分です)

☐ In reality this table should also include other factors, but for the sake of simplicity I have just chosen these two key points.
(実際にはこの表には他の要素も含めないといけないのですが、
簡略化するためにこの2つのキーポイントだけを選びました)

☐ This is obviously not an exact/accurate picture of the real situation, but it should give you an idea of …
(これは明らかに実際の状況を厳密に/正確に表した図ではありませんが、
～のことはおおよそわかるでしょう)

☐ I have left a lot of detail out, but in any case this should help you to …
(多くの詳細を省いていますが、それでも～をするときにお役に立つはずです)

☐ If you are interested, you can find more information on this in my paper.
(これについてご興味があれば、私の論文からより多くの情報を得ることができます)

図表のどの部分に注目してもらいたいかを示す

☐ Basically what I want to highlight is …
(基本的に、私が強調したいのは～ということです)

☐ I really just want you to focus on …
(皆さんには特に～に着目していただきたいです)

☐ You can ignore / Don't worry about this part here.
（この部分は無視してください/気にしないでください）

☐ This diagram is rather complex, but the only thing I want you to notice is …
（この図はやや複雑ですが、特に～に注目してください）

直線、曲線、矢印を説明する

☐ On the X axis is … On the Y axis we have …
（X軸は～で、Y軸は～です）

☐ I chose these values for the axes because …
（これらの値を軸に選んだのは～）

☐ In this diagram, double circles mean that … whereas black circles mean … dashed lines mean … continuous lines mean …
（この図表では、二重丸は～を、黒丸は～を、破線は～を、実線は～を意味します）

☐ Time is represented by a dotted line.
（点線は時間を表します）

☐ Dashed lines correspond to … whereas zig-zag lines mean …
（破線は～に対応し、ジグザグ線は～を意味します）

☐ The thin dashed gray line indicates that …
（細いグレーの破線は～を示しています）

☐ These dotted curves are supposed to represent …
（これらの点線の曲線で～を表そうとしています）

☐ The solid curve is …
（実線の曲線は～を表しています）

☐ These horizontal arrows indicate …
（これらの横向きの矢印は～を示しています）

☐ There is a slight/gradual/sharp decrease in …
（わずかに/徐々に/急激に～が減少しています）

☐ The curve rises rapidly, then reaches a peak, and then forms a plateau.
（曲線は急に上昇し、ピークに達した後、横ばいになっています）

☐ As you can see, this wavy curve has a series of peaks and troughs.
（ご覧のように、この波線は山と谷が連続しています）

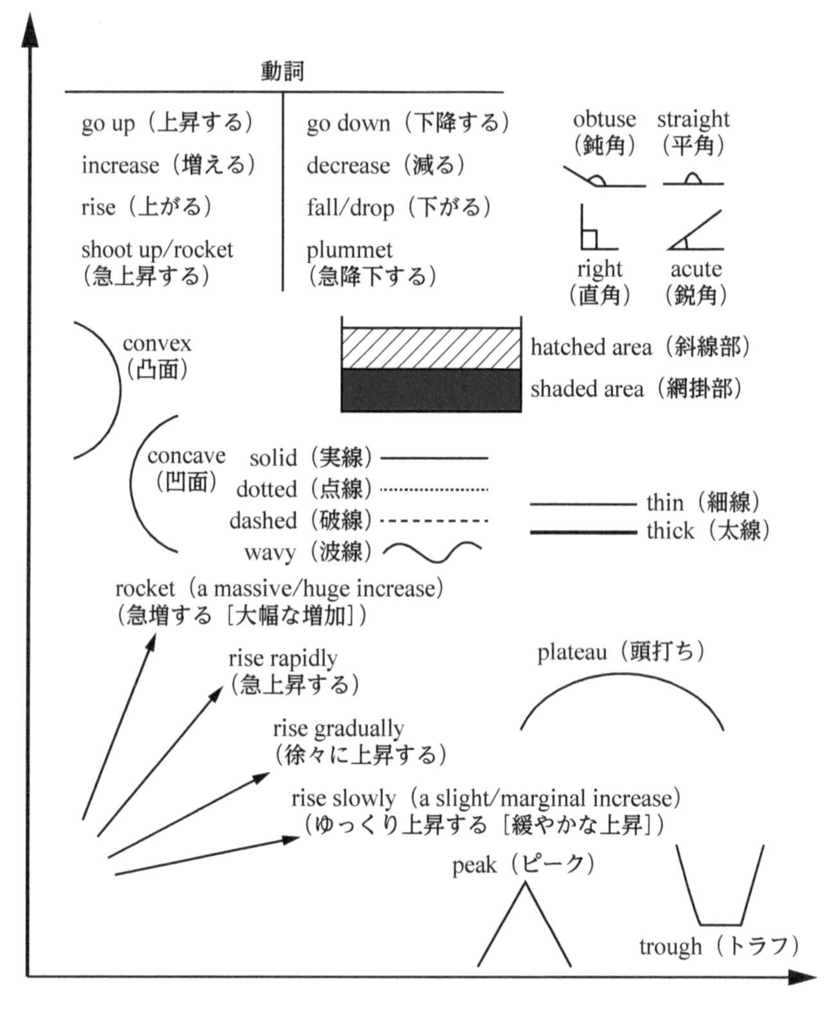

位置関係を説明する

☐ On the left is …

（左側には～）

☐ On the left side here …

（こちらの左側には～）

☐ In the middle …

（中央には～）

☐ Here, at the top …

（上にあるのが～）

☐ Down in this section …

（セクションの下にあるのが～）

☐ Over here is a …

（ここにあるのが～）

☐ The upper/lower section …

（上部/下部にあるのが～）

top（上）

top right corner（右上）

upper half（上半分）

mid point between the left hand edge and the center（左端と中央の間）

on the right (head) side（右側）

edge（端）

center（中央）

lower half（下半分）

near/close to the bottom right corner（右下近く）

bottom（下）

20.1.5 ● プレゼンテーションの各パートに言及する

これから説明することに言及する

☐ I'm going to do X, Y, and Z.

（これからX、Y、Zを説明します）

☐ I'm not going to cover this aspect now. I'm just going to …

（今はこのことには触れずに～について説明します）

☐ I'll go into a bit of detail for each concept.

（それぞれのコンセプトについて少し詳しく説明します）

☐ I'll explain this in a moment / I'll talk about that later.
（これについては後で説明します/後で話します）

☐ As we will see later …
（後で説明しますが～）

これまでに説明したことに言及する

☐ As I said before …
（先ほど説明したように～）

☐ Remember I said that …
（先ほど～と説明しました）

☐ The concept I mentioned earlier …
（先ほど説明したコンセプトは～）

☐ As I mentioned a moment ago …
（先ほども触れましたが～）

☐ To return to my earlier point …
（先ほどのポイントに戻りますが～）

☐ If we go back to this slide …
（先ほどのスライドに戻りますが～［前のスライドを示す］）

現在のスライドに言及する

☐ Here you can see …
（このスライドは～）

☐ Notice that it has …
（スライドの～を見てください）

☐ As you can see …
（スライドからおわかりのように～）

20.1.6 ● 結果、結論、今後の研究について

非常に強い肯定をする

☐ These results definitely prove that …
（これらの結果は間違いなく～であることを証明しています）

☐ We are convinced that our results show that …
（私たちの結果は～であることを示していると確信しています）

☐ What these results prove is …
(これらの結果が証明していることは～です)

不確かな肯定をする

☐ Our results would seem to show that …
(私たちの結果は～であることを示しているようです)

☐ What these findings seem to highlight is …
(これらの発見は～であることを浮き彫りにしているようです)

☐ I think that these results may indicate that …
(これらの結果は～である可能性を示していると思います)

☐ It seems probable from these results that …
(これらの結果から～の可能性が高いと思われます)

☐ I think it is reasonable to assume that …
(～と仮定するのが妥当だと思います)

☐ Under the hypothesis that x = y, what these results probably mean is …
(x=yという仮説のもとでは、これらの結果は～であることを意味していると思われます)

☐ We are assuming that the reason for this discrepancy is …
(この矛盾の原因は～であると私たちは仮定しています)

☐ We are presuming that this nonagreement is due to …
(この不一致の原因は～であると私たちは推測しています)

☐ This may indicate that …
(これは～であることを示していると思われます)

☐ A possible explanation is …
(～という説明が可能です)

☐ I believe this is due to …
(～が原因ではないかと思います)

今後の研究に言及する

☐ So, we've still got quite a long way to go. What we need to do now is …
(まだまだ先は長いです。今やらなければならないことは～です)

☐ Given these results, it seems to us that the best thing to do now is …
(これらの結果から考えると、今やるべきことは～だと思われます)

☐ A promising area for future research would probably be …
(将来的に有望な研究分野は、おそらく～でしょう)

☐ What we are planning to do next is …
(私たちが次にやろうとしていることは～です)

オーディエンスに協力を呼びかける

☐ To be honest, we are not exactly sure what these results may implicate …
(正直なところ、これらの結果が何を意味しているのか、私たちは厳密にはわかりません)

☐ We think our results show that x = y, and we were rather hoping to find other people who may be doing similar research to confirm this for us …
(私たちは得られた結果がx=yであることを示していると思っています。そして、できれば、同じような研究をされている他の研究者に、このことを確認してもらいたいと思っています)

☐ We are not really sure why the results appear to be so contradictory, and we were wondering whether someone here might be able to help us out with this.
(なぜ結果が矛盾しているように見えるのかよくわかりません。ここにいるどなたかに力を貸していただけないかと思っています)

☐ We are actually looking for partners in this project, so if anybody is interested, please let us know.
(実はこのプロジェクトの共同研究者を探しています。興味のある方はご連絡ください)

20.1.7 ● クロージング

プレゼンテーションが終わりに近づいていることを伝える

☐ Okay, we're very close to the end now, but there are just a couple of important things that I still want to tell you.
(プレゼンはそろそろ終わりに近づいてきましたが、まだお伝えしたい重要なことがいくつかあります)

最後のまとめ

☐ Well that brings me to the end of the presentation. So, just to recap …
(さて、これでプレゼンの終わりです。重要なポイントをまとめると～)

さらに詳しい情報をどこで得られるかを伝える

□ I am afraid that I don't have time to go into this in any further detail. But you can find more information about it on this website (which is on the back page of your handout).

（申し訳ありませんが、これ以上詳しく説明する時間がありません。しかし［配付資料の裏面に記載の］ウェブサイトで詳しい情報を得ることができます）

□ If you would like more information on this, then please feel free to email me. My address is on the back page of the handout. / My address is in the congress notes.

（これ以上の情報をご希望でしたら、遠慮なく私にメールしてください。アドレスは配付資料の裏面にあります/アドレスは学会プログラムに載せています）

お礼を述べる

□ Thanks very much for coming.

（お越しいただき、ありがとうございました）

□ Thank you for your attention.

（ご清聴ありがとうございました）

20.1.8 ● 質疑応答

質疑応答を開始する

□ Does anyone have any questions on this?

（この点について、何か質問はありませんか？）

□ I'd be really interested in hearing your questions on this.

（この点について、皆さんの疑問をぜひお聞かせください）

□ One question I am often asked is …

（［誰も質問をしない場合］よく聞かれる質問の一つは～です）

質疑応答の直前に英語のレベルに言及する

□ If you ask any questions I would be grateful if you could ask them slowly and clearly, as …

（もし質問がある場合は、ゆっくりはっきりと話していただけるとありがたいです。なぜなら～）

⇒ my English is a bit rusty.

（私は英語があまり上手ではありません）

⇒ many attendees here today are not native speakers of English.

（オーディエンスの多くは英語を母語としない人たちです）

質疑応答の進行

- □ Okay, could we start with the question from the gentleman/lady at the back. Yes, you.
（それでは、後方のあなたから質問をお願いします。はい、あなたです）

- □ Sorry, first could we just hear from this woman/man at the front.
（[別の人をさえぎって］すみません、まず、前方のあなたからお願いします）

- □ Do you mind just repeating the question because I don't think the people at the back heard you?
（質問を繰り返してもらえませんか？　後ろの人には聞こえていないと思います）

- □ I think we have time for just one more question.
（あと１つだけ質問をお受けする時間があります）

- □ Okay, I am afraid our time is up, but if anyone is interested in asking more questions I'll be in the bar and at the social dinner tonight.
（申し訳ありません、時間がなくなりました。もっと質問したい方がいらっしゃいましたら、今夜の懇親会とバーでお待ちしています）

質問を理解できないとき

- □ Sorry, could you repeat the question more slowly please?
（申し訳ありませんが、質問をもっとゆっくりと繰り返していただけませんか？）

- □ Sorry, could you speak up please?
（申し訳ありませんが、もう少し大きな声で話していただけませんか？）

- □ Sorry, I didn't hear the first/last part of your question.
（申し訳ありませんが、ご質問の最初/最後が聞こえませんでした）

- □ Sorry, I still don't understand—would you mind asking me the question again in the break?
（申し訳ありませんが、まだ理解できませんので、休憩時間にもう一度質問していただけませんか？）

- □ Sorry, but to answer that question would take rather too long, however you can find the explanation on my web pages or in my paper.
（申し訳ありませんが、その質問にお答えするにはかなりの時間を要します。私のホームページや論文で説明しています）

- □ I'm not exactly clear what your question is.
（ご質問の意味がよくわかりません）

プレゼンの途中で質問を受けた後、再びプレゼンに戻る

□ Okay, would you mind if I moved on now, because I've still got a couple of things I wanted to say?
（まだいくつか説明したいことがありますので、先に進んでもよろしいでしょうか？）

質問の意味を確認する

□ If I'm not wrong, I think what you are asking is …
（私の理解が正しければ、ご質問は〜ということですか？）

□ Can I just be sure that I understand? You are asking me if …
（質問の内容を理解しているかどうか確認させてください。ご質問は〜ということですね？）

□ So what you are saying is …
（つまり、〜ということですね？）

□ So your question is …
（つまり、ご質問は〜ですね？）

難しい質問を避ける

□ I'm not familiar with the details regarding that question.
（お尋ねの件に関して、私はあまり詳しくありません）

□ I can't give you an exact answer on that, I am afraid.
（申し訳ありませんが、正確な答えはわかりません）

□ That's a very interesting question and my answer is simply I really don't know!
（とても興味深い質問ですが、正直なところ「わかりません」としかお答えできません）

□ That's a good question and I wish I had a ready answer, but I am afraid I don't.
（いい質問です。即答できればいいのですが、残念ながらできません）

□ You know, I've never been asked that question before and to be honest I really wouldn't know how to answer it.
（これまでにこのような質問を受けたことがありません。正直なところ、どのように答えていいのかわかりません）

□ I would not like to comment on that.
（この質問についてはコメントを控えさせてください）

□ I am sorry but I am not in a position to comment on that.
（申し訳ありませんが、この質問について私はコメントする立場にありません）

☐ I am not sure there really is a right or wrong answer to that. What I personally believe is …
（正解や不正解があるかどうかわかりませんが、個人的には〜と考えています）

回答の猶予を申し出る

☐ I think it would be best if my colleague answered that question for you.
（この質問には、私の同僚からお答えするのがいいと思います）

☐ Can I get back to you on that one?
（その件については、改めてご連絡させていただきます）

☐ Could we talk about that over a drink?
（お酒でも飲みながら話しませんか？）

☐ I need to think about that question. Do you think we could discuss it in the bar?
（少し考える時間をください。できればバーで話しませんか？）

☐ You've raised a really important point, so important that I think I would rather have a bit of time to think about the best answer. So if you give me your email address at the end, I'll get back to you.
（とても重要な点を指摘してくださいましたので、じっくり考えてベストな回答をしたいと思います。後ほどメールアドレスをいただければ後日ご連絡いたします）

☐ At the moment I don't have all the facts I need to answer that question, but if you email me I can get back to you.
（ご質問にお答えするために必要なすべてのデータが今は手元にはございません。メールをくだされば折り返しご連絡いたします）

☐ Offhand, I can't answer that question but if you …
（即答することはできませんが、もし〜）

オーディエンスの質問にコメントする

☐ I know exactly what you mean but the thing is …
（あなたがおっしゃりたいことはよくわかりますが、問題は〜です）

☐ I take your point but in my experience I have found that …
（あなたのおっしゃりたいことはわかりますが、私の経験から言うと〜です）

☐ You're quite right and it is something that I am actually working on now.
（まさにおっしゃるとおりです。実はちょうど今、それに取り組んでいます）

☐ I'm glad you raised that point, in fact one of my colleagues will be able to answer that for you.

（ご指摘、ありがとうございます。これは私の同僚からお答えします）

☐ Yes, the additional experiments you suggest would be very useful. Maybe we could talk about them over lunch.

（おっしゃるとおり、ご提案の実験を追加で行うことはとても有益でしょう。昼食をとりながらお話ししませんか？）

質疑応答を引き続きバーで行うことを提案する

☐ Does anyone fancy going for a drink? because it would be very helpful to have your feedback.

（どなたか飲みに行きませんか？　皆さんからご意見をいただければとても助かります）

☐ Would anyone like to go for a drink? because I'd be really interested to hear your views on this.

（どなたか飲みに行きませんか？　皆さんのご意見を聞くことにとても興味があります）

20.1.9 ● トラブルへの対応

装置が作動しないとき

☐ I think the bulb must have gone on the projector. Could someone please bring me a replacement? In the meantime let me write on the whiteboard what I wanted to say about …

（プロジェクターの電球が切れたようです。誰か代わりを持ってきてくださいませんか？その間、ホワイトボードを使って～について話します）

☐ The microphone/mike doesn't seem to be working. Can everyone hear me at the back?

（マイクが故障しているようです。後ろの方は私の声が聞こえますか？）

☐ I don't know what has happened to my laptop but the program seems to have crashed. Please bear with me while I reboot.

（私のラップトップPCに何が起こったのかわかりませんが、プログラムがクラッシュしたようです。再起動するのでしばらくお待ちください）

☐ Okay, it looks as if I will have to continue my presentation without the slides. Let me just look at my notes a second.

（スライドを使わずにプレゼンを続けなければならないようです。ちょっとメモを確認させてください）

スライドに誤りが見つかったとき

□ You know what, there's a mistake here, it should be …

（おっと、誤りがありました。ここは〜です）

□ Sorry this figure should be 100 not 1,000.

（すみません、この数字は1,000ではなく100でした）

プレゼン中に携帯電話が鳴りだして、電源を切るとき

□ I'm really sorry about that. I thought I had switched it off.

（大変申し訳ありません。電源は切ったつもりだったのですが）

どこを話しているかわからなくなったとき

□ Sorry, what was I saying?

（すみません、どこまで話していましたっけ？）

□ Where were we up to? Can anyone remind me?

（どこまで話していましたっけ？　誰か教えてくださいませんか？）

□ Sorry, I've lost track of what I was saying.

（すみません、何を話していましたっけ？）

□ Sorry, I seem to have forgotten what I was saying.

（すみません、何を話していたか忘れてしまったようです）

予定の時間をオーバーしそうになったとき

□ It looks as if we are running out of time. Would it be okay if I continued for another 10 minutes?

（時間が足りないようです。あと10分続けてもよろしいですか？）

□ If any of you have to leave straight away, I quite understand.

（すぐに退室しなければならない方がいらっしゃれば、ご遠慮なくどうぞ）

□ I am really sorry about this. But in any case, you can find the conclusions in the handout.

（時間が押してしまい本当に申し訳ありません。
結論は配付資料に記載しました）

□ I will put a copy of the presentation on our website.

（このスライド資料は、私たちのウェブサイトに掲載します）

20.1.10 ● ポスター発表

相手に興味を持ってもらう

□ Hi, would you like some more information?

（こんにちは、少し説明しましょうか？）

□ Would you like me to take you through the process?

（プロセスをご案内しましょうか？）

□ I have a short demo here if you would like to look at it.

（ここに短いデモがありますので、よろしければご覧ください）

□ Would like to hear some more details on the methodology?

（方法についてもう少し詳しく説明しましょうか？）

相手の研究について尋ねる

□ Can/May I ask what field you are in?

（どのような分野の研究をされていますか？）

□ Where are you based?

（どこで研究されていますか？）

□ How long have you been working in this field?

（この分野でどのくらい研究をされていますか？）

今後のために連絡先を尋ねる

□ Would you like to give me your email address?

（メールアドレスを教えていただけませんか？）

□ Are you giving a presentation yourself?

（ご自身でプレゼンをされる予定はありますか？）

□ Are you going to be at the dinner tonight?

（今夜のディナーには参加されますか？）

□ Might you be interested in setting up a collaboration?

（協力関係を築くことに興味はありませんか？）

さらに詳しい情報を提供する

□ Would you like a copy of this handout/brochure/document? — it basically says the same as the poster but in a lot more detail.

（資料/パンフレット/書類は要りませんか？
基本的にはポスターと同じ内容ですが、より詳しい説明が載っています）

☐ Here is my paper, if you would like a copy.
(これは私の論文です。よろしければ1部どうぞ)

☐ You can find more details on my website, which is written on my card here.
(詳細は私のウェブサイトに載せています。アドレスは名刺に書いています)

別れの挨拶を述べる

☐ It was very nice to meet you.
(お会いできてとてもよかったです)

☐ Hope to see you around.
(またお会いできるといいですね)

☐ Hope to see you again.
(またお会いできるといいですね)

☐ I'll email you the website/my paper/the documentation.
(ウェブサイトのアドレス/私の論文/資料をメールで送ります)

☐ Let's keep in touch.
(これからも連絡を取り合いましょう)

20.2 ネットワーキング

20.2.1 ● 自己紹介をする

初めて会う人に対して（メールや電話で連絡を取ったことがある場合）

☐ Hello, pleased to meet you finally.
(こんにちは。やっとお会いできて嬉しいです)

☐ So, finally, we meet.
(やっとお会いできましたね)

☐ I'm very glad to have the opportunity to speak to you in person.
(直接お話しする機会を得られて、とても嬉しいです)

☐ I think we have exchanged a few emails, and maybe spoken on the phone.
(何度かメールのやり取りはあると思います。
電話でお話をしたこともあるかもしれません)

初めて会う人に対して（まだ連絡を取ったことがない場合）

☐ Hello, I don't think we've met. I'm …

（こんにちは、初めまして。私は〜です）

☐ Pleased to meet you.

（お会いできて嬉しいです）

☐ Nice to meet you, too.

（こちらこそ、お会いできて嬉しいです）

☐ May I introduce myself? My name is …

（自己紹介してもいいですか？　私の名前は〜です）

☐ I'm responsible for / I'm in charge of / I'm head of …

（私は〜の責任者/担当者/部門長です）

☐ Here is my card.

（私の名刺です）

☐ Do you have a card?

（名刺をお持ちですか？）

同僚を紹介する

☐ Can I introduce a colleague of mine? This is Irmin Schmidt.

（私の同僚を紹介してもいいですか？　同僚のイルミン・シュミットです）

☐ Hello, Pete, this is Ursula.

（こんにちは、ピート。こちらはウルスラです）

☐ David, this is Olga. Olga, this is David.

（デビッド、こちらはオルガです。オルガ、こちらはデビッドです）

☐ I'm afraid Wolfgang cannot be with us today.

（残念ながら今日はウォルフガングは一緒ではありません）

自分の呼び方を伝える

☐ Please call me Holger.

（ホルガーと呼んでください）

☐ OK, and I'm Damo.

（わかりました。私はダモです）

☐ Fine, please call me Damo.

（いいですよ、私のことはダモと呼んでください）

20.2.2 ● 以前会ったことのある人と再会する

以前に会ったことがあるかもしれない人に会う

□ Excuse me, I think we may have met before, I'm …
（すみません、以前お会いしたことがあるような気がします。私は～です）

□ Hi, have we met before?
（こんにちは、以前にお会いしたことがありませんか？）

□ Hi, you must be …
（こんにちは、～さんですよね）

以前に会ったことがある人に会う

□ Hi, Tom, good to see you again, how are you doing?
（こんにちは、トム。またお会いできて嬉しいです、お元気でしたか？）

□ Hi, how's it going? I haven't seen you for ages.
（やあ、お元気ですか？　お久しぶりです）

□ How's things?
（調子はどうですか？）

□ I'm very pleased to see you again.
（またお会いできてとても嬉しいです）

近況を話し合う

□ How did the trip to Africa go?
（アフリカ旅行はどうでしたか？）

□ How's the new job going?
（新しい仕事は順調ですか？）

□ How's your husband? And the children?
（ご主人はお元気ですか？　お子さんたちは？）

□ How is the new project going?
（新しいプロジェクトはうまく行っていますか？）

20.2.3 ● 世間話をする

会話のきっかけを掴む

☐ Is it that the first time you have attended this conference?

（この学会に参加するのは初めてですか？）

☐ Where are you staying?

（どこに宿泊されていますか？）

☐ Where are you from?

（どちらから来られましたか？）

☐ What did you think of the last presentation?

（先ほどのプレゼンをどう思いました？）

☐ What presentations are you planning to see this afternoon?

（午後はどのプレゼンをご覧になる予定ですか？）

☐ What was the best presentation so far do you think?

（今までのところ、どのプレゼンが一番だと思いますか？）

☐ Are you going to present something?

（何か発表される予定ですか？）

☐ Have you ever seen Professor Jones present before? She's great don't you think?

（これまでにジョーンズ教授のプレゼンを見たことがありますか？
素晴らしいと思いませんか？）

☐ Are you coming to the gala dinner?

（ガラディナーには来られますか？）

☐ So, you said you were doing some research into X. Do you have any interesting results yet?

（Xについて研究しているとおっしゃいましたが、何かおもしろい発見がありましたか？）

☐ So you were saying you were born in X—what's it like there?

（Xで生まれたとおっしゃいましたが、そこはどんなところですか？）

相づちを打つ

☐ Oh, are you?

（あら、そうですか？）

☐ Oh, is it?

（あら、そうですか？）

☐ Right.

（そうですね）

☐ That's interesting.

（おもしろそうですね）

☐ Oh, I hadn't realized.

（それは知りませんでした）

前言を訂正または釈明する

☐ Sorry, I didn't mean to …

（すみません、～するつもりではありませんでした）

☐ Sorry, I thought you meant …

（すみません、～という意味かと思っていました）

☐ I meant …

（私が言いたかったのは～です）

☐ I didn't mean to offend.

（お気に障るようなことを言うつもりはありませんでした）

☐ Sorry I obviously didn't make myself clear.

（すみません、もう少しはっきり言うべきでした）

20.2.4 ● 面談の日程調整

日時を提案する

☐ Would tomorrow morning at 9.00 suit you?

（明日の朝9時でご都合はどうでしょうか？）

☐ Could you make it in the afternoon?

（午後にしていただけませんか？）

☐ Shall we say 2.30, then?

（では2時半にしましょうか？）

☐ Could you manage the day after tomorrow?

（明後日はどうでしょうか？）

☐ What about after the last presentation this afternoon?
（今日の午後の最後のプレゼンの後はどうでしょうか？）

代替案の提示

☐ Tomorrow would be better for me.
（明日のほうが都合はいいです）

☐ If it's OK with you, I think I'd prefer to make it 3.30.
（もしよければ3時30分がありがたいです）

☐ Could we make it a little later?
（もう少し遅くしていただけませんか？）

前向きな印象を与える答え方

☐ OK, that sounds like a good idea.
（それはいい考えですね）

☐ Yes, that's fine.
（はい、それで構いません）

☐ Yes, that'll be fine.
（はい、それで問題ありません）

☐ That's no problem.
（問題ありません）

消極的な印象を与える答え方

☐ I'm sorry, I really don't think I will have time. I have a presentation tomorrow and I am still working on some of the slides.
（申し訳ありませんが、本当に時間がありません。
明日がプレゼンだというのに、まだスライドを作成中です）

☐ I don't think I can manage tomorrow morning.
（すみません、明日の朝は難しいです）

☐ I'm not sure about what I am doing tonight, I need to check with my colleagues and then get back to you.
（今夜の予定はよくわからないので、同僚に確認してから連絡いたします）

☐ The problem is that I already have a series of informal meetings lined up.
（問題は、すでにインフォーマルな面談がいくつも入っていることです）

相手が設定した面談をキャンセルする

☐ Something has come up, so I'm afraid I can't come.
（急用が入ってしまい、残念ながら行けなくなりました）

☐ Sorry but the other members of my group have arranged for me to …
（申し訳ありませんが、グループの他のメンバーが～の約束をしてしまいました）

☐ Sorry but it looks as though I am going to be busy all tomorrow. The thing is I have to …
（申し訳ありませんが、明日は一日忙しくなりそうです。実は、～をしなければなりません）

設定した面談を延期する

☐ I'm really sorry but I can't make our meeting tomorrow morning because my professor needs me to …
（大変申し訳ありませんが、明日の朝はお会いできません。私の教授が私に～）

☐ I am very sorry about this, and I am sorry I couldn't let you know sooner. I hope this has not inconvenienced you.
（この件については大変申し訳ありません。もう少し早くお伝えするべきでした。ご迷惑をおかけしていなければよいのですが）

☐ In any case, I was wondering whether we could rearrange for tomorrow night.
（いずれにしても、明日の夜に予定を変更できないかと思っています）

20.2.5 ● インフォーマルな1対1の面談

会話を切り出す

☐ First of all, I wanted to ask you about …
（まず、～についてお尋ねしたいと思います）

☐ What is your view on …?
（についてはどのようにお考えですか？）

話題を変える/話題に戻る

☐ I've just thought of something else …
（今、思いついたことがあります）

☐ Sorry to interrupt, I just need to tell you about …
（途中で申し訳ありませんが、～についてお知らせしたいことがあります）

□ Can I interrupt a moment?

（少し中断してもいいですか？）

□ But going back to what you said earlier …

（先ほどの話に戻りますが～）

□ I've been thinking about what you said and …

（あなたがおっしゃったことを考えていたのですが～）

質問を受けて回答を考える時間がほしいと伝える

□ Could I just think about that a second?

（それについては少し考えさせてくださいませんか？）

□ Just a moment, I really need to think about that.

（少し待ってください。それについてはしっかり考えなければなりません）

□ Could I get back to you on that? I'll email you the answer.

（この件については後日ご連絡させていただけませんか？　答えはメールで送ります）

面談を締めくくる

□ Well, I don't want to keep you any longer.

（さて、これ以上お引き留めすることはできません）

□ Well, I think that's covered everything.

（これですべてお話しできたと思います）

□ I think the next session is starting in a couple of minutes, so we had better stop.

（もうすぐ次のセッションが始まりますので、この辺でおしまいにしましょう）

フォローアップのお願い

□ Would it be OK if I email you with any other questions that I think of ?

（他に何か質問を思いついたら、メールで送ってもよろしいですか？）

□ Would you have time to continue this conversation at lunch today?

（今日のランチでこのお話の続きをする時間はありませんか？）

お礼を伝える

□ Thank you so much. It has been really useful.

（本当にありがとうございました。たいへん勉強になりました）

□ That's great. You have told me everything I needed to know.

（大変ありがとうございました。知りたかったことはすべて教えていただきました）

☐ It was really very kind of you to …
（～していただき、本当にありがとうございました）

☐ Thank you very much indeed for …
（～していただき、本当にありがとうございました）

☐ I don't know how to thank you for …
（何とお礼を言っていいかわかりません）

☐ You've been really helpful.
（本当にありがとうございました）

お礼を返す

☐ Don't mention it.
（どういたしまして）

☐ Not at all.
（どういたしまして）

☐ It's my pleasure.
（こちらこそ）

☐ That's alright.
（どういたしまして）

20.2.6 ● レストランやバーなどの社交の場で

食事に誘う（フォーマル）

☐ Would you like to have lunch next Friday?
（来週の金曜日に一緒にランチでもいかがですか？）

☐ If you are not busy tonight, would you like to …?
（今晩お時間があれば、～しませんか？）

☐ We're organizing a dinner tonight, I was wondering whether you might like to come?
（今夜ディナーを計画しています。もしよろしければいらっしゃいませんか？）

☐ I'd like to invite you to dinner.
（ディナーにいらっしゃいませんか？）

誘いを受ける

☐ That's very kind of you. I'd love to come. What time are you meeting?
（ご親切にどうもありがとうございます。ぜひ行きます。何時集合ですか？）

☐ Thank you, I'd love to.
（ありがとうございます。ぜひ行きます）

☐ That sounds great.
（それはいいですね）

☐ What a nice idea.
（いいアイデアですね）

待ち合わせ場所を提案する

☐ Great. OK, well we could meet downstairs in the lobby.
（ありがとうございます。それでは下のロビーで会いましょう）

☐ Great. I could pass by your hotel at 7.30 if you like.
（ありがとうございます。7時30分にホテルに寄りましょうか？）

誘いを断る

☐ I'm afraid I can't, I'm busy on Friday.
（あいにく、金曜日は忙しいため難しいです）

☐ That's very nice of you, but …
（大変ありがたいのですが～）

☐ Thanks but I have to make the final touches to my presentation.
（ありがとうございます。でもプレゼンの最後の準備がありますので）

☐ No, I'm sorry I'm afraid I can't make it.
（残念ながら、都合がつきません）

☐ Unfortunately, I'm already doing something tomorrow night.
（せっかくですが、明日の夜はすでに予定が入っています）

誘いの断りに対して返事をする

☐ Oh that's a shame, but not to worry.
（それは残念ですね。でも気にしないでください）

☐ Oh well, maybe another time.
（そうですか。また今度にしましょう）

バーやカフェに誘う（インフォーマル）

☐ Shall we go and have a coffee?

（コーヒーでも飲みに行きませんか？）

☐ Would you like to go and get a coffee?

（コーヒーでも飲みに行きませんか？）

☐ What about a coffee?

（コーヒーはどうですか？）

☐ Do you know if there is a coffee machine somewhere in the building?

（この建物のどこかにコーヒーメーカーはありませんか？）

飲み物/食べ物を勧める

☐ Can I get you anything?

（何かお持ちしましょうか？）

☐ What can I get you?

（何かお持ちしましょうか？）

☐ Would you like a coffee?

（コーヒーはいかがですか？）

☐ So, what would you like to drink?

（何をお飲みになりますか？）

☐ Would you like some more wine?

（ワインのおかわりはいかがですか？）

☐ Shall I pour it for you?

（お注ぎしましょうか？）

申し出に答える

☐ I'll have a coffee please.

（コーヒーをいただきます）

☐ I think I'll have an orange juice.

（私はオレンジジュースをいただきます）

☐ No, nothing for me thanks.

（いえ結構です。ありがとうございます）

バーやカフェで

☐ Do you often come to this bar?

（このバーにはよく来られるのですか？）

☐ Yes, either this one or the one across the road.

（はい、このバーか道の向こう側のバーのどちらかです）

☐ Is there a bathroom here?

（ここにトイレはありますか？）

☐ Well, I think we'd better get back—the next session starts in 10 minutes.

（そろそろ戻ったほうがよさそうですね。次のセッションは10分後に始まります）

☐ Shall we get back?

（戻りましょうか？）

レストランに到着して

☐ We've booked a table for 10.

（10人で予約しています）

☐ Could we sit outside please?

（外の席に座ってもいいですか？）

☐ Could we have a table in the corner / by the window?

（角の/窓際のテーブルにしてもらえませんか？）

☐ Actually we seem to have got here a bit too early.

（少し早く着きすぎたようですね）

☐ Are the others on their way?

（他の人たちは向かっているところですか？）

☐ Would you like something to drink?

（何かお飲みになりますか？）

☐ Shall we sit down at the bar while we're waiting for a table?

（テーブルが空くまでカウンターで座って待っていませんか？）

☐ OK, I think we can go to our table now.

（それでは、そろそろテーブル席に移動しましょう）

メニューを見て

☐ Can/May/Could I have the menu please?

（メニューを見せていただけませんか？）

☐ Do you have a set menu / a menu with local dishes?

（セットメニュー/地元料理のメニューはありますか？）

☐ Do you have any vegetarian dishes?

（ベジタリアン用の料理はありますか？）

メニューについて説明/質問する

☐ Shall I explain some of the things on the menu?

（メニューを何か説明しましょうか？）

☐ Well, basically these are all fish dishes.

（そうですね、基本的には全部魚料理です）

☐ I'd recommend it because it's really tasty and typical of this area of my country.

（この地域の典型的な料理でとても美味しいのでお勧めです）

☐ This is a salad made up of eggs, tuna fish, and onions.

（これは卵、ツナ、たまねぎのサラダです）

☐ Could you tell me what … is?

（〜は何か教えてくださいませんか？）

乾杯する

☐ Cheers.

（乾杯）

☐ To your good health.

（あなたの健康を祈って）

☐ To distant friends.

（遠く離れた友人に）

提案する

☐ Can I get you another drink?

（もう一杯いかがですか？）

☐ Would you like anything else?

（他に何か食べませんか/飲みませんか？）

☐ Shall I order some wine?

（ワインを注文しましょうか？）

□ Would you like anything to drink? A glass of wine?

（何かお飲みになりますか？　ワインはどうですか？）

□ Would you like a little more wine?

（ワインをもう少しどうですか？）

□ Would you prefer sparkling or still water?

（炭酸水とミネラルウォーターとどちらがいいですか？）

□ What are you going to have?

（何にしますか？）

□ Are you going to have a starter?

（前菜は食べますか？）

□ Why don't you try some of this?

（これを食べてみませんか？）

□ Can I tempt you to … ?

（～を食べてみませんか？）

□ Would you like to try some of this? It's called … and is typical of this area.

（これを食べてみませんか？　～という名前で、この地域の代表的な料理です）

□ What would you like for your main course?

（メインディッシュは何になさいますか？）

□ Would you like anything for dessert? The sweets are homemade and are very good.

（デザートはいかがですか？　スイーツは自家製でとても美味しいです）

注文を伝える

□ I think I'll just have the starter and then move on to the main course.

（前菜を少し食べてから、メインディッシュをいただこうかと思います）

□ I think I'll have fish.

（私は魚にします）

□ I'd like a small portion of the chocolate cake.

（チョコレートケーキを少しいただきます）

□ I don't think I'll have any dessert. Thank you.

（デザートは結構です。ありがとうございます）

お願いする

☐ Could you pass me the water please?

（水を取ってもらえませんか？）

☐ Could I have some butter please?

（バターを少しいただけませんか？）

☐ Do you think I could have some more wine?

（ワインをもう少しいただけませんか？）

提案を断る

☐ Nothing else thanks.

（もう結構です。ありがとうございます）

☐ Actually, I am on a diet.

（実は、ダイエット中なんです）

☐ Actually, I am allergic to nuts.

（実は、ナッツにはアレルギーがあるんです）

☐ I've had enough thanks. It was delicious.

（十分にいただきました。ありがとうございます。美味しかったです）

ホストとしてお客に食事を勧める

☐ Do start.

（それでは始めましょう）

☐ Enjoy your meal.

（お食事をお楽しみください）

☐ Enjoy.

（楽しんでください）

☐ Tuck in.

（たくさん食べてください）

☐ Help yourself to the wine/salad.

（ワイン/サラダはご自由にどうぞ）

客として食事を食べる前に褒める

☐ It smells delicious.

（美味しそうな香りですね）

□ It looks really good.

（とても美味しそうですね）

食事の感想を尋ねる/述べる

□ Are you enjoying the fish?

（魚は美味しいですか？）

□ Yes, it's very tasty.

（はい、とても美味しいです）

□ This dish is delicious.

（この料理は美味しいですね）

□ This wine is really good.

（このワインは本当に美味しいですね）

ディナーを終えるとき

□ Would you like a coffee, or something stronger?

（コーヒー、あるいはもっと強いものをお飲みになりますか？）

□ Would anyone like anything else to eat or drink?

（他に何か食べたいものや飲みたいものがある方はいらっしゃいませんか？）

支払い

□ Could I have the bill please.

（お勘定をお願いします）

□ I'll get this.

（私が支払います）

□ That's very kind of you, but this is on me.

（ご親切にありがとうございます。でもこれは私が払います）

□ No, I insist on paying. You paid last time.

（いえ、私が払います。前回は払っていただいたので）

□ Do you know if service is included?

（サービス料は含まれていますか？）

□ Do people generally leave a tip?

（ここではチップは必要ですか？）

感謝する

☐ Thank you so much—it was a delicious meal and a great choice of restaurant.

（どうもありがとうございました。美味しかったです。お店の選択もよかったです）

☐ Thanks very much. If you ever come to Berlin, let me know, there's an excellent restaurant where I would like to take you.

（ありがとうございました。ベルリンに来ることがあれば、ぜひ教えてください。お連れしたいとてもよいレストランがあります）

☐ Thank you again, it was a lovely evening.

（本当にありがとうございました、素敵な夜でした）

感謝に応える

☐ Not at all. It was my pleasure.

（とんでもありません。私こそ嬉しかったです）

☐ Don't mention it.

（どういたしまして）

☐ You're welcome.

（どういたしまして）

20.2.7 ● 別れるとき

そろそろ帰ることを伝える

☐ I am sorry—do you know where the bathroom is?

（すみません、お手洗いはどちらかご存じですか？）

☐ It was nice meeting you, but sorry I just need to go to the bathroom（イギリス）/ restroom（アメリカ）.

（お会いできてよかったです。すみません、ちょっとお手洗いに行ってきます）

☐ Sorry but I just need to answer this call.

（すみません、この電話に出なければなりません）

☐ I have just remembered I need to make an urgent call.

（急ぎの電話の用があったことを思い出しました）

☐ It has been great talking to you, but I just need to make a phone call.

（お話しできてよかったです。すみません、電話をかけなければなりません）

☐ Sorry, I've just seen someone I know.

（すみません、知り合いが来ているようです）

☐ Sorry, but someone is waiting for me.

（すみません、人を待たせているので）

☐ Listen, it has been very interesting talking to you but unfortunately I have to go … maybe we could catch up with each other tomorrow.

（楽しいお話ができてとてもよかったです。
残念ながら帰らなければなりませんが、明日またお会いできればと思います）

時間を理由に帰る

☐ Does anyone have the correct time because I think I need to be going?

（そろそろ帰らないといけないのですが、どなたか今何時かわかりませんか？）

☐ Oh, is that the time? I'm sorry but I have to go now.

（もうこんな時間ですか？　すみませんが、もう行かなければなりません）

☐ Sorry, I've got to go now.

（すみません、もう行かないといけません）

☐ I think it's time I made a move.

（そろそろ帰らなければならない時間です）

別れの挨拶をする

☐ It's been very nice talking to you.

（お話しできてよかったです）

☐ I hope to see you again soon.

（また近いうちにお会いできるといいですね）

☐ I really must be getting back.

（そろそろ帰らなければなりません）

☐ I do hope you have a good trip.

（よい旅をされることを願っています）

☐ It was a pleasure to meet you.

（お会いできてよかったです）

☐ Please send my regards to Dr Hallamabas.

（ハラマバス博士によろしくお伝えください）

別れの挨拶をする（インフォーマル）

☐ Be seeing you.
（また会いましょう）

☐ Bye for now.
（さようなら）

☐ Keep in touch.
（連絡を取り合いましょう）

☐ Look after yourself.
（お元気で）

☐ Say “hello” to Kate for me.
（ケイトによろしくお伝えください）

☐ See you soon.
（またお会いしましょう）

☐ Take care.
（気をつけて）

☐ See you in March at the conference then.
（3月の学会でお会いしましょう）

☐ Hope to see you before too long.
（また近いうちにお会いできたらいいですね）

☐ Have a safe trip home.
（気をつけてお帰りください）

☐ OK, my taxi’s here.
（では。タクシーが来たようです）

謝辞

原稿の編集と校正を手伝ってくださったAnna Southernには、いつも大変感謝しています。

著書、プレゼンテーション、インタビュー記事などからの引用を許可してくださった次の方々に感謝します。
Thomas Gilovich, Ben Goldacre, Trevor Hassall, Jon Joyce, Jeffrey Jacobi, Bjørn Lomborg, Andrew Mallett, Shay McConnon, Maria Skyllas-Kazacos.

プレゼンテーションの技術について私に考えを共有していただき、この本の出版にも協力していただいた次の研究者と教授の方々に感謝します。
Robert Adams, Francesca Bretzel, Martin Chalfie, Chandler Davis, Wojciech Florkowski, David Hine, Marcello Lippmann, William Mackaness, Osmo Pekonen, Pierdomenico Perata, Beatrice Pezzarossa, Roberto Pini, Magdi Selim, Enzo Sparvoli, Eliana Tassi, Robert Shewfelt, Donald Sparks.

第3章の執筆のために自国について調査し、アドバイスをくださった次の方々に感謝します。
Tatiana Alenkina, Alessandra Chaves, Ajla Cosic, Eriko Gargiulo, Jaeseok Kim, Ilze Koke, Sofia Luzgina, Maral Mahad, Irune Ruiz Martinez, Randy Olson, Sue Osada, Valentina Prosperi, Shanshan Zhou.

また、私が教える博士課程の過去15年間の教え子たちにも感謝します。彼らの支援なしにはこの本の出版は不可能でした。特に、以下の博士課程の学生たちは、彼らのプレゼンテーションから例を引用することを許可してくれました。
Sergiy Ancherbak, Cristiane Rocha Andrade, Jayonta Bhattacharjee, Michele Budinich, Nicholas Caporusso, Cynthia Emilia Villalba Cardozo, Lamia Chkaiban, Begum Cimen, Angela Cossu, Emanuel Ionut Crudu, Annalisa De Donatis, Chiara Ferrarini, Karolina Gajda, Francesco Gresta, Sven Bjarke Gudnason, Ali Hedayat, Lei Lan, Dmitri Lee, Ana Ljubojevic, Arianna Lugani, Leanid Krautsevich, Nirupa Kudahettige, Leonardo Magneschi, Stefania Manetti, Ahmed Said Nagy, Nadezda Negovelova, Mercy Njima, Rossella Mattera, Peng Peng, Chandra Ramasamy, Pandey Sushil, Md. Minhaz-Ul Haque, Michael Rochlitz, Irfan Sadiq, Tek B Sapkota, Igor Spinelli, Giovanni Tani, Yudan Whulanza.

最後に、常に興味深い情報を提供してくださったMike Seymourに感謝します。

付録：ファクトイドやその他のデータソース

データの出典が記載されていない場合は、その情報が公知の事実であるか、元のデータソースを確認することができなかったかのいずれかです。ファクトイドには正確な情報のみを載せるように努めましたが、その情報が100％正確であるかどうかの保証はありません。括弧内の数字はファクトイドの番号を示しています。例えば、(2) は2番目のファクトイドの引用元です。

第1章
1.1 Osmo Pekonen氏の私信からの引用。

第2章
すべてのプレゼンテーションはted.comから引用。TEDの検索エンジンにプレゼンテーション名やプレゼンター名を入力することで検索可能。
2.13 TEDのプレゼンから引用する許可を求めた私のメールに、TED側から「ご連絡ありがとうございます。TED Talksは、クリエイティブ・コモンズのライセンスの［著作権、非営利目的、改変禁止］の項目に従っている限り、自由に共有することができます」という回答を得た。これは、TED Talksから引用するとき、以下の条件を満たさなければならないことを意味する。

- オリジナルソースの著作権はTEDに帰属すること
- 非営利目的であること — プレゼンを営利目的で使用してはならない
- 改変の禁止 — プレゼンの内容をいかなる方法であっても変更してはならない

第3章
ノーベル賞: http://www.nobelprize.org/nobel_prizes/lists/women.html; 中国: http://sklpre.zju.edu.cn/english/redir.php?catalog_id=12375&object_id=60602; http://www.moe.edu.cn/publicfiles/business/htmlfiles/moe/s8493/201412/181720.html; イラン: http://www.presstv.com/Detail/2014/08/26/376635/Iran-womens share-in-education-rising; 英国: https://www.hesa.ac.uk/stats; 日本: http://nenji-toukei.com/n/kiji/10064/大学進学率; 韓国: Jaeseok Kimからの私信; ラトビア: http://www.csb.gov.lv/en/notikumi/women-science-42350.html; スペイン: Irune Ruiz Martinezからの私信; 米国: Randy Olson氏提供
3.1 女性国会議員の割合: http://www.ipu.org/wmn-e/classif.htm
3.3 科学分野のロシア人女性に関する事実: Tatiana Alenkina氏の私信

第4章
(3,4) *Yes! 50 secrets from the science of persuasion*（Goldstein, Martin, Cialdini著, Profile Books, 2007）

第5章
(1,2) Business Options（Adrian Wallwork著, OUP）からの引用; (3) 個人的な感想; (4) http://blog.jazzfactory.in/2009/05/what-is-ideal-font-size-for.html; (5) 多くの専門家の意見; (6) *Yes! 50 secrets from the science of persuasion*（Goldstein, Martin, Cialdini著, Profile Books, 2007）; (7,8) *The McGraw-Hill 36-Hour Course: Business Presentations*（Lani Arredondo著, 1994）

第6章
(1) 推定原因: 排気ガスによる汚染が1週間かけて蓄積され、これが雨雲の元となり、地球規模で天候を変化させる（Daily Mail, 20 March 2000）; (2) Britney Gallivanはポモナ歴史協会のために自分の偉業を40ページのパンフレット*How to Fold Paper in Half Twelve Times: An "Impossible Challenge" Solved and Explained*にまとめた。 http://www.abc.net.au/science/articles/2005/12/21/1523497.html
6.1.(3) Martin Fewell, チャンネル4ニュース副編集長, (Business Life, August 2007)

第7章

(1-9) *Quirkology* (Richard Wiseman著, Macmillan, 2007); (10) *David and Goliath: Underdogs, Misfits, and the Art of Battling Giants* (Malcolm Gladwell著, Penguin, 2015)

第8章

(1-10) *Life-Spans* (Frank Kendig, Richard Hutton著, Holt, Rinehart, Winston, 1979). 放射性廃棄物の統計はデータソースにより大きく異なる(オレンジピールは1〜24週間)。

第9章

(1,2) *The Ultimate Lists Book* (Carlton Books Ltd); (3,4) *The Dictionary of Misinformation* (Tom Burnham著, Futura Publications, 1975); (5-8) *Freakanomics* (Levitt & Dubner著, Penguin, 2006); *More sex is safe sex* (Steven E Landsburg著, Pocket Books, 2007).
9.8 *Bad Science* (Ben Goldacre著, HarperCollins Publishers, 2008)

第10章

*Murphy's Law - And Other Reasons Why Things Go Wrong*は、Arthur Blochが執筆し、1977年にPrice Stern Sloan Publishersから出版された。これらの法則は現在、多くのウェブサイトで公開されている。最後の法則は、30年間にわたって退屈で長いだけの論文を読んできた私が発見したもので、付加価値はほとんどない。

第11章

(1-11) *The Dictionary of Misinformation* (Tom Burnham著, Futura Publications, 1975)

第12章

(1) *More sex is safe sex* (Steven E Landsburg著, Pocket Books, 2007); (2) http://boards.theforce.net/ threads/; (3) *The Lists Book* (Mitchell Symons著); (4-10) *The Lore of Averages: Facts, Figures and Stories That Make Everyday Life Extraordinary* (Karen Farrington著, Sanctuary Publishing Ltd, 2004)
12.1 Shay McConnon, Presenting with power, How To Books, 20; *The McGraw-Hill 36-Hour Course: Business Presentations* (Lani Arredondo著, 1994)
12.13 *Outliers* (Malcolm Gladwell著, Penguin, 2011)
12.14 Martin Chalfieの私信; *How we know what isn't so: The Fallibility of Human Reason in Everyday Life* (Thomas Gilovich著, The Free Press, 1991)

第13章

13.1 *The McGraw-Hill 36-Hour Course: Business Presentations* (Lani Arredondo著, 1994)

第14章

(1,3) *Discussions AZ* (Adrian Wallwork著, CUP) より引用; (2) *The New Believe It or Not* (Robert L Ripley著, Simon Schuster, 1931); (4) *Successful selling with NLP* (Joseph O'Connor, Robin Prior著, Thorsons, 1995); (5) http://www.independent.co.uk/news/world/

asia/seoul-tries-to-shock-parents-out-of-linguistic-surgery-573153.html
14.1 *Second Language Learning and Language Teaching*（Vivian Cook著, Routledge, 2008）

第15章
（1）http://psych.colorado.edu/~vanboven/teaching/p7536_heurbias/p7536_readings/kruger_dun-ning.pdf; （2-4）*Unusually Stupid Americans*（Ross Petras, Kathryn Petras著, Villard Books, 2003）

第16章
（1）*Quirkology*（Richard Wiseman著, Macmillan, 2007）;（2, 3, 5, 6, 7）*Business Vision*（Adrian Wallwork著, OUP）から引用; *Discussions AZ*（Adrian Wallwork著, CUP）から引用。

第17章
（2）*How to prepare, stage, and deliver winning presentations*（Thomas Leech著, AMACOM, 1982）;（3）http://www.blocksclass.com/TOK/LISTENING.pdf; （4-5）*Business Vision*（Adrian Wallwork著, OUP）より引用。

第18章
（1）http://www.asco.org/about-asco/asco-annual-meeting; （3-6） https://en.wikipedia.org/wiki/Poster; （7）busyteacher.org; （8） http://smbcinsight.tv/web/worlds-biggest-film-poster-unveiled-in-south-india/
ポスター作製の優れたヒントを提供しているサイト
http://betterposters.blogspot.it/
http://www.asp.org/education/howto_onPosters.html
https://www.asp.org/education/EffectivePresentations.pdf
http://www.lib.ncsu.edu/documents/vetmed/research/Poster_Layout.doc
http://www.the-scientist.com/?articles.view/articleNo/31071/title/Poster-Perfect/
http://colinpurrington.com/tips/poster-design

第19章
（1,7）*The Future of English*（The British Council, 初版1997）; http://englishagenda.britishcouncil.org/publications/future-english; （2）http://www.cambridge.org.br/authors-articles/interviews?id=2446; （3）イタリアのピサで研究者が捻出している額に関する個人的な観察に基づく;（4）*English Grammar in Use*（CUP）;（5）*Business Communications*（Claudia Rawlins, HarperCollins著, Publishers, Inc）;（6）*Daily Telegraph*（14 April 1997）; http://soovle.com/top/（21 July 2015）;（8）1994: *The Times*（23 December 1994）https://www.gov.uk/government/uploads/system/uploads/attachment_data/file/340601/bis-13-1082-international-education-accompanying-analytical-narrative-revised.pdf
19.1 *How to prepare, stage, and deliver winning presentations*（Thomas Leech著, AMACOM, 1982）
19.2 http://www.ted.com/talks/jay_walker_the_world_s_english_mania?language=en

（注：ウェブサイトのいくつかは現在ではアクセスできないものもあります）

翻訳者あとがき

ここに、*English for Presentations at International Conferences*の邦訳『ネイティブが教える　日本人研究者のための国際学会プレゼン戦略』をお届けします。

本書は、英語を母語としない科学者を対象に、エイドリアン・ウォールワーク氏が長年にわたって執筆している好評のシリーズの一つで、『ネイティブが教える 日本人研究者のための論文の書き方・アクセプト術』『ネイティブが教える 日本人研究者のための英文レター・メール術 日常文書から査読対応まで』に続く、邦訳版の第３弾です。今回もこれまでと同様に、英語ネイティブの視点に立ったプレゼンテーション術が、アカデミックな研究に携わる人のために、あらゆる角度から詳しく考察されています。

エイドリアンの解説は今回も非常に奥が深く、しかもあらゆるシーンがすべて網羅されています。前半では、プロのプレゼンに学ぶ方法、効果的なスライドとスクリプトの作り方、オープニングの重要性とそのテクニック、イントロダクションから結論の各セクションの進め方、演壇での立ち位置、動き方、視線の配り方などが解説されています。特に第２章では、TEDを利用してプレゼン上級者からそのコツを学ぶ方法が詳細に解説されています。後半は、質疑応答の進め方、緊張のコントロール、会場の下見、リハーサル、人脈づくり、ポスター発表と続きます。巻末には、今回もすぐに役立つ例文が豊富に収載されています。

正しい英語を使うことだけを重要視していると、つい「できるだけ文法ミスの少ないスライドとスクリプトを用意してプレゼンに臨み、無事に発表を終える」というプレゼン対策になりがちです。しかし本書は、プレゼンの準備はもとより、本番、そしてプレゼン後のフォローアップまで、想定されるあらゆるシチュエーションを詳細に解説し、プレゼン上級者になるために克服しなければならないいくつかの具体的な問題点を私たちに気づかせてくれます。この点において、例文を中心にしたこれまでの解説書とは明らかに一線を画しています。

プレゼンテーションを成功させて、研究者としての新たなキャリアの構築につなげたい、海外での共同研究の機会を得たい、と願っておられる研究者の方は多いと思います。国際学会でプレゼンを成功させている人はどこが違うのでしょうか。邦訳の出版に際してエイドリアンから頂いたメッセージの中に、第16章と第17章は海外の研究者との人脈づくりの方法と社交術について解説したもので、日本人科学者にとって対策が疎かになっている領域ではないでしょうか、とあります。プレゼンテーションを成功に導くためには、プレゼン本番を成功させることもさることながら、学会に参加している他の研究者と上手に交流して人脈を広げることにも積極的になるべきであるという助言は、国際学会での英語プレゼンテーション上達の本質を捉えているように思います。

各章はファクトイドで始まります。ファクトイド（Factoid）とは *a small and quite interesting information that is not importantという意味で、雑学的な知識のことです。雑学を豊かにして雑談力を逞(たくま)しくすることは、相手とのコミュニケーションをとる上で有利に働くとして、エイドリアンはこれをいつも重視しています。雑学的知識の重要さを考えながら読んでみてください。

海外で高く評価されているこのシリーズの日本語版の出版も、これで無事に3冊目を迎えました。いつも励ましてくださった編集部の秋元将吾氏、そして今回も温かいエールとアドバイスを何度もくださった著者のエイドリアン・ウォールワーク氏に感謝の意を表します。

最後になりましたが、本書が国際学会で英語のプレゼンテーションを行うときの最強のバイブルとなり、プレゼンが“自己アピールをする絶好の機会”（第10章）となることを、そして読者の皆さまのプレゼンテーションのスキル向上とグローバルネットワークの構築に少しでも貢献できることを、著者のエイドリアン同様に私たちも心から願っております。

2022年5月
前平謙二／笠川梢

（*Longman Advanced Dictionary of Contemporary Englishより引用）

索引

数字

あ

か

さ

た

な

は

ま

や

ら

わ

著者紹介

エイドリアン・ウォールワーク

1984年から科学論文の編集・校正および外国語としての英語教育に携わる。2000年からは博士課程の留学生に英語で科学論文を書いて投稿するテクニックを教えている。30冊を超える著書がある（シュプリンガー・サイエンス・アンド・ビジネス・メディア社、ケンブリッジ大学出版、オックスフォード大学出版、BBC他から出版）。現在は、科学論文の編集・校正サービスの提供会社を運営（e4ac.com）。連絡先は、adrian.wallwork@gmail.com

訳者紹介

前平 謙二

医学論文翻訳家。JTF（日本翻訳連盟）ほんやく検定1級（医学薬学：日→英、科学技術：日→英）。著書に『アクセプト率をグッとアップさせるネイティブ発想の医学英語論文』メディカ出版、訳書に『ネイティブが教える　日本人研究者のための論文の書き方·アクセプト術』『ネイティブが教える　日本人研究者のための英文レター・メール術』『ネイティブが教える　日本人研究者のための論文英語表現術』講談社、『ブランディングの科学』朝日新聞出版、『P&Gウェイ』東洋経済新報社。ウェブサイト：https://www.igaku-honyaku.jp/

笠川　梢

翻訳者。留学、社内翻訳者を経て、2005年独立。主に医療機器や製薬関連の和訳に携わる。訳書に『ネイティブが教える　日本人研究者のための論文の書き方·アクセプト術』『ネイティブが教える　日本人研究者のための英文レター・メール術』『ネイティブが教える　日本人研究者のための論文英語表現術』講談社、『ARの実践教科書』マイナビ出版（共訳）。日本翻訳連盟会員、日本翻訳者協会会員。

NDC400　366p　21cm

ネイティブが教える　日本人研究者のための国際学会プレゼン戦略

2022年5月31日　第1刷発行
2024年5月17日　第4刷発行

著　者　エイドリアン・ウォールワーク
訳　者　前平謙二・笠川　梢
発行者　森田浩章
発行所　株式会社 講談社
〒112-8001　東京都文京区音羽2-12-21
販　売　(03) 5395-4415
業　務　(03) 5395-3615

KODANSHA

編　集　株式会社 講談社サイエンティフィク
代表　堀越俊一
〒162-0825　東京都新宿区神楽坂2-14　ノービィビル
編　集　(03) 3235-3701

本文データ制作　美研プリンティング 株式会社
印刷·製本　株式会社 KPSプロダクツ

落丁本・乱丁本は、購入書店名を明記のうえ、講談社業務宛にお送りください。送料小社負担にてお取替えいたします。なお、この本の内容についてのお問い合わせは、講談社サイエンティフィク宛にお願いいたします。定価はカバーに表示してあります。

Printed in Japan

ISBN 978-4-06-524385-5